普通高等院校"十四五"计算机基础系列教材

U0183993

大学计算机基础

主　编◎王煜林　　叶谢琴

副主编◎樊继慧　张国梅　王金恒　胡安明　原峰山　陈易平

主　审◎申青连

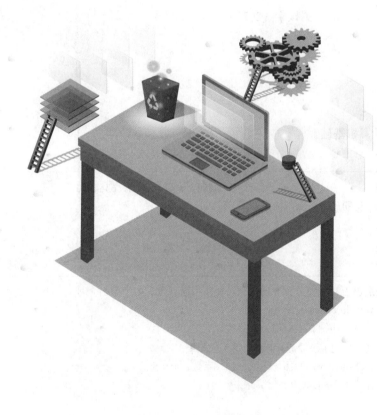

中国铁道出版社有限公司

CHINA RAILWAY PUBLISHING HOUSE CO., LTD.

内 容 简 介

本书根据教育部高等学校大学计算机基础课程教学指导委员会编制的《新时代大学计算机基础课程教学基本要求》编写而成。根据当代大学生的特点和需求，本书着重介绍了 WPS Office 办公软件及计算机网络应用与网络安全。全书共分为 8 章，包括计算机基础知识、计算机中信息的表示与媒体技术、操作系统、WPS 文字处理、WPS 表格处理、WPS 演示文稿制作、计算机网络基础与 Internet 应用、计算机病毒及其防治等内容。

本书坚持以培养应用型人才为目标，重点培养学生的实践能力和职业岗位能力。本书适合作为普通高等院校计算机基础课程的教材，也可供其他读者自学。

图书在版编目（CIP）数据

大学计算机基础 / 王煜林，叶谢琴主编.—北京：中国
铁道出版社有限公司，2023.8
普通高等院校"十四五"计算机基础系列教材
ISBN 978-7-113-30386-0

Ⅰ.①大…　Ⅱ.①王…　②叶…　Ⅲ.①电子计算机-高等
学校-教材　Ⅳ.①TP3

中国国家版本馆 CIP 数据核字（2023）第 129864 号

书　　名：**大学计算机基础**
作　　者：王煜林　叶谢琴

策　　划：唐　旭　　　　　　　　　　　编辑部电话：（010）63549501
责任编辑：贾　星　徐盼欣
封面设计：尚明龙
责任校对：安海燕
责任印制：樊启鹏

出版发行：中国铁道出版社有限公司（100054，北京市西城区右安门西街 8 号）
网　　址：http://www.tdpress.com/51eds/
印　　刷：河北京平诚乾印刷有限公司
版　　次：2023 年 8 月第 1 版　2023 年 8 月第 1 次印刷
开　　本：787 mm×1 092 mm　1/16　印张：18　字数：459 千
书　　号：ISBN 978-7-113-30386-0
定　　价：49.80 元

前 言

党的二十大报告指出，"推动战略性新兴产业融合集群发展，构建新一代信息技术、人工智能、生物技术、新能源、新材料、高端装备、绿色环保等一批新的增长引擎"。当今以计算机和网络技术为核心的现代信息技术正在飞速地发展，其已成为经济社会转型发展的主要驱动力。因此在信息时代，帮助学生掌握基本的计算机知识及其在行业中的应用对高等教育来说也越来越重要。新一代大学生对大学计算机基础课程教学也提出了更新、更高、更具体的要求。

本书根据教育部高等学校大学计算机基础课程教学指导委员会编制的《新时代大学计算机基础课程教学基本要求》编写而成。全书共分为8章。第1章介绍计算机基础知识；第2章介绍计算机中信息的表示与媒体技术；第3章介绍中文 Windows 10 操作系统；第4章、第5章和第6章介绍 WPS Office 2022 的应用；第7章介绍计算机网络基础与 Internet 应用；第8章介绍计算机病毒及其防治。

本书编者都是长期从事大学计算机基础教学的一线教师，他们不仅教学经验丰富，而且对当代大学生的现状非常熟悉，在编写过程中充分考虑到不同专业学生的特点和需求，着重介绍了国产办公软件 WPS Office 2022 的使用，以及计算机网络应用与网络安全。

本书有以下几个特点：

① 强调实践性和应用性。本书理论紧密联系实际，在适用于实例教学的章节都安排相应的实例，围绕实例进行讲解，这样既便于学生分析理解，又可提高学生的学习兴趣。本书突出上机实际操作环节的安排，重点培养学生的实践能力和职业岗位能力，为提高学生的就业能力打下良好的基础。

② 强调针对性和灵活性。对于计算机中信息的表示与编码，绝大部分计算机基础教材都把这一部分内容放在计算机基础知识一章中，讲述内容少，举例少，文科类学生很难接受，理工类学生也很难深刻理解。编者从多年的实际教学经验出发，将这一部分内容单独列出来作为一章，通过大量的举例和详细介绍，使得需要掌握这一部分内容的理工类学生可以深刻理解，不需要掌握这一部分内容的文科类学生可以跳过这一章，不受影响地继续学习后续章节的内容。

　　本书由广州理工学院的教师团队合作编写，由王煜林、叶谢琴任主编，樊继慧、张国梅、王金恒、胡安明、原峰山、陈易平任副主编。具体编写分工如下：第 1 章由樊继慧编写，第 2 章由张国梅编写，第 3 章由叶谢琴编写，第 4 章由王金恒编写，第 5 章由胡安明编写，第 6 章由原峰山编写，第 7 章由陈易平编写，第 8 章由王煜林编写。全书由王煜林统稿，申青连主审。

　　由于编者水平有限，加之编写时间仓促，书中疏漏及不妥之处在所难免，恳请广大读者批评指正。

编　者

2023 年 5 月

目 录

第1章　计算机基础知识

20世纪40年代诞生的计算机是20世纪最伟大的技术发明之一，是人类科学技术发展史中的一个里程碑。它的诞生对人类社会的经济、政治、军事、法律、教育等许多方面都产生了不可估量的影响。半个多世纪以来，计算机科学技术有了飞速发展，计算机的应用也从早期主要用来进行科学计算，扩展到人类社会生活的各个领域，不仅带来了工业自动化和办公自动化，还引发了一场教育革命。随着计算机进入家庭并向网络化发展，其正在深刻地改变着人类社会的生活和工作。计算机科学技术的发展水平、计算机的应用程度已经成为衡量一个国家现代化水平的重要标志。

 ## 1.1　计算机概述

1.1.1　计算机的概念

计算机是一种能按照事先存储的程序，自动、高速地对数据进行输入、处理、输出和存储的系统。

计算机能够完成的基本操作及其主要功能如下：

① 输入（input）：接收由输入设备（如键盘、鼠标、扫描仪等）提供的数据。

② 处理（processing）：对数值、逻辑、字符等各种类型的数据按指定的方式进行转换、计算等操作。

③ 输出（output）：将处理所产生的结果等数据由输出设备（如显示器、打印机、绘图仪等）进行输出。

④ 存储（storage）：存储程序和数据。

由于计算机在采集、识别、转换、存储和处理信息方面与人脑的思维过程相似，因此，许多人又把计算机称为电脑。

1.1.2　计算机的发展

1946年2月15日，世界上第一台通用计算机（见图1-1）在美国宾夕法尼亚大学诞生，取名 ENIAC（electronic numerical integrator and computer，电子数字积分计算机）。ENIAC 是一个庞然大物，它使用了约 18 000 个电子管、1 500 多个继电器，占地约 170 m²，质量达 30 t，功率为 150 kW，内存储器容量为 17 KB，字长为 12 位，每秒可进行 5 000 次加法运算。

ENIAC 的诞生，使运算速度和计算能力有了惊人的提高，完成了当时人工所不能完成的重大课题的计算工作。因此，尽管 ENIAC 功能比较简单，运算速度也很慢，但它的出现却标志着计算技术的一次革命。

从 ENIAC 诞生以来的 70 余年里，计算机以人们难以想象的速度发展，从电子管发展到晶体管，又从晶体管发展到集成电路、大规模、超大规模集成电路和人工智能，每一次更新换代，都使计算机的运算速度大幅度提高。从每秒几千次，提高到每秒 1 000 亿次，体积也从过去的庞然大物变成小巧玲珑的便携式计算机，而价格却降低到原来的万分之一。

根据采用的电子器件，通常把计算机的发展分为以下四个阶段。

图 1-1　第一台通用计算机

1. 第一代计算机（1946—1957 年）

电子管时代。其特征是采用电子管作为主要元器件。这一代计算机体积大、功率大、结构简单、运算速度低、存储容量小、可靠性差且价格昂贵。其主要用于科学计算。

2. 第二代计算机（1958—1964 年）

晶体管时代。其特征是逻辑电路元件由电子管改变为晶体管。这一改变不仅使得计算机的体积缩小，同时提高了机器的稳定性并提高了运算速度，而且功耗减小，价格降低。其主要用于科学计算。

3. 第三代计算机（1965—1970 年）

集成电路时代。其特征是用半导体小规模集成电路（small scale integration，SSI）和中规模集成电路（middle scale integration，MSI）作为基本电子元件，通过半导体集成技术将许多逻辑电路元件集中在只有几平方毫米的硅片上，使计算机的体积显著减小，而计算速度和存储容量有较大的提高。这一时期在软件方面也取得了重大进展，出现了操作系统，使得操作更为简便，可靠性也大大加强，应用范围更为广泛，计算机技术的应用进入许多科学技术领域。

4. 第四代计算机（1971 年至今）

大规模、超大规模集成电路时代。其特征是以大规模集成电路（large scale integration，LSI）和超大规模集成电路（very large scale integration，VLSI）为计算机的主要功能部件。大规模、超大规模集成电路的出现，使计算机进一步向高速小型化方向发展，计算机的体积越来越小，价格越来越低，而可靠性则越来越高，操作越来越简单。此外，软件也越来越丰富，给用户使用计算机带来了更大的方便。

新一代计算机是把信息采集、存储处理、通信和人工智能结合在一起的计算机系统，即人工智能计算机。新一代计算机由处理数据信息为主，转向处理知识信息为主，如获取、表达、存储及应用知识等，并有推理、联想和学习（如理解能力、适应能力、思维能力等）等人工智能方面的能力，能帮助人类开拓未知领域和获取新的知识。表 1-1 所示为计算机发展简表。

表 1-1 　计算机发展简表

比较对象	发展阶段			
	第一代 （1946—1957 年）	第二代 （1958—1964 年）	第三代 （1965—1970 年）	第四代 （1971 年至今）
逻辑元件	电子管	晶体管	中、小规模集成电路	大规模和超大规模集成电路
主存储器	汞延迟线、磁鼓、磁芯	普遍采用磁芯	磁芯、半导体存储器	半导体存储器
软件系统	机器语言、汇编语言	高级语言、管理程序、监控程序、简单的操作系统	多种功能较强的操作系统、会话式语言	可视化操作系统、数据库、多媒体、网络软件
运算速度	5 000～30 000 次/秒	几万至几十万次/秒	几十万至几百万次/秒	几百万至几亿次/秒
应用领域	科学计算	科学计算、数据处理、事务管理	实现标准化、系列化，应用于各个领域	广泛应用于所有领域
代表机型	ENIAC、EADVAC、103 机	IBM 7090、CDC 7600、109 机	IBM 360、富士通 F230、银河-I	IBM 370、IBM PC、曙光 4000L
其他	输入/输出主要采用穿孔卡片	外存开始采用磁带、磁盘	外存普遍采用磁带、磁盘	各种专用外设如键盘、鼠标、摄像头、打印机、扫描仪等，大容量磁盘、光盘等普遍使用

1.1.3 　计算机的特点

计算机之所以能迅猛发展，并得到广泛应用，主要是因为具有以下特点。

1. 运算速度快

计算机由电子器件构成，具有很高的处理速度。目前世界上最快的计算机每秒可运算万亿次，普通 PC（personal computer，个人计算机）每秒也可处理上百万条指令。这不仅极大地提高了工作效率，而且使时限性强的复杂处理可在限定的时间内完成。

2. 运算精度高

计算机对数据处理的结果精度可达到十几位、几十位有效数字，根据需要甚至可以达到任意精度。计算机的字长越长，其精度越高。

3. 存储量大、记忆能力强

随着微电子技术的发展，计算机内存储器的容量越来越大。目前，一般的微型计算机内存容量为 4～128 GB。硬盘容量一般为 1～20 TB。

4. 自动化程度高、逻辑判断能力强

计算机采用"存储程序"方式工作，即把需要处理的数据及处理该数据的程序事先输入计算机，存入存储器。因此，即使在无人参与的情况下，计算机也能进行算术运算，同时能进行各种逻辑运算和逻辑判断，具有较强的逻辑判断能力，可以自动完成预定的全部处理任务，实现自动控制。

5. 可靠性好、通用性强

随着大规模和超大规模集成电路技术的发展，计算机的可靠性得到了很大的提高，可以连

续无故障工作多年。它不仅能够处理复杂的数学问题和逻辑问题，还能处理数值数据和非数值数据，如图形、文字、声音、图像等。计算机可以处理所有的可以转换为二进制的信息，因此可以说计算机在处理数据上具有通用性。同时，由于计算机处理各种问题均采用了程序的方法，故在处理方式上也具有通用性。

1.1.4 计算机的应用与发展

计算机技术被广泛应用于社会的各个领域，担负着各种各样的工作。总的来说，主要用于以下几个方面。

1. 科学计算

科学计算是指使用计算机完成在科学研究和工程技术领域所提出的大量复杂的数值计算问题，是计算机的传统应用之一。其特点是科学计算问题复杂、数据繁杂，利用计算机大容量存储、高速连续运算的能力，可完成人工无法进行的各种计算。科学计算通常的步骤为：构造数学模型、选择计算方法、编制计算机程序、上机计算、分析结果。专门从事计算方法研究的工作人员研究出了许多高效率、高精度的用于科学计算的算法，积累了许多科学计算用的程序，并将这些程序汇集成软件包，供科技工作者选用，如工程设计、航空航天等方面的应用。

2. 数据处理和信息加工

数据处理和信息加工是指非科技工程方面的所有计算和任何形式的数据资料的输入、分类、加工、整理、合并、统计、制表、检索及存储等。其特点是需要处理的原始数据量大，如图形、文字、声音、图像都是现代计算机的处理对象，但计算方法较为简单，结果一般以表格或文件形式存储、输出，如人事档案管理、学籍管理等方面的应用。

3. 过程控制

过程控制也称实时控制，是指及时地采集检测数据，利用计算机的逻辑判断能力，快速地进行处理并以最优方案实现自动控制。利用计算机进行过程控制，不仅可以大大提高控制的自动化水平，而且可以提高控制的及时性和准确性，从而改善劳动条件、提高质量、节约能源、降低成本，如计算机在工业自动化生产中的广泛应用。

4. 计算机辅助系统

计算机辅助系统是指应用计算机辅助人们进行设计、制造等工作，主要包括 CAD/CAM、CAT、CAE 等。

① 计算机辅助设计（computer aided design，CAD）/计算机辅助制造（computer aided manufacturing，CAM）：是指利用计算机高速处理、大容量存储和图形处理功能，来辅助设计人员进行产品的设计/制造的技术。它为缩短设计/制造周期、提高产品质量创造了条件，如电路设计/制造、机械设计/制造等方面的应用。

② 计算机辅助测试（computer aided testing，CAT）：是指利用计算机对测试对象进行测试的过程。通常所说的利用虚拟仪器进行测试就属于此范畴。

③ 计算机辅助教育（computer aided education，CAE）：是指利用计算机对教学和教学事务进行管理，包括计算机辅助教学（computer aided instruction，CAI）和计算机教育管理（computer management instruction，CMI）。开展计算机辅助教育使学校的教育模式发生了根本性的变化，通过使用计算机，学生牢固树立了计算机意识，学校培养了复合型人才。

5. 人工智能

人工智能（artificial intelligence，AI）是指利用计算机模拟人类大脑神经系统的逻辑思维、逻辑推理，使计算机通过"学习"积累知识，进行知识重构和自我完善。人工智能涉及多个学科领域，如机器学习、计算机视觉、自然语言理解、专家系统、机器翻译、智能机器人、定理自动证明等。

6. 计算机通信

计算机通信（computer communications）是指计算机与通信技术结合，构成计算机网络，实现资源共享，并且可以传送文字、数据、声音、图像等。WWW、E-mail、电子商务等都是依靠计算机网络来实现的。

7. 办公自动化

办公自动化（office automation，OA）是指以行为科学为主导，以管理科学、系统工程学、社会科学、人机工程学为理论基础，以计算机技术、自动化技术、通信和网络技术为手段，利用计算机和其他各种办公设备，完成各种办公业务，使办公实现电子化、网络化、自动化和无纸化。它的应用促使办公工作规范化和制度化，提高了办公的效率和质量。

近年来，由于计算机科学技术的迅速发展，特别是网络技术和多媒体技术的迅速发展，使计算机不断应用于新的领域。通信技术与计算机技术的结合，产生了计算机网络和 Internet；卫星通信技术与计算机技术的结合，产生了全球卫星定位系统（GPS）、地理信息系统（GIS）；多媒体技术的发展在音乐、舞蹈、电影、电视、娱乐、虚拟现实（VR）中得到了广泛的应用。

计算机诞生至今，其发展可谓日新月异，这种发展速度是其他行业难以比拟的。计算机发展的一个显著趋势是向两极发展：一方面研制高速度、大容量、强功能的大型机和巨型机，以适应军事和尖端科学研究的需要；另一方面由于超大规模集成电路技术的快速发展，研制性价比高、体积小的超小型机和微型机，以开拓应用领域和占领广大市场。总的来说，计算机正朝着巨型化、智能化、网络化、多媒体化的方向发展。

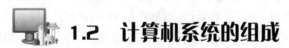

1.2 计算机系统的组成

1.2.1 计算机系统构成概述

一个完整的计算机系统由两大部分组成：硬件系统和软件系统。

硬件系统（hardware system）是组成计算机系统的各种看得见、摸得着的物理设备的总称，是计算机系统的物质基础。通常这些部件由电路（电子元件）、机械等物理部件组成。硬件系统主要由运算器、控制器、存储器、输入设备和输出设备五部分组成。

软件系统（software system）是为运行、管理和维护计算机而编制的各种程序、数据和文档的总称，是用户与硬件之间的接口界面。用户主要是通过软件与计算机进行交流。软件系统主要由系统软件和应用软件两部分组成。

计算机系统的构成如图 1-2 所示。

软件系统和硬件系统的关系是：硬件系统是计算机系统的躯体，是软件建立和依托的基础，而软件系统是计算机系统的头脑和灵魂，是发挥硬件系统性能和作用的关键；没有软件的硬件

"裸机"不能供用户直接使用，而没有硬件对软件的支持，软件的功能则无法实现；软件的发展以硬件为基础，软件的发展又促进硬件的发展。

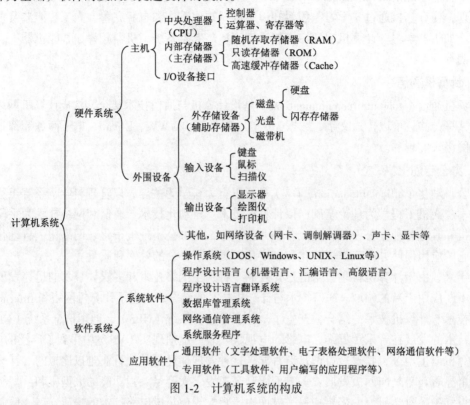

图 1-2　计算机系统的构成

1.2.2　计算机硬件系统

硬件系统也称硬件设备，即机器系统。它是由电子的、电磁的、光学的、机械的元件、部件及各种设备组成的计算机实体，包括计算机的主机和外围设备。根据冯·诺依曼提出的"存储程序"工作原理，计算机硬件系统由五类功能部件组成，即运算器、控制器、存储器、输入设备和输出设备。计算机硬件系统逻辑结构如图 1-3 所示。

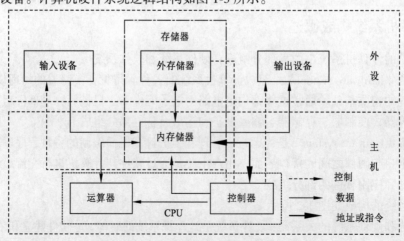

图 1-3　计算机硬件系统逻辑结构

1. 运算器

运算器又称算术逻辑单元（arithmetic logic unit，ALU），它是计算机对数据进行加工处理的部件。运算器的主要功能是进行算术运算和逻辑运算。

2. 控制器

控制器（control unit，CU）是对输入的指令进行分析，并统一控制计算机的各个部件完成一定任务的部件，是计算机的指挥系统。

控制器负责从存储器中取出指令，并对指令进行译码；根据指令的要求，按时间的先后顺序，负责向其他各部件发出控制信号，保证各部件协调一致地工作，一步一步地完成各种操作。控制器主要由指令寄存器、译码器、程序计数器和操作控制器等组成。

控制器、运算器统称中央处理器（central processing unit，CPU），它是硬件系统的核心和关键部件。在微型计算机系统中，通常采用大规模集成电路工艺将运算器和控制器集成在一片芯片上，称为微处理器（micro processing unit，MPU）。

3. 存储器

存储器（memory）是计算机中用于存放程序或数据，并具有记忆能力的部件。

存储器按用途可以分为两类：内部存储器（简称内存；又称主存储器，main memory，简称主存）和外部存储器（简称外存；又称辅助存储器，external memory，简称辅存）。

内存用来存放计算机正在执行的或经常使用的程序和数据，CPU 可以直接对它进行访问。内存一般是由半导体存储器构成，通常装在主板上。内存的存取速度快，但容量有限。内存按存储信息的原理和使用属性分为随机存取存储器、只读存储器、高速缓冲存储器。

4. 输入设备

输入设备是人向计算机输入信息的设备。它是重要的人机接口，负责将输入的信息（包括数据和指令）转换成计算机能识别的二进制代码，送入存储器保存。

常用的输入设备有键盘、鼠标、扫描仪、触摸屏等。

5. 输出设备

输出设备是将计算机内部以二进制形式表示的数字编码转换成人们可识别的字符、图像或声音的设备。

常用的输出设备有显示器、打印机和绘图仪等。

1.2.3　计算机软件系统

在计算机系统中，软件系统为使用计算机硬件系统提供了操作平台、使用界面与应用技术。软件系统是对计算机硬件系统性能的扩充和完善，计算机系统的功能不仅仅取决于硬件系统，而且更大程度上取决于所安装的软件系统。

计算机软件是相对于计算机硬件而言的。一般来说，软件是程序、程序运行时所需要的数据以及关于程序的设计、功能和使用等说明文档的全体。软件可以被分为若干层次，如图 1-4 所示。不同层次的软件是对内层计算机的完善和扩充，而最底层的软件是对计算机硬件的完善和扩充。

通常，计算机软件系统包括系统软件和应用软件两大类。

应用程序		
程序设计语言及程序设计语言翻译系统	数据库管理系统	系统诊断和维护程序
操作系统		
计算机硬件系统		

图 1-4　计算机的软件层次

1. 系统软件

系统软件指管理、监控、协调和维护计算机及其外围设备正常工作的软件，包括操作系统、程序设计语言及程序设计语言翻译系统、数据库管理系统和系统服务程序等。

① 操作系统（operating system，OS）：控制和管理计算机全部软件和硬件资源，合理组织计算机工作流程以及方便用户使用的程序集合。操作系统一般包括处理器管理、作业管理、存储管理、设备管理和文件管理五大功能，是在计算机硬件基础上面向用户的第一层软件系统，其他软件系统必须在操作系统的支持下才能运行。如 DOS、Windows、UNIX、Linux、Netware 等。

② 程序设计语言及程序设计语言翻译系统。程序设计语言是编写程序软件的工具。程序设计语言一般分为机器语言、汇编语言和高级语言三类。程序设计语言翻译系统能够将使用某一种语言编写的源程序翻译成为与其等价的使用另一种目标语言编写的程序。常用的程序设计语言翻译系统有汇编语言翻译系统、高级程序设计语言编译系统、高级程序设计语言解释系统。

③ 数据库管理系统（database management system，DBMS）：一种操纵和管理数据库的大型软件，它对数据库进行统一的管理和控制，以保证数据库的安全性和完整性。用户通过 DBMS 访问数据库中的数据，数据库管理员也通过 DBMS 进行数据库的建立、使用和维护等工作。如 SQL Server、Oracle、Informix、FoxPro 等。

④ 系统服务程序：用户使用和维护计算机时所使用的程序，主要包括机器的监控管理程序、调试程序、故障检查和诊断程序、各种驱动程序，以及作为软件研制开发工具的编辑程序、调试程序、装配和连接程序等。

2. 应用软件

应用软件是为用户解决各种实际问题而编制的计算机应用程序及其有关资料的总和。它具有很强的专业性和实用性。它包括数值处理软件、文字处理软件、表格处理软件、图像处理软件、工具软件和其他各种专业软件等。

① 数值处理软件：用于科学计算方面的数学计算软件包、统计软件包等。

② 文字处理软件：是在计算机上实现对文字进行输入、编辑、排版和打印等操作的软件。

③ 表格处理软件：表格在社会各领域充当着重要的角色，账簿就是其中最常用的一种。以前用笔和纸来处理表格，费时费力；计算机普及后，用计算机来处理表格，不仅可以将人们从烦琐复杂的表格处理中解放出来，而且也使处理表格的过程成为美的享受。表格处理软件广泛应用于各种"表格"式数据管理的领域，如金融、财务、经济、统计、审计和行政等领域。目前，常用的表格处理软件有 Microsoft 公司推出的 Microsoft Excel 等。

④ 图像处理软件：对图形图像进行设计、加工、色彩处理等的软件。如 Photoshop、CorelDRAW、Painter、Illustrator 等。

⑤ 工具软件：压缩软件 WinRAR、WinZip，媒体播放软件 RealPlayer、Windows Media Player、Media Player Classic，图片浏览编辑软件 ACDSee、ACD Photo Editor，杀毒软件等。

⑥ 各种财务管理软件、税务管理软件、工业控制软件、辅助教育软件等。

随着计算机的发展，系统软件与应用软件之间的界限正逐渐淡化，昂贵的商业系统软件中常常附带方便用户使用的简易应用软件组，而应用软件为了提高性能也常常具备系统软件的部分功能和特点。

1.3　计算机工作原理

1.3.1　计算机的指令和程序

按照冯·诺依曼存储程序的原理，计算机在执行程序时须先将要执行的相关程序和数据放入内存中，在执行程序时 CPU 根据当前程序指针寄存器的内容取出指令并执行指令，然后再取出下一条指令并执行，如此循环下去直到程序结束。简单地说计算机的工作过程就是运行程序指令的过程。

1. 计算机指令系统

（1）指令及其格式

计算机指令就是控制计算机进行各种操作和运算的一组二进制代码，它规定了计算机能完成的某一种操作。例如，加、减、乘、除、存数、取数等都是基本操作，分别可以用一条指令来实现。

计算机硬件只能够识别并执行机器指令，用高级语言编写的源程序必须由程序语言翻译系统把它们翻译为机器指令后，计算机才能识别并执行。

在计算机内部，指令和数据的形式都是二进制，区别在于：计算机工作时，把指令交给控制器处理，而把数据交给运算器处理。

计算机指令系统中的指令有规定的编码格式。一般一条指令由操作码和地址码（又称操作数）两部分组成。指令的一般格式如图 1-5 所示。

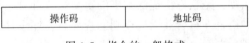

操作码	地址码

图 1-5　指令的一般格式

其中，操作码（operation code，OP）用来表示该指令所要完成的操作（如加、减、乘、除、数据传送等），其长度取决于指令系统中的指令条数。地址码（address code）用来描述该指令的操作对象，它或者直接给出操作数，或者指出操作数的存储器地址或寄存器地址（即寄存器名）。

（2）指令的分类与功能

一台计算机所能执行的所有指令的集合称为该台计算机的指令系统。指令系统反映了计算机的基本功能，不同类型的计算机其指令系统也不相同。但无论不同类型计算机的指令系统和指令条数如何不同，一般都具有下面几种类型的指令：

① 数据传送型指令：是将数据在存储器之间、寄存器之间以及存储器与寄存器之间进行数据传送的指令。如取数指令将存储器某一存储单元中的数据读入寄存器；存数指令将寄存器中的数据写入某一存储单元。

② 数据处理型指令：是对数据进行运算和变换的指令。例如，加、减、乘、除等算术运

算指令；与、或、非等逻辑运算指令，移位和比较、串处理指令等。这些指令的功能一般由运算器的算术逻辑单元完成。

③ 程序控制型指令：是控制程序中指令的执行顺序的指令。例如，无条件转移指令、条件转移指令、子程序调用指令和停机指令等。

④ 输入/输出型指令：是实现输入/输出设备与主机之间数据传输的指令。例如，读指令、写指令等。

⑤ 硬件控制指令：是对计算机的硬件进行控制和管理的指令。例如，处理器控制指令等。

2. 程序和程序设计

（1）程序

① 程序是为解决某一具体问题而编制、设计的指令序列。对于机器语言而言，程序是指令的有序集合。对于汇编语言和高级语言而言，程序是语句的有序集合。

人们在利用计算机解决问题时，首先要确定解决这一特定问题应采取的方法和步骤，即分析要求解的问题，得出解决问题的算法。

② 算法（algorithm）是为解决某一特定问题而定义准确的一系列方法和有限步骤的集合。

瑞士计算机科学家尼古拉斯·沃斯（Niklaus Wirth）指出：程序=数据结构+算法。其中算法是对操作的描述；而数据结构就是对数据的描述，即为解决某一具体问题而用到的数学模型。数据结构主要研究三方面的内容：

- 数据的逻辑结构：数据元素本身之间的逻辑关系。
- 数据的存储结构：数据元素在计算机中存储位置之间的关系。
- 数据的运算：数据元素之间的运算规则。

（2）程序设计

程序设计（programming）是指设计、编制、调试程序的方法和过程。它是目标明确的智力活动，是软件构造活动中的重要组成部分。程序设计往往以某种程序设计语言为工具，给出这种语言下符合其语法规则的程序。程序设计过程包括分析、设计、编码、测试、排错等不同阶段。专业的程序设计人员常称程序员。

一般地，人们利用计算机解决具体实际问题的一般过程如图 1-6 所示，即人们首先设计好解决实际问题的算法，然后根据算法利用程序设计语言编制程序，并存入计算机中，最后在存储程序的指挥控制下，使计算机完成各种操作，并得到结果。

图 1-6　利用计算机解决具体实际问题的一般过程

1.3.2　计算机基本工作原理

当计算机在工作时，有两种信息在流动：数据信息和指令控制信息。数据信息是指原始数据、中间结果、结果数据、源程序等，这些信息从存储器读入运算器进行运算，所得的计算结果再存入存储器或传送到输出设备。指令控制信息是由控制器对指令进行分析、解释后向各部件发出的控制命令，指挥各部件协调工作。

计算机的工作过程实际上是快速地执行指令的过程，如图 1-7 所示，分为以下四个步骤：

① 取指令，即按照指令计数器中的地址（图 1-7 中为 0122H），从内存储器中取出指令（图 1-7 中的指令为 071021H），并送往指令寄存器中。

② 分析指令，即对指令寄存器中存放的指令（图 1-7 中指令为 071021H）进行分析，由操作码（07H）确定执行什么操作，由地址码（1021H）确定操作的地址。

③ 执行指令，即根据分析的结果，由控制器发出完成该操作所需要的一系列控制信息，去完成该指令所要求的操作。

④ 继续取指令。在上述三个步骤完成以后，指令计数器加 1，为执行下一条指令做好准备。如果遇到转移指令，则将转移地址送入指令计数器。并不断重复下一个"取指令、分析指令、执行指令"的过程，直到程序结束。

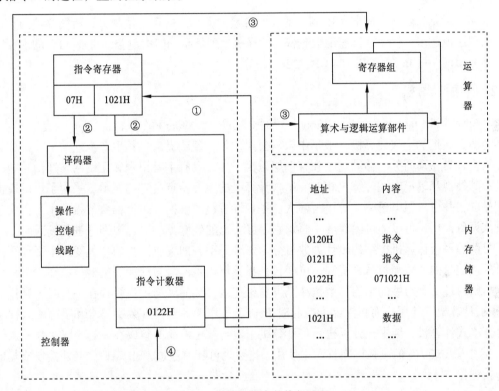

图 1-7　计算机指令的执行过程

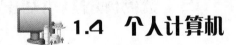 # 1.4　个人计算机

1.4.1　个人计算机的性能指标

以下四项性能指标用于评价计算机的性能。

1. 字长

字长是 CPU 一次能直接传输、处理的二进制数据位数，是计算机性能的一个重要指标。字长代表机器的精度，字长越长，可以表示的有效位数就越多，运算精度越高，处理能力越强。目前，PC 的字长一般为 64 位。

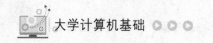

2. 主频

主频指的是计算机的时钟频率。时钟频率是指 CPU 在单位时间（秒）内发出的脉冲数，通常以吉赫兹（GHz）为单位。主频越高，计算机的运算速度越快。CPU 主频是决定计算机运算速度的关键指标，也是用户在购买 PC 时要按主频来选择 CPU 芯片的原因。

3. 运算速度

计算机的运算速度是指每秒所能执行的指令数，用每秒百万条指令（MIPS）描述，是衡量计算机档次的一项核心指标。计算机的运算速度不但与 CPU 的主频有关，还与字长、内存、主板、硬盘等有关。

4. 内存容量

内存容量是指随机存储器（RAM）的存储容量的大小。内存容量越大，所能存储的数据和运行的程序就越多，程序运行速度也越快，计算机处理信息的能力越强。目前，PC 的内存容量一般为 8 GB、16 GB、32 GB、64 GB、128 GB 等。

1.4.2　平板计算机

平板计算机（tablet personal computer）简称 Tablet PC、Flat Pe、Tablet、Slates，是一种小型、超轻超薄、便携的个人计算机，最早由微软公司比尔·盖茨提出，其生产标准为 x86 架构。平板计算机是集移动商务、移动通信和移动娱乐为一体，具有手写识别和无线网络通信功能的计算机，其外观和笔记本式计算机相似。平板计算机的主要特点是它的显示器采用了可触摸识别的液晶屏，并可以用电磁感应笔手写输入。平板计算机的触摸屏（也称数位板技术）作为基本的输入设备，用户可以通过内建的手写识别、屏幕上的软键盘、语音识别等进行输入。

目前的平板计算机按结构设计大致可分为两种类型，即集成键盘的"可变式平板计算机"和可外接键盘的"纯平板计算机"。可变式平板计算机将键盘与计算机主机集成在一起，计算机主机则通过一个巧妙的结构与数位液晶屏紧密连接，液晶屏与主机折叠在一起时可当作一台"纯平板计算机"使用，而将液晶屏掀起时，该机又可作为一台具有数字墨水和手写输入控功能的笔记本式计算机。纯平板计算机是将计算机主机与数位液晶屏集成在一起，将手写输入作为其主要输入方式，它们更强调在移动中使用，当然也可随时通过 USB 端口、红外接口或其他端口外接键盘/鼠标。

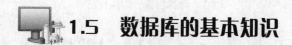 1.5　数据库的基本知识

1.5.1　数据库的基本概念

数据是计算机处理的对象。数据库技术研究的问题就是如何科学地组织、存储和管理数据，如何高效地获取和处理数据。

数据库就是为了实现一定的目的按某种规则组织起来的数据的集合，是比文件更大的数据组织，是具有特定联系的数据的集合，也可以看成是具有特定联系的多种类型的记录的集合。

数据是重要的资源，收集到的大量数据必须经过加工、整理、转换之后，才能从中获取有价值的信息，数据处理可定义为对数据的收集、存储、加工、分类、检索、传播等一系列活动。

数据库中数据的组织一般可以分为四级：数据项、记录、文件和数据库。

1. 数据项

数据项是数据的最小单位，又称元素、基本项、字段等。每个数据项都有一个名称，称为数据项名。数据项的值可以是数值的、字母的、字母数字的、汉字的等形式。数据项的物理特点在于它具有确定的物理长可以作为整体看待。

2. 记录

记录由若干相关联的数据项组成，是处理和存储信息的基本单位，是关于一个实体的数据总和。构成该记录的数据项表示实体的若干属性。为了唯一标识每个记录，就必须有记录标识符，又称关键字。唯一标识记录的关键字称为主关键字，其他标识记录的关键字称为次关键字。

3. 文件

文件是一给定类型的（逻辑）记录的全部具体值的集合。文件用文件名标识，文件根据记录的组织方法和存取方法可以分为顺序文件、索引文件、直接文件等。

4. 数据库

数据库是比文件更大的数据组织，是具有特定联系的数据的集合，也可以看成是具有特定联系的多种类型的记录的集合。

1.5.2　数据库系统的构成

数据库系统（database system，DBS）是由数据库、硬件、软件和用户四部分构成的整体。

1. 数据库

数据库是数据库系统的核心和管理对象。数据库是存储在一起的相互有联系的数据的集合。

2. 硬件

数据库系统建立在计算机系统之上，运行数据库系统的计算机需要有足够大的内存以存放系统软件，需要足够大容量的磁盘等联机直接存取设备存储庞大的数据，要求系统联网以实现数据共享。

3. 软件

数据库软件主要是指数据库管理系统（database management system，DBMS）。DBMS是为数据库存取、维护和管理而配置的软件，是数据库系统的核心组成部分，在操作系统的支持下工作。

4. 用户

数据库系统中存在管理（数库管理员）、开发（应用程序员）、使用数据库（终端用户）的人员，这些人员称为用户。

1.6　程序设计基础

1.6.1　程序设计的概念与方法

程序是计算机的一组指令，是程序设计的最终结果。程序经过编译和执行才能最终完成程序的功能。由于计算机用户知识水平的提高和出现了多种高级程序设计语言，用户进入了软件开发领域。用户可以为自己的多项业务编制程序，这比将自己的业务需求交给别人编程容易得多。因此，程序设计不仅是计算机专业人员必备的知识，也是其他各行各业的专业人员应该掌握的。

程序设计是指利用计算机解决问题的全过程，它包含多方面的内容，而编写程序只是其中的一部分。使用计算机解决实际问题，通常是先要对问题进行分析并建立数学模型，然后考虑数据的组织方式和算法，并用某种程序设计语言编写程序，最后调试程序，使之运行后能产生预期的结果，这个过程称为程序设计。程序设计的基本目标是实现算法和对初始数据进行处理，从而完成问题的求解。

学习程序设计的目的不只是学习一种特定的程序设计语言，而是要结合某种程序设计语言学习进行程序设计的一般方法。

程序设计的基本过程包括分析问题，建立数学模型，确定数据结构和算法，编写程序，调试程序，整理文档、交付使用六个阶段。

① 分析问题。在接到某项任务后，首先需要对任务进行调查和分析，明确要实现的功能。然后，详细地分析要处理的原始数据有哪些，从哪里来，是什么性质的数据，要进行怎样的加工处理，处理的结果送到哪里，要求打印、显示还是保存到磁盘。

② 建立数学模型。对要解决的问题进行分析，找出它们的运算和变化规律，然后进行归纳，并用抽象的数学语言描述出来。也就是说，将具体问题抽象为数学问题。

③ 确定数据结构和算法。方案确定后，要考虑程序中要处理的数据的组织形式（即数据结构），并针对选定的数据结构简略地描述用计算机解决问题的基本过程，再设计相应的算法（即解题的步骤），然后根据已确定的算法画出流程图。

④ 编写程序。编写程序就是把用流程图或其他描述方法描述的算法用计算机语言描述出来。这一步要选择一种合适的语言来适应实际算法和所处的计算机环境，并要正确地使用语言，准确地描述算法。

⑤ 调试程序。将源程序送入计算机，通过执行所编写的程序找出程序中的错误并进行修改，再次运查错、改错，重复这些步骤，直到程序的执行效果达到预期的目标。

⑥ 整理文档和交付使用。程序调试通过后，应将解决问题整个过程的有关文档进行整理，编写程序体说明书，然后交付用户使用。

以上是一个完整的程序设计的基本过程。对于初学者而言，因为要解决的问题都比较简单，所以上述步骤可以合并为一步，即分析问题、设计算法。

如果程序只是为了解决比较简单的问题，那么通常不需要关心程序设计思想，但对于规模较大的应用开发显然需要用工程的思想指导程序设计。

早期的程序设计语言主要面向科学计算，程序规模通常不大。20 世纪 60 年代以后，计算机硬件的发展非常迅速，程序员要解决的问题变得更加复杂，程序的规模越来越大，出现了一些大型软件，这类程序必须由多个程序员密切合作才能完成。由于旧的程序设计方法很少考虑程序员之间交流协作的需要，所以不能适应新形势的发展，因此编出的软件中的错误随着软件规模的增大而迅速增加，甚至有些软件尚未正式发布便已因故障率太高而宣布报废，由此产生了"软件危机"。

结构化程序设计方法正是在这种背景下产生的，现在面向对象程序设计、第四代程序设计语言、计算辅助软件工程等软件设计和生产技术都已日臻完善。计算机软件、硬件技术的发展交相辉映，使计算机的发展和应用达到了前所未有的高度和广度。

1.6.2　程序设计语言

对程序设计语言的分类可以从不同的角度进行，如面向机器的程序设计语言、面向过程的程序设计语言、面向对象的程序设计语言等。最常见的分类方法是根据程序设计语言与计算机硬件的联系程度将其分为三类：机器语言、汇编语言和高级语言。

1. 机器语言

从本质上说，计算机只能识别 0 和 1 两个数字，因此，计算机能够直接识别的指令是由一连串的 0 和 1 组合起来的二进制编码，称为机器指令。机器语言是指计算机能够直接识别的指令的集合，它是最早出现的计算机语言。机器指令一般由操作码和操作数组成，其具体表现形式和功能与计算机系统的结构有关，所以是种面向机器的语言。

2. 汇编语言

为了克服机器语言的缺点，人们对机器语言进行了改进，用一些容易记忆和辨别的有意义的符号代替机器指令。用这样一些符号代替机器指令所产生的语言称为汇编语言，又称符号语言。

3. 高级语言

为了从根本上改变语言体系，使计算机语言更接近于自然语言，并力求使语言脱离具体机器，达到程序可移植的目的，20 世纪 50 年代末创造出独立于机型的、接近于自然语言、容易学习使用的高级语言。高级语言是一种用接近自然语言和数学语言的语法、符号描述基本操作的程序设计语言，它符合人们叙述问题的习惯，简单易学。

 ## 1.7　多媒体技术基础

1.7.1　多媒体技术概述

多媒体技术是一门迅速发展的综合性信息技术，它把电视的声音和图像功能、印刷业的出版能力、计算机的人机交互能力、因特网的通信技术有机地融于一体，对信息进行加工处理后，再综合地表达出来。多媒体技术改善了信息的表达方式，使人们通过多种媒体得到实体化的形象，从而吸引了人们的注意力。多媒体技术也改变了人们使用计算机的方式，进而改变了人们的工作和学习方式。多媒体技术涉及的知识面非常广泛，随着计算机软件和硬件技术、大容量存储技术、网络通信技术的不断发展，多媒体技术应用领域不断扩大，实用性也越来越强。

1.7.2　多媒体技术的应用

多媒体技术主要应用于以下几个领域。

① 教育（形象教学、模拟展示）：电子教案、形象教学、模拟交互过程、网络多媒体教学、仿真工艺过程。

② 商业广告（特技合成、大型演示）：影视商业广告、公共招贴广告、大型显示屏广告、平面印刷广告。

③ 影视娱乐业（电影特技、变形效果）：主要应用在影视作品中，电视/电影/卡通混编特技、演艺界 MTV 特技制作、三维成像模拟特技、仿真游戏。

④ 医疗（远程诊断、远程手术）：网络多媒体技术、网络远程诊断、网络远程操作（手术）。

⑤ 旅游（景点介绍）：风光重现、风土人情介绍、服务项目。

⑥ 人工智能模拟（生物、人类智能模拟）：生物形态模拟、生物智能模拟、人类行为智能模拟。

⑦ 办公自动化。

⑧ 通信。

⑨ 创作。

⑩ 展示空间中的运用。

 # 1.8 大数据与云计算

1.8.1 大数据

国务院 2015 年 8 月 31 日印发的《促进大数据发展行动纲要》中这样定义大数据：大数据是以容量大、类型多、存取速度快、应用价值高为主要特征的数据集合，正快速发展为对数量巨大、来源分散、格式多样的数据进行采集、存储和关联分析，从中发现新知识、创造新价值、提升新能力的新一代信息技术和服务业态。大数据技术指的是用于处理、分析和管理大规模数据集的技术和工具。大数据无法用单台计算机进行处理，必须依托云计算的分布式处理、分布式数据库、云存储和虚拟化技术，其特色在于对海量数据的挖掘。相比现有的其他技术而言，大数据最核心的价值在于对于海量数据进行存储和分析，它在"廉价、迅速、优化"这三方面的综合成本是最优的。

大数据具有以下特点：

① 数据体量巨大，从 TB 级别跃升到 PB 级别。据监测统计，2022 年全球数据总量已经达到 61 ZB，1 ZB 等于 1 万亿 GB，相当于 610 亿个 1 TB 移动硬盘的存储量，而这个数值还在以每两年翻一番的速度增长。

② 数据类型繁多，如网络日志、视频、图片、地理位置信息等。

③ 价值密度低，以视频为例，连续不间断监控过程中，可能有用的数据仅仅只有一两秒。

④ 处理速度快，这一点和传统的数据挖掘技术有着本质的不同。物联网、云计算、移动互联网、车联网手机、平板计算机、PC 以及遍布地球各个角落的各种传感器，无一不是数据来源或者承载者。

人们都已意识到了"大数据"时代的到来。大数据时代网民和消费者的界限正在消弭，数据成为核心的资产，并将深刻影响企业的业务模式，甚至重构其文化和组织。因此，大数据对国家治理模式、企业的决策、组织和业务流程、个人生活方式都将产生巨大的影响。大数据开创的新世界正在以不可阻挡的磅礴气势，揭开人类新世纪的序幕，宣告 21 世纪是人类自主发展的时代。大数据让人类对一切事物的认识回归本源，影响经济生活、社会管理、文化教育科研医疗保健休闲等行业，与每个人产生密切的联系。

在大数据时代，人脑信息转换为计算机信息成为可能。科学家通过各种途径模拟人脑，试图解密人脑活动，最终用计算机代替人脑发出指令。正如人们可以从计算机下载所需的知识和技能一样，将来也可以实现将人脑中的信息直接转换为计算机中的图片和文字，用计算机施展"读心术"。蚂蚁金融服务集团的反欺诈大数据产品"蚁盾"，其中包括可信身份认证（eKYC），这是一种高安全等级的身份验证服务，通过活体检测技术采集用户的面部特征，并与权威数据源比对，判断用户是否为真人及本人。产业风控平台是基于隐私计算、人工智能、图像识别等大数据技术，提供多源企业商业信息的整合能力，搭建企业提供一站式、智能化的企业风控服务与平台，助力企业管理对公业务风险，促进产业间可信协作。计算机技术将一切信息无论是有与无、正与负都归结为 0 与 1，一切存在都在于数的排列组合，在于大数据。

1.8.2　云计算

云计算（cloud computing）是一种基于互联网的计算方式，通过这种方式，共享的软硬件资源和信息可以按需提供给计算机和其他设备。云计算是继 20 世纪 80 年代大型计算机到客户端—服务器的大转变之后的又一种巨变。用户不再需要了解云中基础设施的细节，不必具有相应的专业知识，也无须直接进行计算。典型的云计算提供商往往直接提供通用的网络应用业务，可以通过浏览器等软件或者其他 Web 服务来访问，而软件和数据都存储在服务器上。

云计算的特点如下：

① 超大规模。"云"具有相当的规模，大企业的"云"拥有几十万台乃至上百万台服务器。企业私有云一般拥有数百上千台服务器。"云"赋予用户前所未有的计算能力。

② 虚拟化。云计算支持用户在任意位置使用各种终端获取应用服务。所请求的资源来自"云"，而不是固定的有形实物。应用在"云"中某处运行，但实际上用户无须了解也不用担心应用运行的具体位置。只需要一台笔记本式计算机或者一部智能手机，就可以通过网络服务来实现需要的服务，甚至包括超级计算这样的任务。

③ 高可靠性。"云"使用了数据多副本容错、计算结点同构、可互换等措施来保障服务的可靠性，使用云计算比本地计算更可靠。

④ 通用性。云计算不针对特定的应用，在"云"的支撑下可以构造出千变万化的应用，同一个"云"可以同时运行不同的应用。

⑤ 高可扩展性。"云"的规模可以动态伸缩，满足应用和用户规模增长的需要。

⑥ 按需服务。"云"是一个庞大的资源池，可按需购买；"云"可以像来自水、电、燃气那样计费。

⑦ 价格低廉。由于"云"的特殊容错措施，可以采用极其廉价的结点构成，"云"的自动化集中式管理使大量企业无须负担日益高昂的数据中心管理成本，"云"的通用性使资源的利用率较之传统系统大幅提升，因此用户可以充分享受"云"的低成本优势。

⑧ 有潜在的危险性。云计算服务除了提供计算服务外，还提供了存储服务。但是，云计算服务当前垄断在私人机构（企业）手中，而它们仅仅能够提供商业信用。另一方面，云计算中的数据对于数据所有者以外的其他云计算用户是保密的，但是对于提供云计算的商业机构而言却毫无秘密可言。所有这些潜在的危险，都是商业机构选择云计算服务特别是国外机构提供的云计算服务不得不考虑的。

1.9 人工智能

1.9.1 人工智能的定义

人工智能是研究、开发用于模拟、延伸和扩展人的智能的理论、方法、技术及应用系统的一门新的技术科学。

人工智能是计算机科学的一个分支，它企图了解智能的实质，并生产出一种能以人类智能相似的方式做出反应的智能机器，该领域的研究包括机器人、语言识别、图像识别、自然语言处理和专家系统等。人工智能从诞生以来，理论和技术日益成熟，应用领域也不断扩大。可以设想，未来人工智能带来的科技产品，将会是人类智慧的"容器"。人工智能可以对人的意识、思维的信息过程进行模拟。人工智能不是人的智能，但能像人那样思考，也可能超过人的智能。

人工智能是一门极富挑战性的科学，从事这项工作的人必须懂得计算机知识、心理学和哲学。人工智能是内涵十分广泛的科学，它由不同的领域组成，如机器学习，计算机视觉等，总的说来，人工智能研究的一个主要目标是使机器能够胜任一些通常需要人类智能才能完成的复杂工作。但不同的时代、不同的人对这种"复杂工作"的理解是不同的。2017 年 12 月，人工智能入选"2017 年度中国媒体十大流行语"。2021 年 9 月 25 日，为促进人工智能健康发展，《新一代人工智能伦理规范》发布。2022 世界人工智能大会（WAIC2022）发布了《可信人工智能白皮书》等 26 份报告和倡议。

1.9.2 人工智能的发展与研究

1956 年夏季，以麦卡赛、明斯基、罗切斯特和香农等为首的一批科学家在一起聚会，共同研究和探讨用机器模拟智能的一系列有关问题，并首次提出"人工智能"这一术语，它标志着"人工智能"这门新兴学科的正式诞生。IBM 公司"深蓝"计算机击败人类国际象棋世界冠军更是人工智能技术的一个完美表现。

从 1956 年正式提出人工智能学科算起，60 多年来，人工智能取得了长足的发展，成为一门广泛的交叉和前沿科学。总的说来，人工智能的目的就是让计算机能够像人一样思考。如果希望制作出一台能够思考的机器，那就必须知道什么是思考，更进一步讲就是什么是智慧。什么样的机器才是智慧的呢？科学家已经制作出了汽车、火车、飞机、收音机等，它们模仿人类身体器官的功能，但是能不能模仿人类大脑的功能呢？到目前为止，我们也仅仅知道人类大脑是由数十亿个神经细胞组成的器官，人们对这个东西知之甚少，模仿它或许是天下最困难的事情了。

当计算机出现后，人类开始真正有了一个可以模拟人类思维的工具，在以后的岁月中，无数科学家为这个目标努力着。如今人工智能已经不再是几个科学家的专利了，全世界几乎所有大学的计算机系都有人在研究这门学科，学习计算机的大学生也必须学习这样一门课程，在大家不懈的努力下，如今计算机似乎已经变得十分聪明了。例如，1997 年 5 月，IBM 公司研制的"深蓝"计算机战胜了国际象棋大师卡斯帕罗夫（Kasparov）。2022 年 11 月 30 日，美国人工智能研究实验室 OpenAI 发布了一款聊天机器人程序 ChatGPT（全称为 Chat Generative Pre-trained Transformer）。ChatGPT 是人工智能技术驱动的自然语言处理工具，它能够通过理解和学习人类的语言来进行对话，还能根据聊天的上下文进行互动，真正像人类一样来聊天交流，甚至能完成撰写邮件、视频脚本、文案、翻译、代码，写论文等任务。大家或许不会注意到，在一些地方计算机帮助人进行原来只属于人类的工作，计算机以它的高速和准确发挥着作用。人工智能始终是计算机科学的前沿学科，计算机编程语言和其他计算机软件都因为有了人工智能的进展而得以存在。

小　结

　　计算机的诞生是人类科学技术发展史中的一个里程碑，它对于整个社会的发展产生了巨大的影响。它是一种能按照事先存储的程序，自动、高速地对数据进行处理的系统。计算机的发展可分为电子管、晶体管、中小规模集成电器、大规模和超大规模集成电路四个阶段。一个完整的计算机系统主要是由硬件系统和软件系统组成。计算机的运算速度快、运算精度高、存储容量大、自动化程度高、可靠性好等特点促使计算机迅猛发展。计算机工作处理的对象是数据，而数据库技术研究的问题就是如何科学地组织、存储和管理数据。数据库中数据的组织一般可以分为四级：数据项、记录、文件和数据库。

　　程序是计算机的一组指令，是程序设计的最终结果。程序设计的基本过程包括分析问题，建立数学模型，确定数据结构和算法，编写程序，调试程序，整理文档、交付使用六个阶段。常见的程序设计语言可分为机器语言、汇编语言和高级语言。

　　多媒体技术是一门综合性信息技术。多媒体技术涉及的知识面非常广泛。多媒体技术主要应用于教育、商业广告、影视娱乐业、医疗、旅游、人工智能模拟、办公自动化、通信、创作、展示空间中的运用等领域。大数据具有数据体量巨大、数据类型繁多、价值密度低、处理速度快等特点，所以需要大数据技术从各种各样类型的数据中快速获得有价值信息。云计算是一种基于互联网的计算方式，通过这种方式进行资源共享，而云计算的特点有超大规模、虚拟化、高可靠性、通用性、高扩展性、按需服务、价格低廉、有潜在的危险性等。

　　当计算机出现后，人类开始真正有了一个可以模拟人类思维的工具，那就是人工智能。人工智能是研究、开发用于模拟、延伸和扩展人的智能的理论、方法、技术及应用系统的一门技术科学。

习　题

一、填空题

1. 计算机系统由＿＿＿＿＿＿系统和＿＿＿＿＿＿系统组成。

2. 计算机硬件系统包括运算器、＿＿＿＿＿＿、存储器、输入设备和输出设备。

3. ＿＿＿＿＿＿的思想奠定了现代计算机设计的基础。

4. ＿＿＿＿＿＿的高低在一定程度上决定了计算机速度的快慢。

5. 软件分为＿＿＿＿＿＿和＿＿＿＿＿＿两种。

6. 计算机总线按传送的信息不同可分为＿＿＿＿＿＿、＿＿＿＿＿＿和＿＿＿＿＿＿。

7. 数据在硬盘上的位置是通过＿＿＿＿＿＿、＿＿＿＿＿＿、＿＿＿＿＿＿这三个参数确定的。

8. 通常人们说的 800×600 是指显示器的＿＿＿＿＿＿。

9. 键盘布局按用途可分为_____、_____、_____和_____四个键区。

10. 以微处理器为核心的微型计算机属于第_____代计算机。

11. 利用大规模集成电路技术把计算机的运算器和控制器放在一块集成电路芯片上，这样的一块芯片称为_____。

12. 计算机内存储器分为 ROM 和 RAM，其中存放在 RAM 上的信息将随着断电而消失，因此在关机前，应把信息先存放于_____。

13. CPU 是计算机的核心部件，该部件主要由运算器和_____组成。

14. 系统软件通常由_____、_____、_____和_____等组成。

15. 某单位的人事档案管理程序属于_____软件。

16. 一台计算机可能会有多种多样的指令，这些指令的集合就是_____。

17. 计算机能够直接执行的计算机语言是_____。

18. 可以将计算机分为大型机、超级机、小型机、微型机和_____。

19. 数据库系统是由_____、软件、_____和用户四部分构成的整体。

20. CPU 不能直接访问的存储器是_____。

21. CPU 不能直接访问的存储器是_____。

22. 数据库中数据的组织一般可以分为四级：数据项、_____、_____和数据库。

23. 程序设计的基本过程包括六个阶段分别为：分析问题，_____，_____，编写程序，_____，整理文档、交付使用。

24. 大数据的特点有_____、_____、_____、_____。

25. 云计算特点包括超大规模、_____、高可靠性、_____、_____、按需服务、_____、_____、_____。

二、选择题

1. 世界上发明的第一台通用计算机是（　　　）。
   A. ENIAC　　　　　B. EDVAC　　　　　C. EDSAC　　　　　D. UNIVAC

2. 目前，制造计算机所用的电子器件是（　　　）。
   A. 大规模和超大规模集成电路　　　　B. 晶体管
   C. 中小规模集成电路　　　　　　　　D. 电子管

3. 计算机能直接识别的语言是（　　　）。
   A. 汇编语言　　　B. 自然语言　　　C. 机器语言　　　D. 高级语言

4. 世界上第一台通用计算机研制成的时间是（　　　）年。
   A. 1946　　　　　B. 1947　　　　　C. 1951　　　　　D. 1952

5. 下列设备中，属于输入设备的是（　　　）。
   A. 鼠标　　　　　B. 显示器　　　　C. 打印机　　　　D. 绘图仪

6. 计算机发展的方向是巨型化、微型化、网络化、智能化。其中"巨型化"是指（　　　）。
   A. 体积大
   B. 质量大
   C. 功能更强、运算速度更高、存储容量更大
   D. 外围设备更多

7. 微机系统中最核心的部件是（　　　）。

    A. 显示器　　　　　B. UPS　　　　　　C. CPU　　　　　　D. 存储器

8. 一个完整的计算机系统包括（　　　）。

    A. 计算机及其外围设备　　　　　　　　B. 主机键盘及显示器

    C. 系统软件及应用软件　　　　　　　　D. 硬件系统及软件系统

9. 软件系统包括（　　　）。

    A. 程序与数据　　　　　　　　　　　　B. 系统软件与应用软件

    C. 操作系统与语言处理系统　　　　　　D. 程序数据与文档

10. 下列存储设备中，断电后其中信息会丢失的是（　　　）。

    A. ROM　　　　　　B. RAM　　　　　　C. 硬盘　　　　　　D. U 盘

11. 下列存储器中，存储速度最快的是（　　　）。

    A. U 盘　　　　　　B. 硬盘　　　　　　C. 光盘　　　　　　D. 内存

12. 微型计算机中，运算器、控制器和内存储器的总称是（　　　）。

    A. 主机　　　　　　B. MPU　　　　　　C. CPU　　　　　　D. ALU

13. 操作系统和应用软件的关系是（　　　）。

    A. 前者以后者为基础　　　　　　　　　B. 互为基础

    C. 二者都不以对方为基础　　　　　　　D. 后者以前者为基础

14. 下列设备中，只能作为输出设备的是（　　　）。

    A. 磁盘存储器　　　B. 键盘　　　　　　C. 鼠标　　　　　　D. 打印机

15. CPU 主要由运算器和（　　　）组成。

    A. 控制器　　　　　B. 存储器　　　　　C. 寄存器　　　　　D. 编辑器

16. 微型计算机中，I/O 设备的含义是（　　　）。

    A. 输入设备　　　　B. 输出设备　　　　C. 输入/输出设备　　D. 控制设备

17. 用 MIPS 来衡量的计算机性能指标是（　　　）。

    A. 字长　　　　　　B. 存储容量　　　　C. 传输速率　　　　D. 运算速度

18. 微型计算机中使用的鼠标可以连接在（　　　）。

    A. 打印机接口　　　B. 显示器接口　　　C. 并行接口　　　　D. PS/2 接口

19. 一般将使用高级语言编写的应用程序称为（　　　）。

    A. 用户程序　　　　B. 源程序　　　　　C. 浮动程序　　　　D. 目标程序

20. 由高级语言编写的源程序要转换成计算机能直接执行的目标程序，必须经过（　　　）过程。

    A. 编辑　　　　　　B. 编译　　　　　　C. 汇编　　　　　　D. 解释

21. 下列关于存储器的叙述中正确的是（　　　）。

    A. CPU 能直接访问存储在内存中的数据，也能直接访问存储在外存中的数据

    B. CPU 不能直接访问存储在内存中的数据，能直接访问存储在外存中的数据

    C. CPU 只能直接访问存储在内存中的数据，不能直接访问存储在外存中的数据

    D. CPU 既不能直接访问存储在内存中的数据，也不能直接访问存储在外存中的数据

22. 微型计算机的主机由（　　　）组成。

    A. 中央处理器和内存储器　　　　　　　B. 运算器和控制器

C. CPU 和 I/O 设备　　　　　　　　 D. 中央处理器和 I/O 设备

23. 微型机的外存储器，可以与下列（　　）部件直接进行数据传送。

　　A. 内存储器　　　B. 控制器　　　　C. 微处理器　　　D. 运算器

24. 汇编语言是（　　）。

　　A. 面向机器的语言　　　　　　　　　B. 面向过程的语言

　　C. 面向对象的语言　　　　　　　　　D. 面向人的语言

25. 以下的叙述中（　　）是正确的。

　　A. 计算机必须有内存、外存和 Cache

　　B. 计算机系统由运算器、控制器、存储器、输入设备和输出设备组成

　　C. 计算机硬件系统由运算器、控制器、存储器、输入设备和输出设备组成

　　D. 计算机的字长大小标志着计算机的运算速度

26. ALU 完成算术运算和（　　）。

　　A. 存储数据　　　B. 奇偶校验　　　C. 逻辑运算　　　D. 二进制计算

27. 多媒体技术能处理的对象包括字符、数值、声音和（　　）。

　　A. 图像数据　　　B. 电压数据　　　C. 磁盘数据　　　D. 电流数据

28. 多媒体和电视的区别在于（　　）。

　　A. 有无声音　　　B. 有无图像　　　C. 有无动　　　D. 有无交互性

29. 下列关于大数据特点的叙述错误的是（　　）。

　　A. 数据体量巨大　　B. 数据类型繁多　　C. 商业价值高　　D. 理速度慢

30. 当前社会中最为突出的大数据环境是（　　）。

　　A. 自然资源　　　B. 综合国力　　　C. 物联网　　　D. 互联网

31. 人工智能是一门（　　）。

　　A. 数学和生理学学科　　　　　　　　B. 心理学和生理学学科

　　C. 语言学学科　　　　　　　　　　　D. 综合性的交叉学科和边缘学科

32. 关于人工智能叙述不正确的是（　　）。

　　A. 人工智能与其他科学技术相结合极大地提高了应用技术的智能化水平

　　B. 人工智能是科学技术发展的趋势

　　C. 人工智能是 20 世纪 50 年代才开始的一项技术，还没有得到应用

　　D. 人工智能有力地促进了社会的发展

33. 关于人工智能程序表述不正确的是（　　）。

　　A. 能根据不同环境的感知做出合理行动并获得最大收益的计算机程序

　　B. 任何计算机程序都具有人工智能

　　C. 针对特定的任务人工智能程序具有自主学习的能力

　　D. 人工智能程序是模拟人类思维过程来设计的

三、判断题

1. 计算机的性能指标完全由 CPU 决定。　　　　　　　　　　　　　　　（　　）

2. 电子计算机的发展已经经历了四代，第一代的电子计算机不是按照存储程序和程序控制原理设计的。　　　　　　　　　　　　　　　　　　　　　　　　　　　（　　）

3. 汇编语言和机器语言都属于低级语言，但不是都能被计算机直接识别执行。　（　　）
4. CAD 系统是指利用计算机来帮助设计人员进行设计工作的系统。　（　　）
5. ROM 中存储的信息断电即消失。　（　　）
6. RAM 中的存储的信息断电后不丢失。　（　　）
7. 汇编语言是一种面向机器的程序设计语言。　（　　）
8. 硬盘驱动器既是输入设备又是输出设备。　（　　）
9. CPU 的好坏直接影响一台计算机的性能。　（　　）
10. 硬盘安装在微型计算机主机箱的内部，是内存的一部分。　（　　）
11. 组成计算机指令的两部分是数据和字符。　（　　）
12. 用高级程序设计语言编写的程序称为源程序，它只能在专门的机器上运行。　（　　）
13. 计算机之所以能自动进行工作，最直接的原因是采用了存储程序控制。　（　　）
14. USB 串行接口不允许数据从该接口快速传输到计算机内部。　（　　）
15. 主板芯片组是数据处理的核心部件。　（　　）
16. 显示控制器（适配器）是系统总线与显示器之间的接口。　（　　）
17. 在第二代计算机中，以晶体管取代电子管作为其主要的逻辑元件。　（　　）
18. 计算机处理的对象是数据库。　（　　）
19. 数据项是数据的最大单位，又称元素。　（　　）
20. 数据库系统的构成只有数据库。　（　　）
21. 高级语言不是程序设计语言。　（　　）
22. 大数据的数据量很小，所以处理速度很快。　（　　）

四、简答题

1. 计算机从产生至今经历了哪几个发展阶段？
2. 举例说明电子计算机的用途。
3. 电子计算机的发展方向是什么？
4. 计算机系统由哪几部分组成？其中硬件系统和软件系统又由哪几部分组成？
5. 计算机有哪些特点？
6. 计算机的工作原理是什么？
7. 计算机主机包括哪些部分？主板上都有哪些部件？总线和接口是否在主机上？
8. 什么是总线？常用的总线有哪几种？
9. 微型计算机系统为什么要采用三种总线结构？
10. 微型计算机的主要技术指标是什么？微型计算机的主要特点是什么？
11. 计算机的主频与速度有什么区别？决定速度的因素是什么？
12. 常见的程序设计语言分为哪三类？它们有什么区别？
13. 多媒体技术的应用的领域有哪些？
14. 大数据和云计算分别具有哪些特点？

第2章 计算机中信息的表示与媒体技术

人类用文字、数字、声音、图形和图像来表达和记录世界上各种各样的信息，以便处理和交流。可以把这些信息都输入计算机中，由计算机来保存和处理。但是，输入到计算机内的任何信息都必须采用二进制的数字化编码形式，才能被计算机存储、处理和传送。计算机内部的数据编码形式主要有两种：一种是数值型数据的编码；另一种是非数值型数据的编码。掌握数据在计算机中的编码形式十分重要。

 ## 2.1 计算机中常用的数制及其转换

2.1.1 数制的概念

数制（number system）又称记数法，是人们用一组统一规定的符号和规则来表示数的方法。

1. 进位记数制

记数法通常使用的是进位记数制，即按进位的方式实现记数的一种规则。进位记数制采用若干数位（由数码表示）的组合来表示一个数，各个数之间是什么关系，即逢"几"进位，称为进位的规则。进位记数制简称进位制。在日常生活中，人们最常用、最熟悉的是十进制记数法。所谓十进制，就是"逢十进一"的数制。另外，还有很多计数制，如一天 24 小时，称之为二十四进制；1 小时是 60 分钟，称之为六十进制。

任何进位计数制系统都有四个基本的概念：数码、数位、基数和位权。

① 数码（number）：一组用来表示各种数制的数字符号，如 1、2、3、A、B、C 等。

② 数位（digital）：指数码在一个数中的位置，如十进制的个位、十位等。

③ 基数（radix）：数制所使用的数码个数称为"基数"，常用 R 表示，称为 R 进制。如十进制允许使用 0~9 这 10 个数码，所以其基数为 10。

④ 位权（weight）：指数码在不同位置上的权值。一个数字符号处在不同位置上时，它所代表的数值是不同的。每个数字符号所表示的数值等于该数字符号值乘以一个与数码所在位置有关的常数，这个常数称为"位权"，简称"权"。位权的大小是以基数为底，数码所在位置的序号为指数的整数次幂。例如，十进制数 111.11，个位上的 1 权值为 10^0，十位上的 1 权值为 10^1，百位上的 1 权值为 10^2，十分位上的 1 权值为 10^{-1}，百分位上的 1 权值为 10^{-2}。整数部分的个位位置的序号是 0。

2. 数的按权展开的多项式求和表示形式

对于一个十进制数，通常用一组有序数码表示，也可以写成按权展开的多项式求和形式。

【例 2-1】写出按权展开十进制数 3176.85 的表达式。

$$3176.85=3\times10^3 + 1\times10^2 + 7\times10^1 + 6\times10^0 + 8\times10^{-1} + 5\times10^{-2}$$

同样，一个二进制数既可以用一组有序数码表示，也可以写成按权展开的多项式求和形式。

【例 2-2】写出按权展开二进制数 11011.101 的表达式。

$$(11011.101)_2=1\times2^4 + 1\times2^3 + 0\times2^2 + 1\times2^1 + 1\times2^0 + 1\times2^{-1} + 0\times2^{-2} + 1\times2^{-3}$$

一般地，对于任何一个用进位记数制表示的数，其数值都可以表示为它的各位数字与位权乘积之和。

设有一个 R 进制的数 P，它共有 m 位整数和 n 位小数，每位数字用 D_i（$-n \leq i \leq m-1$）表示，即

$$P=D_{m-1}D_{m-2}\cdots D_2D_1D_0.D_{-1}D_{-2}\cdots D_{-n}$$

按位权展开的多项式求和表达式为

$$P= D_{m-2}\times R^{m-1}+D_{m-2}\times R^{m-2}+\cdots+D_2\times R^2+D_1\times R^1+D_0\times R^0+D_{-1}\times R^{-1}+D_{-2}\times R^{-2}+\cdots+D_{-n}\times R^{-n}=\sum_{i=m-1}^{-n} D_i \times R^i$$

此多项式的值即为 R 进制的数 P 对应的十进制数值。其中：m 为整数部分的位数；n 为小数部分的位数；D_i 为第 i 位上的数码，也称系数；R^i 为第 i 位上的权。在整数部分，i 是正数；在小数部分，i 是负数。

可以看出，R 进制数相邻两个数的权相差 R 倍，如果小数点向左移一位，数缩小为 $1/R$；反之，小数点右移一位，数扩大 R 倍。

【例 2-3】写出按权展开十六进制数 6349.27 的表达式。

$$(6349.27)_{16}=6\times16^3 + 3\times16^2 + 4\times16^1 + 9\times16^0 + 2\times16^{-1} + 7\times16^{-2}$$

3. 进位记数制的特点

无论是哪一种数制，其记数和运算都具有共同的规律与特点。进位记数制具有以下三个特点：

① 数字的总个数等于基数，如十进制使用 10 个数字（0～9）。

② 最大的数字比基数小 1，如十进制中最大的数字为 9。

③ 每个数字都要乘以基数的幂次，该幂次由每个数字所在的位置决定。

2.1.2 计算机中常用的几种数制

由于在计算机中是使用电子器件的不同状态来表示数，而电信号一般只有两种状态，如导通与截止、通路与断路等，因此，在计算机科学技术中主要采用"逢二进一"的二进制记数系统；由于二进制不符合人们日常的生活习惯和不便于书写，所以人们常使用"逢十进一"的十进制，有时也使用"逢八进一"的八进制和"逢十六进一"的十六进制。

1. 常用数制的特点

表 2-1 列出了几种常用数制的特点。

表 2-1　几种常用数制的特点

数　　制	进位基数	数　　码	计数规则	标　　识
十进制	10	0, 1, 2, 3, 4, 5, 6, 7, 8, 9	逢十进一，借一当十	D
二进制	2	0, 1	逢二进一，借一当二	B
八进制	8	0, 1, 2, 3, 4, 5, 6, 7	逢八进一，借一当八	O 或 Q
十六进制	16	0, 1, 2, 3, 4, 5, 6, 7, 8, 9, A, B, C, D, E, F	逢十六进一，借一当十六	H

（1）十进制（decimal notation）

十进制的特点如下：

① 有 10 个数码：0、1、2、3、4、5、6、7、8、9。

② 基数：10。

③ 计数规则：逢十进一（加法运算），借一当十（减法运算）。

④ 按权展开式：对于任意一个 m 位整数和 n 位小数的十进制数 P，均可按权展开为

$$P=D_{m-1}\times10^{m-1} + D_{m-2}\times10^{m-2} + \cdots + D_1\times10^1 + D_0\times10^0 + D_{-1}\times10^{-1} + D_{-2}\times10^{-2} + \cdots + D_{-n}\times10^{-n}$$

【例 2-4】将十进制数 456.24 写成按权展开的形式。

$$456.24=4\times10^2 + 5\times10^1 + 6\times10^0 + 2\times10^{-1} + 4\times10^{-2}$$

（2）二进制（binary notation）

二进制的特点如下：

① 有两个数码：0、1。

② 基数：2。

③ 计数规则：逢二进一（加法运算），借一当二（减法运算）。

④ 按权展开式：对于任意一个 m 位整数和 n 位小数的二进制数 P，均可按权展开为

$$P=D_{m-1}\times2^{m-1} + D_{m-2}\times2^{m-2} + \cdots + D_1\times2^1 + D_0\times2^0 + D_{-1}\times2^{-1} + \cdots + D_{-n}\times2^{-n}$$

【例 2-5】把 $(11001.101)_2$ 写成展开式。它表示的十进制数为多少？

$$(11001.101)_2=1\times2^4 + 1\times2^3 + 0\times2^2 + 0\times2^1 + 1\times2^0 + 1\times2^{-1} + 0\times2^{-2} + 1\times2^{-3}=(25.625)_{10}$$

（3）八进制（octal notation）

八进制的特点如下：

① 有 8 个数码：0、1、2、3、4、5、6、7。

② 基数：8。

③ 计数规则：逢八进一（加法运算），借一当八（减法运算）。

④ 按权展开式：对于任意一个 m 位整数和 n 位小数的八进制数 P，均可按权展开为

$$P=D_{m-1}\times8^{m-1} + D_{m-2}\times8^{m-2} + \cdots + D_1\times8^1 + D_0\times8^0 + D_{-1}\times8^{-1} + \cdots + D_{-n}\times8^{-n}$$

【例 2-6】八进制数 $(5346)_8$ 相当于十进制数的多少？

$$(5346)_8=5\times8^3 + 3\times8^2 + 4\times8^1 + 6\times8^0 = (2790)_{10}$$

（4）十六进制（hexadecimal notation）

十六进制的特点如下：

① 有 16 个数码：0、1、2、3、4、5、6、7、8、9、A、B、C、D、E、F。

② 基数：16。

③ 计数规则：逢十六进一（加法运算），借一当十六（减法运算）。

④ 按权展开式：对于任意一个 m 位整数和 n 位小数的十六进制数 P，均可按权展开为

$$P=D_{m-1}\times16^{m-1} + D_{m-2}\times16^{m-2} + \cdots + D_1\times16^1 + D_0\times16^0 + D_{-1}\times16^{-1} + \cdots + D_{-n}\times16^{-n}$$

在 16 个数码中，A、B、C、D、E 和 F 这 6 个数码分别代表十进制的 10、11、12、13、14 和 15，这是国际上通用的表示法。

【例 2-7】十六进制数 $(4C4D)_{16}$ 代表的十进制数为多少？

$$(4C4D)_{16}=4\times16^3 + C\times16^2 + 4\times16^1 + D\times16^0=(19553)_{10}$$

总结以上四种进位计数制，可以将它们的特点概括为每一种记数制都有一个固定的基数，每一

个数位可取基数中的不同数值；每一种记数制都有自己的位权，并且遵循"逢基数进一"的原则。

2．常用数制的对应关系

常用数制的对应关系见表 2-2。

表 2-2　常用数制的对应关系

十 进 制	二 进 制	八 进 制	十六进制	十 进 制	二 进 制	八 进 制	十六进制
0	0000	0	0	9	1001	11	9
1	0001	1	1	10	1010	12	A
2	0010	2	2	11	1011	13	B
3	0011	3	3	12	1100	14	C
4	0100	4	4	13	1101	15	D
5	0101	5	5	14	1110	16	E
6	0110	6	6	15	1111	17	F
7	0111	7	7	16	00010000	20	10
8	1000	10	8	17	00010001	21	11

3．常用数制的书写规则

为了区分不同数制的数，常采用以下两种方法进行标识。

（1）字母后缀

① 二进制数用 B（binary）表示。

② 八进制数用 O（octal）表示。为了避免与数字 0 混淆，字母 O 常用 Q 代替。

③ 十进制数用 D（decimal）表示。十进制数的后缀 D 一般可以省略。

④ 十六进制数用 H（hexadecimal）表示。

例如，1011B、237Q、8079 和 45A9C6H 分别表示二进制、八进制、十进制和十六进制数。

（2）括号外面加下标

例如，$(1011)_2$、$(237)_8$、$(8079)_{10}$ 和$(45A9C6)_{16}$分别表示二进制、八进制、十进制和十六进制数。

2.1.3　常用记数制之间的转换

将数从一种数制转换为另一种数制的过程，称为数制间的转换。虽然计算机中使用的是二进制数，但人们习惯使用十进制，所以，在现代计算机中，人们仍然依照十进制向计算机输入原始数据，计算机必须将输入的十进制数转换为计算机能够接收的二进制数，运算结束后再将处理结果转换为十进数输出给用户。不过，这两个转换过程是由计算机系统自动完成的，并不需要人们的参与。在计算机中引入八进制和十六进制的目的是书写和表示上的方便，在计算机内部信息的存储和处理仍然采用二进制。

不同进位计数制之间的转换实质是基数转换。一般转换的原则是：如果两个有理数相等，则两个数的整数部分和小数部分一定分别相等。因此，数制之间进行转换时，通常对整数部分和小数部分分别进行转换，然后用小数点连接。

1．R（R=2，8，16）进制数转换成十进制数

将任意一个 R 进制数 P 转换成十进制数的方法是：将 P 按位权展开成多项式求和的形式，即

$$P=D_{m-1}\times R^{m-1} + D_{m-2}\times R^{m-2} + \cdots + D_2\times R^2 + D_1\times R^1 + D_0\times R^0 + D_{-1}\times R^{-1} + D_{-2}\times R^{-2} + \cdots +$$

$$D_{-n}\times R^{-n} = \sum_{i=m-1}^{-n} D_i \times R^i$$

其中，D_i 是数码；R 是基数；R^i 是权；m 是整数部分的位数；n 是小数部分的位数。

然后按十进制数运算法则将上述多项式的各项数值相加，得到此多项式的值即为 R 进制的数 P 对应的十进制数值。

（1）二进制数转换成十进制数

【例 2-8】将二进制数 1100.11 转换为十进制数。

$$(1100.11)_2 = 1\times 2^3 + 1\times 2^2 + 0\times 2^1 + 0\times 2^0 + 1\times 2^{-1} + 1\times 2^{-2} = 8+4+0+0+0.5+0.25 = (12.75)_{10}$$

（2）八进制数转换成十进制数

【例 2-9】将八进制数 163.24 转换为十进制数。

$$(163.24)_8 = 1\times 8^2 + 6\times 8^1 + 3\times 8^0 + 2\times 8^{-1} + 4\times 8^{-2} = 64+48+3+0.25+0.0625 = (115.3125)_{10}$$

（3）十六进制数转换成十进制数

【例 2-10】将十六进制数 A3F.3E 转换为十进制数。

$$(A3F.3E)_{16} = 10\times 16^2 + 3\times 16^1 + 15\times 16^0 + 3\times 16^{-1} + 14\times 16^{-2}$$

$$= 2560+48+15+0.1875+0.0546875 = (2623.2421875)_{10}$$

2．十进制数转换成 R（$R=2$，8，16）进制数

将十进制数转换为 R 进制数时，应将整数部分与小数部分分别转换，然后再相加起来。

整数部分采用"除 R 取余"的方法，即将十进制整数除以 R，得到一个商和余数，再将商除以 R，又得到一个商和一个余数，如此继续下去，直到商为 0 为止，将每次得到的余数按照得到的顺序逆序排列（首次取得的余数排在最右），即为 R 进制数整数部分。

小数部分采用"乘 R 取整"的方法，即将十进制小数不断乘以 R，保留每次相乘得到的整数，直到小数部分为 0 或达到精度要求的位数为止（小数部分可能永远不会得到 0），将得到的整数按照得到的顺序从小数点后自左往右排列（首次取得的整数排在最左），即为 R 进制数的小数部分。

（1）十进制数转换成二进制数

【例 2-11】将十进制数 143.8125 转换成二进制数。

计算过程如图 2-1 所示，结果为 $(143.8125)_{10} = (10001111.1101)_2$。

需要注意的是，并不是所有十进制小数都能在有限的位数内转换为二进制数，如 0.1 就是其中一个。因此，在手工计算数制转换时达到一定位数就应停止，而计算机在运算和存储一些浮点数时由于使用二进制也容易产生误差。

【例 2-12】将十进制数 0.81 转换成二进制数（要求精确到小数点后 6 位）。

计算过程如图 2-2 所示，结果为 $(0.81)_{10} = (0.110011)_2$。

（2）十进制数转换成八进制数

【例 2-13】将十进制数 132.525 转换为八进制数（小数部分保留两位有效数字）。

计算过程如图 2-3 所示，结果为 $(132.525)_{10} = (204.41)_8$。

（3）十进制数转换成十六进制数

【例 2-14】将十进制数 1192.9032 转换成十六进制数（要求精确到小数点后 4 位）。

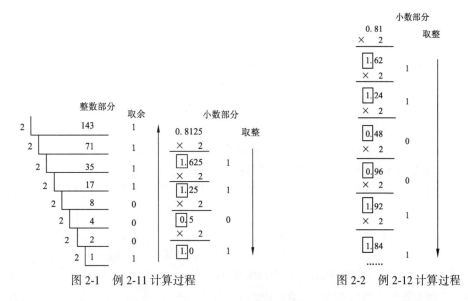

图 2-1　例 2-11 计算过程　　　　　　　图 2-2　例 2-12 计算过程

计算过程如图 2-4 所示，结果为 $(1192.9032)_{10}=(4A8.E738)_{16}$。

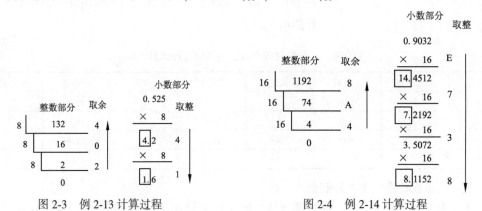

图 2-3　例 2-13 计算过程　　　　　　图 2-4　例 2-14 计算过程

3. 二进制数与八进制数之间的转换

由于二进制数和八进制数之间存在特殊关系，即 $8^1=2^3$，因此 3 位二进制数可以对应 1 位八进制数，见表 2-3。利用这种关系，可以方便地实现二进制数和八进制数的相互转换。

表 2-3　二进制数与八进制数相互转换对照表

二进制	八进制	二进制	八进制	二进制	八进制	二进制	八进制
000	0	010	2	100	4	110	6
001	1	011	3	101	5	111	7

（1）二进制数转换成八进制数

转换方法：以小数点为界，整数部分从右向左每 3 位分为一组，若最后一组不够 3 位，在左面补 0，补足 3 位；小数部分从左向右每 3 位分为一组，若最后一组不够 3 位，在右面补 0，补足 3 位，然后将每 3 位二进制数用 1 位八进制数表示，即可完成转换。

【例 2-15】将 $(10111101110.0111)_2$ 化为八进制数。

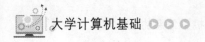

方法如下：

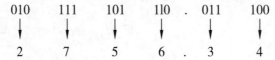

结果为$(10111101110.0111)_2=(2756.34)_8$。

（2）八进制数转换成二进制数

转换方法：将每位八进制数用3位二进制数替换，按照原有的顺序排列，即可完成转换。

【例2-16】将$(6237.431)_8$转换为二进制数。

方法如下：

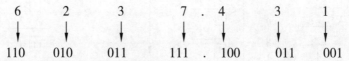

结果为$(6237.431)_8=(110010011111.100011001)_2$。

4. 二进制数与十六进制数之间的转换

由于$2^4=16^1$，因此4位二进制数对应1位十六进制数，见表2-4。利用这种对应关系，可以方便地实现二进制数和十六进制数的相互转换。

表2-4　二进制数与十六进制数相互转换对照表

二进制	十六进制	二进制	十六进制	二进制	十六进制	二进制	十六进制
0000	0	0100	4	1000	8	1100	C
0001	1	0101	5	1001	9	1101	D
0010	2	0110	6	1010	A	1110	E
0011	3	0111	7	1011	B	1111	F

（1）二进制数转换成十六进制数

转换方法：以小数点为界，整数部分从右向左每4位分为一组，若最后一组不够4位，在左面补0，补足4位；小数部分从左向右每4位分为一组，若最后一组不够4位，在右面补0，补足4位，然后将每4位二进制数用1位十六进制数表示，即可完成转换。

【例2-17】将$(1101101110.110101)_2$化为十六进制数。

方法如下：

结果为$(1101101110.110101)_2=(36E.D4)_{16}$。

（2）十六进制数转换成二进制数

转换方法：将每位十六进制数用4位二进制数替换，按照原有的顺序排列，即可完成转换。

【例2-18】将$(2C9E.643D)_{16}$化为二进制数。

结果为$(2C9E.643D)_{16}=(10110010011110.0110010000111101)_2$。

八进数和十六进制数的转换，一般利用二进制数作为中间媒介进行转换。

2.1.4　二进制数的运算

二进制数的运算包括算术运算和逻辑运算。算术运算即四则运算，而逻辑运算主要是对逻辑数据进行处理。

1. 二进制数的算术运算

二进制数的算术运算非常简单，它的基本运算是加法。

（1）二进制数的加法运算规则

$$0+0=0；0+1=1+0=1；1+1=10（逢二进一）$$

【例 2-19】求$(1011101.1)_2+(1001.1101)_2$。

$$
\begin{array}{r}
1011101.1000 \\
+\quad\ 1001.1101 \\
\hline
1100111.0101
\end{array}
$$

所以$(1011101.1)_2+(1001.1101)_2=(1100111.0101)_2$。

在计算机中，引入补码表示后，加上一些控制逻辑，利用加法就可以实现二进制的减法、乘法和除法运算。

（2）二进制数的减法运算规则

$$0-0=0；1-0=1；1-1=0；10-1=1（借一当二）$$

【例 2-20】求$(1011.1)_2-(101.111)_2$。

$$
\begin{array}{r}
1011.100 \\
-\quad 101.111 \\
\hline
101.101
\end{array}
$$

所以$(1011.1)_2-(101.111)_2=(101.101)_2$。

（3）二进制的乘法运算规则

$$0\times0=0；1\times0=0\times1=0；1\times1=1$$

【例 2-21】求$(1011)_2\times(1101)_2$。

$$
\begin{array}{r}
1011 \\
\times\ 1101 \\
\hline
1011 \\
0000 \\
1011 \\
1011 \\
\hline
10001111
\end{array}
$$

所以$(1011)_2\times(1101)_2=(10001111)_2$。

（4）二进制数的除法运算规则

$$0\div1=0；1\div1=1$$

$0\div0$、$1\div0$ 无意义。

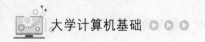

【例2-22】求(111101)₂÷(1100)₂。

$$
\begin{array}{r}
101 \\
1100\ \overline{)\ 111101} \\
1100 \\
\hline
1101 \\
1100 \\
\hline
1
\end{array}
$$

所以，商为101，余数为1。

2. 二进制数的逻辑运算

现代计算机经常处理逻辑数据，这些逻辑数据之间的运算称为逻辑运算。二进制数1和0在逻辑上可以代表"真（True）"与"假（False）"、"是"与"否"。计算机的逻辑运算与算术运算的主要区别是逻辑运算是按位进行的，位与位之间不像加减运算那样有进位与借位的关系，运算的结果并不表示数值的大小，而是表示逻辑概念成立还是不成立。

逻辑运算主要包括三种基本运算，即逻辑或运算、逻辑与运算、逻辑非运算。此外还包括逻辑异或运算等。

（1）逻辑或运算（也称逻辑加法运算）

其运算符号为+或∨。例如，有逻辑变量a、b，其逻辑或运算的结果为c，则它们的逻辑或运算可表示为

$$c = a + b \quad 或 \quad c = a \vee b$$

逻辑或运算规则如下：

$$0 + 0 = 0; \quad 0 + 1 = 1; \quad 1 + 0 = 1; \quad 1 + 1 = 1$$

即在两个逻辑值中，只要有一个为1（真），则逻辑或运算的结果为1（真）。

【例2-23】求二进制数10011和10100的逻辑或运算。

$$
\begin{array}{r}
10011 \\
\vee\ 10100 \\
\hline
10111
\end{array}
$$

所以，结果是10111。

（2）逻辑与运算（也称逻辑乘法运算）

其运算符号为×、·或∧。例如，有逻辑变量a、b，其逻辑与运算的结果是c，则它们的逻辑与运算可表示为

$$c = a \times b \quad 或 \quad c = a \cdot b \quad 或 \quad c = a \wedge b$$

逻辑与运算规则如下：

$$0 \times 0 = 0; \quad 0 \times 1 = 0; \quad 1 \times 0 = 0; \quad 1 \times 1 = 1$$

即在两个逻辑值中，只有当两个逻辑值都为1（真）时，逻辑与运算的结果才为1（真）。

【例2-24】求二进制数10011和10100的逻辑与运算。

$$
\begin{array}{r}
10011 \\
\wedge\ 10100 \\
\hline
10000
\end{array}
$$

所以，结果是 10000。

从以上运算可以看出，两个二进制数进行逻辑运算是按位进行的，不同位之间不发生任何关系。

（3）逻辑非运算（也称逻辑否定）

逻辑非运算就是对逻辑变量进行求反运算，常在逻辑变量上方加一横线表示。例如，a 的逻辑非运算为 $\bar{a}$ 。

逻辑非运算规则如下：

$$1 \text{ 的逻辑非运算为 } 0（\bar{1}=0）；0 \text{ 的逻辑非运算为 } 1（\bar{0}=1）$$

从以上运算规则可以看出，逻辑非运算具有对数据求反的功能。

（4）逻辑异或运算

运算符号用 ⊕ 表示。例如，有逻辑变量 a、b，其逻辑异或运算的结果为 c，则它们的逻辑异或运算可表示为

$$c = a \oplus b \quad （读作 "a 异或 b"）$$

逻辑异或运算规则如下：

$$0 \oplus 0 = 0；0 \oplus 1 = 1；1 \oplus 0 = 1；1 \oplus 1 = 0$$

即在两个逻辑值中，只有当两个逻辑值相异时，逻辑异或运算的结果才为 1（真）。

【例 2-25】求二进制数 10101 和 10110 的逻辑异或运算。

$$\begin{array}{r} 10101 \\ \oplus\ 10110 \\ \hline 00011 \end{array}$$

所以，结果是 00011。

3. 计算机内部采用二进制的原因

计算机最基本的功能是对数据进行计算和加工处理，这些数据包括数值、字符、图形、图像、声音等。在计算机系统中，这些数据都要转换成 0 和 1 的二进制形式存储，也就是进行二进制编码。同样，从计算机输出的数据都要进行逆向的转换，过程如图 2-5 所示。

图 2-5　各类数据在计算机中的转换过程

采用二进制编码的好处有以下几点：

① 有两种稳定状态的物理器件容易实现，如电压的高和低、晶体管的导通和截止、电容的充电和放电等。这样的两种状态恰好可以表示二进制数中的 0 和 1。计算机若采用十进制，则需要具有 10 种稳定状态的物理器件，制造出这样的器件是很困难的。

② 工作可靠性高。由于电压的高低、电流的有无、晶体管的导通和截止等两种状态分明，因此，采用二进制的数字信号可以提高信号的抗干扰能力，可靠性高。

③ 运算规则简单，通用性强。二进制的加法和乘法运算规则各有三条，而十进制的加法和乘法运算规则各有 55 条，从而采用二进制简化运算器等物理器件的设计，通用性强。

④ 适合逻辑运算。二进制的 1 和 0 两个数码，可以表示逻辑值的真（true）和假（false），因此采用二进制数进行逻辑运算非常方便。

2.2 计算机中数据的表示

2.2.1 数据单位与存储形式

数据是计算机处理的对象，是对信息的描述，是所有能被计算机接收和处理的符号的集合。计算机内部处理的数据分为数值型数据和非数值型数据两大类。数值型数据指能进行算术运算的数据，非数值型数据指字符、图像、声音等不能进行算术运算的数据。为了表示所存储的数据，人们采用约定的基本符号，按照一定的组合规则，表示出复杂多样的信息，从而建立起信息与编码之间的对应关系。计算机内部的数值型数据和非数值型数据都使用二进制编码，即计算机中使用的是二进制数据，其常用单位有位、字节和字。

1. 位（bit）

计算机中最小的不可分割的数据单位是二进制的一个数位，用 bit 表示，称为比特位，简称为位。

1 比特即为一个二进制位，是数据存储的最小单位。1 位二进制只能表示两种状态即 0 或 1，2 位二进制可表示四种状态 00、01、10、11，显然，n 位二进制能表示 2^n 种状态。

2. 字节（byte）

相邻 8 位组成一个字节，用 Byte 表示，简记为 B，即 1 B=8 bit。

字节是计算机中数据存储和运算的基本单位，这个单位太小，常用来描述存储器容量大小的单位还有千字节（KB）、兆字节（MB）、吉字节（GB）、太字节（TB）、拍字节（PB）、艾字节（EB）、泽字节（ZB，又称皆字节）、尧字节（YB）表示。它们的换算关系如下：

$$1 KB=1\ 024\ B=2^{10}\ B$$
$$1 MB=1\ 024\ KB=1\ 048\ 576\ B=2^{20}\ B$$
$$1 GB=1\ 024\ MB=1\ 048\ 576\ KB=1\ 073\ 741\ 824\ B=2^{30}\ B$$
$$1 TB=1\ 024\ GB=2^{40}\ B$$
$$1 PB=1\ 024\ TB=2^{50}\ B$$
$$1 EB=1\ 024\ PB=2^{60}\ B$$
$$1 ZB=1\ 024\ EB=2^{70}\ B$$
$$1 YB=1\ 024\ ZB=2^{80}\ B$$

3. 字（word）**与字长**（word size）

计算机进行数据处理时，一次存取、加工和传送的数据长度称为字。一个字通常由一个或多个字节构成，即字通常是字节的整数倍。字是计算机进行数据存储和处理的运算单位。

每个字中二进制位数的长度，称为字长。

字长是计算机一次能同时处理的二进制数据的位数，它是由 CPU 本身的硬件结构所决定的，并与数据总线的数目相对应。不同的计算机系统的字长是不同的，常见的有 32 位、64 位等。

字长体现了计算机的性能，字长越长，精度越高、存储容量越大、运算速度越快、功能越强。

值得指出的是，在计算机中，数据的存储、传送和处理是以字为单位进行的，即计算机保存和处理的数据，都是以二进制数的形式存放，其长度等于机器的字长。换句话说，计算机中同一类型的数据具有相同的数据长度（不足部分用 0 填充），与数据的实际长度无关，这与数学中的数的长度是不同的。在数学中，数的长度是指用十进制表示时所占用的实际位数，如数字 2010 的长度为 4，数字 12 的长度为 2，有几位就写几位。而计算机中，数的长度取决于机器的字长。如字长为 8 位，则数的长度统一都是 8 位，如无符号的整数 69 在计算机中的存储形式如图 2-6 所示。

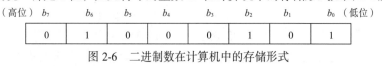

图 2-6　二进制数在计算机中的存储形式

2.2.2　数值型数据的表示

数值型数据由数字组成，表示数量，用于算术操作中。通常分为有符号数和无符号数。

1. 无符号数表示

机器字长的所有位都参与表示数值。

若计算机的字长为 n 位，则 n 位无符号数可表示的数 x 的范围是

$$0 \leq x \leq 2^n - 1$$

当 $n=8$ 时，可表示的无符号数的范围为 $0 \sim 255$（2^8-1）；当 $n=16$ 时，可表示的无符号数的范围为 $0 \sim 65\,535$（$2^{16}-1$）。

在计算机中最常用的无符号整数是表示地址的数。

2. 机器数和真值数

前面讨论的二进制数都没有考虑符号，但在算术运算中，数是带符号的（正数或负数）。

因为在计算机中使用的二进制数只有 0 和 1 两种值，所以数的正（+）、负（-）号也必须用 0 和 1 来表示。

通常把一个数的最高位定义为符号位，用 0 表示正，1 表示负，称为数符；其余位仍表示数值，称为数值位。

【例 2-26】一个二进制数-101101，它在字长为 8 位的计算机中可表示为 10101101，如图 2-7 所示。

数符　　　　　　　　数值位

图 2-7　有符号数在计算机中的表示

一般地，将一个数在计算机中的表示形式称为"机器数"，而它代表的数值称为此机器数的"真值"。在上例中，10101101 为机器数，-101101 为此机器数的真值。

值得注意的是，机器数表示的范围受到机器字长的限制。字长一定，则计算机所能表示的数的范围也就确定了。如字长为 8 位的计算机，可以表示的最大整数为 01111111，最高位为符号位，它等于十进制数的+127。若真值数超过+127，计算机就会停止运算和处理，这种现象称为溢出。为了表示更大的数或更小的数，应该使用浮点数。

3. 原码、反码与补码

数值在计算机内采用符号数字化表示后，计算机就可识别和表示数符了。但如果符号位和数值同时参加运算，有时会产生错误的结果；若要考虑运算结果的符号问题，将增加计算机实现的难度。

【例 2-27】(-5) + 4 的结果应为-1，但在计算机中若按照上述符号位和数值同时参加运算，则运算结果如下：

$$10000101 \quad \cdots\cdots -5 \text{ 的机器数}$$
$$+ \ 00000100 \quad \cdots\cdots 4 \text{ 的机器数}$$
$$\overline{10001001} \quad \cdots\cdots \text{运算结果为} -9$$

显然，以上运算结果是错误的，主要是对符号位的处理不当，若要考虑对符号位的处理，则运算变得复杂。为了解决此类问题，在机器数中常采用多种编码方式表示符号数，常用的是原码、反码和补码，其实质是对负数表示的不同编码。

（1）原码

原码表示法是一种较简单的机器数的表示法，其符号用代码 0 表示"+"，用代码 1 表示"-"，其数值部分就是 x 绝对值的二进制表示。通常用 $[x]_原$ 表示 x 的原码。根据这样的定义，可以得出一般的表示方式。

设真值 x 为整数，即

$$x = \pm x_1 x_2 \cdots x_{n-1} \quad (-2^{n-1} < x < 2^{n-1})$$

则

$$[x]_原 = \begin{cases} x & \text{当 } 0 \leqslant x < 2^{n-1} \\ 2^{n-1} - x & \text{当} -2^{n-1} < x \leqslant 0 \end{cases}$$

【例 2-28】已知两个数 x_1=+1101，x_2=-1101，则它们的原码表示形式为

$$[x_1]_原 = 01101, \quad [x_2]_原 = 11101$$

以上是真值 x 为整数的情况，对于真值 x 为小数的情况，其原码表示法与整数类似。

【例 2-29】已知两个数 x_1 = +0.1101，x_2 = -0.1101，则原码表示形式为

$$[x_1]_原 = 0.1101, \quad [x_2]_原 = 1.1101$$

其中最高位为符号位，其次是小数位和数值位。可以看出当 x 为小数时（-1< x <1）

$$[x]_原 = \begin{cases} x & \text{当 } 0 \leqslant x < 1 \\ 1 - x & \text{当} -1 < x \leqslant 0 \end{cases}$$

当采用原码表示法时，编码简单，与其真值的转换方便。但原码也存在以下一些问题：

① 在原码表示中，0 有两种表示形式，即

$$[+0]_原 = 00000000, \quad [-0]_原 = 10000000$$

0 的二义性，给机器判 0 带来了麻烦。

② 用原码作四则运算时，符号位需要单独处理，增加了运算规则的复杂性。如当两个数作加法运算时，如果两个数的符号相同，则数值相加，符号不变；如果两个数的符号不同，数值部

分实际上是相减，这时必须比较两个数中哪个数的绝对值大，才能决定运算结果的符号位及值，所以不便于运算。为了简化加减运算，人们提出了另外的机器数的表示形式——反码和补码。

（2）反码

反码表示法的符号部分同原码，即数的最高位也是符号位，用 0 表示正数，用 1 表示负数。反码的数值部分与它的符号位有关，对于正数，反码的数值与原码相同；反之，是将原码数值按位取反。例如，带符号的正数+1101，其原码表示形式为 01101，反码表示形式也为 01101；而对于带符号的负数-1011，其原码表示形式为 11011，反码表示形式为 10100（除符号位外，数值位按位取反）。通常用$[x]_反$表示 x 的反码。

根据以上的编码规则，可以得到反码的一般表示方式。

设真值 x 为整数，即

$$x = \pm x_1 x_2 \cdots x_{n-1} \quad (-2^{n-1} < x < 2^{n-1})$$

则

$$[x]_反 = \begin{cases} x & \text{当 } 0 \leq x < 2^{n-1} \\ (2^{n-1}-1) - x & \text{当} -2^{n-1} < x \leq 0 \end{cases}$$

【例 2-30】求 $x_1 = +12$，$x_2 = -12$ 的反码。

$$[x_1]_原 = 00001100, \quad [x_2]_原 = 10001100$$
$$[x_1]_反 = 00001100, \quad [x_2]_反 = 11110011$$

反码运算也不方便，很少使用，一般是用作求补码的中间码。

（3）补码

补码表示法的符号部分同原码，数值部分与它的符号位有关。对于正数，补码的数值与原码相同；反之，将原码数值按位取反，再在最低位加 1。例如，带符号的正数+1101，其原码表示形式为 01101，补码表示形式也为 01101；而对于带符号的负数-1011，其原码表示形式为 11011，补码表示形式为 10101（除符号位外，数值位按位取反并在最低位加 1）。

根据以上的编码规则，可以得到补码的一般表示方式。

设真值 x 为整数，即

$$x = \pm x_1 x_2 \cdots x_{n-1} \quad (-2^{n-1} < x < 2^{n-1})$$

则

$$[x]_补 = \begin{cases} x & \text{当 } 0 \leq x < 2^{n-1} \\ 2^n + x & \text{当} -2^{n-1} < x \leq 0 \end{cases}$$

注：① 在补码表示中，0 有唯一的编码，即

$$[+0]_补 = [-0]_补 = 00000000$$

因而可以用多出来的一个编码 10000000 来扩展补码所能表示的数值范围，即将最小值-127 扩大到-128。这里的最高位 1 既可看作符号位，又可看作数值位，其值为-128。这就是补码与原码、反码最小值不同的原因。

② 用补码进行运算时，两数补码的和等于两数和的补码。不论相加的两个数的真值是正数还是负数，只要先把它们表示成相应的补码形式，然后按二进制规则相加（符号位也参加计算），其结果即为两数和的补码。对于减法可以采用相同的方法，将减法变成加法，即 $x_1 - x_2 = x_1 + (-x)_2$，这样只要求出 $x_1 + (-x)_2$ 的和，就可以得到减法的结果。在近代计算机中，加减

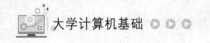

法几乎都采用补码进行计算。

【例 2-31】计算(-5) + 4 的值。

$$11111011 \quad \cdots\cdots-5\ 的补码$$
$$+\ 00000100 \quad \cdots\cdots 4\ 的补码$$
$$11111111$$

运算结果为 11111111，符号位为 1，为负数。已知负数的补码，要求其真值，只要将数值位再求一次补码就可得出其原码 10000001，再转换为十进制数，即为-1，运算结果正确。

【例 2-32】计算(-9) + (-5)的值。

$$11110111 \quad \cdots\cdots-9\ 的补码$$
$$+\ 11111011 \quad \cdots\cdots-5\ 的补码$$
$$111110010$$

丢弃高位 1，运算结果机器数为 11110010，与上例求法相同，获得-14 的运算结果。

由此可见，利用补码可方便地实现正、负数的加法运算，规则简单，在数的有效表示范围内，符号位如同数值一样参加运算，也允许产生最高位的进位（被丢弃），所以使用较广泛。但是，当运算结果超出其表示范围时，会产生不正确的结果，实质是"溢出"。

【例 2-33】计算 60 + 70 的值。

$$00111100 \quad \cdots\cdots 60\ 的补码$$
$$+\ 01000110 \quad \cdots\cdots 70\ 的补码$$
$$10000010$$

两个正整数相加，从结果的符号位可知运算结果是一个负数，原因是结果超出了该数的有效表示范围（一个有符号的整数若占 8 个二进制位，最大值为 127）。当要表示很大或很小的数时，要采用浮点数形式存放。

4. 数的定点表示和浮点表示

计算机中运算的数不仅有正负之分，还有整数、小数等类型之分。计算机中是如何来表示小数的呢？因为小数点在计算机中难以表示，所以采用在计算机中对小数点的位置进行约定的方式来存储、处理小数，通常有两种约定来表示小数点，即定点表示法和浮点表示法。

（1）定点表示法

在计算机中，小数点位置固定的数称为定点数，定点数根据小数点隐含固定位置不同，又分为定点小数和定点整数。

① 定点小数。定点小数是指小数点隐含固定在最高数值位的左边，符号位右边，参与运算的数是纯小数。定点小数记作 $X_0 . X_{-1}\cdots X_{-m}$，在计算机中表示如图 2-8（a）所示。

对于二进制的$(m+1)$位定点小数格式的数 N，所能表示的数的范围为$|N|\leq 1-2^{-m}$。

因此，定点小数格式表示的所有数都是绝对值小于 1 的纯小数。

② 定点整数。定点整数是指小数点隐含固定在整个数值的最右端，符号位右边所有的位数表示的是一个纯整数。定点整数记作 $X_n, X_{n-1}, X_{n-2}, \cdots, X_1, X_0$，在计算机中表示如图 2-8（b）所示。

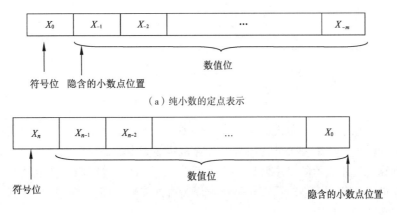

符号位　隐含的小数点位置

数值位

（a）纯小数的定点表示

符号位

数值位

隐含的小数点位置

（b）整数的定点表示

图 2-8　定点表示法

定点整数格式表示的所有数都是绝对值在一定范围内的整数。对于二进制的$(m+1)$位定点整数格式的数 N，所能表示的数的范围为$|N| \leqslant 2^m-1$。

（2）浮点数表示法

浮点数是指小数点位置不固定、根据需要而浮动的数，它既有整数部分又有小数部分。通常用阶码和尾数两部分来表示，其中阶码是一个整数，一般用移码或补码来表示，用于表示该数的小数点位置，尾数是一个小数，一般用补码或原码来表示，用于表示该数的有效位数。

一个数 N 用浮点数表示可以写成

$$N = \pm M \times R^{\pm E}$$

其中指数 E 称为阶码，前面的正负号称为阶符；M 为尾数，其前面的正负号称为尾数符；R 表示基数，基数一般取 2、8、16。一旦计算机定义好了基数值，就不能再改变了，因此，基数在浮点数中不用表示出来，是隐含的。浮点数在计算机中的表示形式如图 2-9 所示。

阶符	阶码 E	尾数符	尾数 M

图 2-9　浮点数在计算机中的表示形式

浮点数的格式多种多样，在设计时，阶码和尾数占用的位数可以灵活地设定。由于阶码确定数的表示范围，而尾数确定数的精度，所以当字长一定时，分配给阶码的位数越多，则表示数的范围越大，但分配给尾数的位数将减少，从而降低了表示数的精度；反之，分配阶码的位数减少，则数的表示范围将变小，但尾数的位数增加，从而使精度提高。

【例 2-34】设计算机字长为 32 位，用 4 个字节表示浮点数，阶码部分为 8 位补码定点整数，尾数部分为 24 位原码定点小数，基数为 2，如图 2-10 所示，则能表示的数的范围为多少？

设阶码位为 q（不含符号位），尾数位为 p（不含符号位），$m=2^q$，则能表示的浮点数 N 的表示范围为

$$2^{-1} \times 2^{-m} \leqslant |N| \leqslant (1-2^{-p}) \times 2^{m-1}$$

因为 $q=7$，$p=23$，所以 $m=2^q=2^7=128$，N 的表示范围为

$$2^{-1} \times 2^{-128} \leqslant |N| \leqslant (1-2^{-23}) \times 2^{127}$$

图 2-10 浮点数的一种存储形式

由此可见，浮点数的表示范围比定点数大得多，但也不是无限的。当一个数超出浮点数的表示范围时称为溢出。如果一个数的阶大于计算机所能表示的最大阶码，称为上溢；如果一个数的阶小于计算机所能表示的最小阶码，称为下溢。上溢时计算机将不能继续运算，应转溢出中断处理程序进行处理；下溢时计算机将该数作为机器零来处理，仍可进行计算。

（3）浮点数的规格化表示形式

将浮点数的尾数表示为纯小数的形式，并使尾数中小数点后第 1 位数字为 1，这样的浮点数称为规格化数。用规格化的浮点数进行计算，可提高运算精度。

【例 2-35】将二进制数 0.000101101 用规格化浮点数表示。

二进制数 0.000101101 规格化浮点数表示为 0.101101×2^{-3}，指数用二进制形式表示即为 0.101101×2^{-11}，若计算机字长为 16 位，阶码部分 4 位，则它在计算机中的一种存放形式如图 2-11 所示。

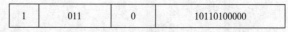

图 2-11 规格化浮点数的表示

上面讨论的是一种原理性浮点数格式，实用的机器浮点数格式与此有一些差异。

1985 年，为了统一浮点数的存储格式，IEEE（Institute for Electrical and Electronic Engineers，电气和电子工程师学会）制定了 IEEE 754 标准，如图 2-12 所示。

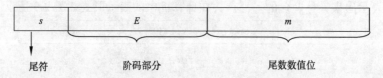

图 2-12 IEEE 754 标准的浮点格式

IEEE 754 标准中有三种形式的浮点数，见表 2-5。

表 2-5 IEEE 754 标准中的三种浮点数

类型	数符位	阶码位	尾数位	总位数	偏置值
单精度浮点数	1	8	23	32	7FH(127)
双精度浮点数	1	11	52	64	3FFH
临时浮点数	1	15	64	80	3FFFH

以单精度（float）浮点数为例，IEEE 754 标准规定：

① 规格化的浮点数由数符 s、阶码 E、尾数 m 三部分组成，指数以 2 为底、尾数以 2 为基数，符号位 s 占 1 位，安排在最高位，$s=0$ 表示正数，$s=1$ 表示负数。

② 阶码 E 占 8 位，用移码表示，偏移量为 +127（IEEE 754 标准约定：存储的阶码等于规

格化数中的指数加上 127，即阶码=指数 + 127。因为指数可以是负的（-126～127），为了处理负指数的情况，IEEE 754 要求指数加上 127 后存储）。

③ 尾数 m 占低 23 位，用原码表示，小数点在尾数域的最前面。尾数域表示的值是 $1.m$。由于最高有效位总是 1，可以将 1 隐藏在小数点左边，不予存储，以节省存储空间。尾数实际 24 位。于是，一个 32 位的浮点数的实际真值为

$$X=(-1)^s \times (1.m) \times 2^e$$

其中 $e=E-127$。

【例 2-36】将十进制数 28.75 转换为 32 位 IEEE 754 短浮点数（单精度浮点数）。

$$(28.75)_{10}=(11100.11)_2=1.110011 \times 2^4$$
$$e=127+4=131=(10000011)_2$$
$$m = (11001100000000000000000)_2$$

对应的 IEEE 短浮点数编码为

01000001111001100000000000000000

因此，28.75 在计算机中的存储如图 2-13 所示。

0	10000011	11001100000000000000000

图 2-13　28.75 在计算机中的存储

【例 2-37】将十进制数 27/64 和–27/64 转换为 32 位 IEEE 754 短浮点数。

$$(27/64)_{10}=(0.421875)_{10}=(0.011011)_2=1.1011 \times 2^{-2}$$
$$e=127+(-2)=125=(1111101)_2$$
$$m=(10110000000000000000000)_2$$

十进制数 27/64 的 IEEE 短浮点数编码为

00111110110110000000000000000000

十进制数–27/64 的 IEEE 短浮点数编码为

10111110110110000000000000000000

因此，27/64 在计算机中的存储如图 2-14 所示。

0	01111101	10011000000000000000000

图 2-14　27/64 在计算机中的存储

–27/64 在计算机中的存储如图 2-15 所示。

1	01111101	10011000000000000000000

图 2-15　–27/64 在计算机中的存储

【例 2-38】将短浮点数 C1C90000H 转换成十进制数。

① 把十六进制数转换成二进制形式，并分离出符号位、阶码和尾数。

因为　　　　　　C1C90000H=11000001110010010000000000000000B

所以，符号位=1，即为负数

阶码=10000011（8 位）

尾数=10010010000000000000000（23 位）

② 计算出阶码的真值（即移码 – 偏置值）

$$10000011 - 1111111 = 100$$

③ 以规格化二进制数形式写出此数为

$$-1.1001001 \times 2^4$$

④ 写成非规格化二进制数形式为

$$-11001.001$$

⑤ 转换成十进制数，并加上符号位为

$$(-11001.001)_2 = (-25.125)_{10}$$

双精度浮点数在计算机中的表示与单精度浮点数相似，只有两点区别：一是双精度浮点数占 8 个字节(64 位)，其中数符、阶码和尾数分别占 1、11 和 52 位；二是阶码=指数 + 1023 (3FFH)。临时浮点数又称扩展精度浮点数，无隐含位。

目前，绝大多数计算机都遵守这一标准，极大地改善了各种软件的可移植性。

5. BCD 码（二～十进制码）

计算机中使用的是二进制，人们习惯使用的是十进制。因此，十进制数输入到计算机后，需要转换成二进制数；处理结果输出时，又需要将二进制数转换为十进制数。这种转换工作是由计算机自动实现的，它采用了一种专用于输入/输出转换的二～十进制编码即 BCD 码。

BCD（binary coded decimal）码是用若干二进制数码来表示十进制数的编码，常用的有 8421 码。

8421 码是将十进制数码中的每个数码分别用 4 位二进制数码来表示，这 4 位二进制数从左到右每位对应的权是 8、4、2、1，8421 码由此而得名。8421BCD 码和十进制数之间的对应关系见表 2-6。

表 2-6　十进制数与 8421BCD 码的对照表

十进制数	0	1	2	3	4	5	6	7	8	9
BCD 码	0000	0001	0010	0011	0100	0101	0110	0111	1000	1001

这种编码方法比较简单、直观。对于多位十进制数，只需要将它的每一位数字按表 2-6 所列的对应关系用 8421 码直接列出即可。

【例 2-39】写出十进数 938 的 8421 码。

十进数 938 的 8421 码为 100100111000。

2.2.3　非数值型数据的表示

计算机除了能处理数值型数据外，还能处理大量非数值型数据。非数值型数据是指字符、文字、图形等形式的数据，不表示数量大小，仅表示一种符号，所以又称符号数据。与数值型数据一样，非数值型数据也需要转换为二进制代码表示，即进行信息编码。

1. 西文字符的编码

计算机系统中，西文字符的编码主要有两种方式：ASCII 码和 EBCDIC 码（扩展的二进制～十进制交换码）。

（1）ASCII 码

ASCII 码用于微型机与小型机，是最常用的字符编码，它的全称是"美国信息交换标准代码"（American standard code for information interchange），它原为美国的国家标准，1967 年被确定为国际标准。

ASCII 码有两个版本：7 位码版本和 8 位码版本。国际上通用的是 7 位码版本，即用 7 位二进制数表示一个字符，由于 2^7=128，所以有 128 个字符，见表 2-7。每个字符用 7 位二进制码表示，其排列次序为 $b_6b_5b_4b_3b_2b_1b_0$，b_6 为高位，b_0 为低位。

表 2-7　标准 ASCII 码表

$b_3b_2b_1b_0$	$b_6b_5b_4$							
	000	001	010	011	100	101	110	111
0000	NUL	DLE	SP	0	@	P	`	p
0001	SOH	DC1	!	1	A	Q	a	q
0010	STX	DC2	"	2	B	R	b	r
0011	ETX	DC3	#	3	C	S	c	s
0100	EOT	DC4	$	4	D	T	d	t
0101	ENQ	NAK	%	5	E	U	e	u
0110	ACK	SYN	&	6	F	V	f	v
0111	BEL	ETB	'	7	G	W	g	w
1000	BS	CAN	(	8	H	X	h	x
1001	HT	EM	)	9	I	Y	i	y
1010	LF	SUB	*	:	J	Z	j	z
1011	VT	ESC	+	;	K	[	k	{
1100	FF	FS	,	<	L	\	l	|
1101	CR	GS	-	=	M	]	m	}
1110	SO	RS	.	>	N	^	n	~
1111	SI	US	/	?	O	_	o	DEL

从 ASCII 码表可以看出，十进制码值 0～32 和 127（即 NUL～SP 和 DEL）共 34 个字符称为非图形字符（又称控制字符）；其余 94 个字符称为图形字符（又称普通字符）。在这些字符中，0～9、A～Z、a～z 都是顺序排列的，且小写字母比对应的大写字母码值大 32，这有利于大、小写字母之间的编码转换。

1980 年，我国制定了《信息交换用汉字编码字符集 基本集》，即国家标准 GB/T 2312—1980，简称国标码。国标码除用人民币符号"￥"代替美元符号"$"外，其余含义和 ASCII 码相同。

ASCII 码多年来已经占尽优势，其他更具扩展性的编码也加入了竞争，其中之一就是 Unicode。它由多家硬件、软件领导厂商共同开发，采用唯一的 16 位模式来表示每个符号，可以具有 65 536 个不同的位模式，足以表示用中文、日文和希伯来文等各种语言编写的文档资料。

另一种可与 Unicode 码竞争的编码标准是由国际标准化组织（International Organization for Standardization，ISO）开发的，该编码采用 32 位模式，可以表示几十亿个不同的符号。

（2）EBCDIC 码

西文字符除了常用的 ASCII 码外，还有另一种 EBCDIC（extended binary coded decimal interchange code，扩展的二~十进制交换码），这种字符编码主要用在大型机中。EBCDIC 码采用 8 位二进制码表示，有 256 个编码状态，但只选用其中一部分。

2. 汉字的编码与表示

英文是拼音文字，通过键盘输入时采用不超过 128 种字符的字符集（大、小写字母，数字和其他符号）就能满足英文处理的需要，编码容易；而且在一个计算机系统中，输入、内部处理和存储都可以使用同一编码（一般为 ASCII 码）。汉字种类繁多、字形复杂，因此其编码的方式与西文相比也复杂得多，而且在一个汉字处理系统中，输入、内部处理、输出对汉字编码的要求不尽相同，因此要进行一系列的汉字编码及转换。汉字信息处理系统的模型如图 2-16 所示。对虚线框中的国标码而言，还有很多种汉字内码。

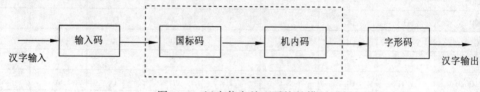

图 2-16 汉字信息处理系统的模型

（1）国标码

根据统计，国标码把最常用的 6 763 个汉字和 682 个非汉字图形符号分成两级：一级汉字有 375 个，按汉语拼音顺序排列；二级汉字有 3 008 个，按偏旁部首排列。每个汉字的编码占两个字节，使用每个字节的低 7 位，共计 14 位，最多可编码 2^{14} 个汉字及符号。

根据汉字国标码编码规定，所有的国标汉字和符号按区位排列，共分成了 94 个区，每个区有 94 个位。一个汉字的编码由它所在的区号和位号组成，称为区位码。书写汉字的区位码时，区码在前，位码在后，一般采用十进制表示，也可以用十六进制表示。

例如，"中"位于第 54 区 48 位，区位码为 5448，十六进制为 3630H。

汉字国标码与区位码的关系是：汉字的区号和位号各加 32（20H）就构成了国标码，这是为了与 ASCII 码兼容，每个字节值大于 32（0~32 为非图形字符码值）。所以，"中"的国标码为 8680（5650H）。

（2）汉字机内码

保存一个汉字的区位码要占用两个字节，区号、位号各占一个字节。区号、位号都不超过 94，所以这两个字节的最高位仍然是 0。为了在计算机内部区分汉字编码和 ASCII 码，将国标码的每个字节的最高位由 0 变为 1，变换后的国标码称为汉字机内码。由此可知汉字机内码每个字节的值都大于 128，而每个西文字符的 ASCII 码值均小于 128。因此，它们之间的关系是：

$$汉字国标码 = 区位码 + 2020H$$

$$汉字机内码 = 汉字国标码 + 8080H = 区位码 + A0A0H$$

【例 2-40】已知汉字"中""华"的区位码分别为 3630H、1B10H，求其机内码，并验证结果。

汉字"中""华"的机内码见表 2-8。

表 2-8　汉字"中""华"的机内码

汉字	区位码	汉字国标码		汉字机内码	
中	3630H	5650H	0101011001010000B	1101011011010000B	D6D0H
华	1B0AH	3B2AH	0011101100101010B	1011101110101010B	BBAAH

要查看汉字的机内码，可以在"记事本"中输入汉字并保存文件，然后再切换到 DOS 模式，使用 Debug 程序的-d（dump）命令来查看。图 2-17 显示了"中"的机内码为 D6D0H。

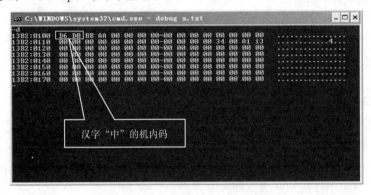

图 2-17　Debug 程序查看汉字机内码

（3）汉字输入码

汉字输入码是为了实现在标准的英文打字键盘上快速输入汉字而设计的编码。汉字输入法就是以汉字输入码为基础而建立的汉字输入方法。汉字输入码也称汉字的外码。

汉字输入码目前有上千种，真正为人们广泛使用的有十几种。在众多的输入法中，一般包括以下四种。

① 按汉字的排列顺序形成的编码（流水码），如区位码。优点：一是没有重码；二是除汉字外的各种字母、数字、符号也有相应的编码。缺点：编码的记忆规律性不强，用户很难记住每一个编码，也难以做到"见字识码"。

② 按汉字的读音形成的编码（音码），如全拼、简拼、双拼等。优点：只需会拼音即可，容易使用。缺点：同音字太多，输入重码率很高；输入效率低。

③ 按汉字的字形形成的编码（形码），如五笔字型、郑码等。五笔字型输入法使用广泛，适合专业录入员，基本可实现盲打；但必须记住字根，学会拆字和形成编码。

④ 按汉字的音、形结合形成的编码（音形码），如自然码、智能 ABC。

输入码在计算机中必须转换成机内码，才能进行存储和处理。

（4）汉字字形码

汉字字形码又称汉字字模，用于汉字的显示输出或打印机输出。汉字字形码通常有两种表示方式：点阵和矢量表示方式。

用点阵表示字形时，汉字字形码指的就是这个汉字字形点阵的代码。根据输出汉字的要求不同，点阵的多少也不同。简易型汉字为 16×16 点阵，提高型汉字为 24×24 阵、32×32 点阵、48×48 点阵等。图 2-18 显示了"大"字的 16×16 字形点阵及代码。

点阵规模越大，字形越清晰美观，所占存储空间也越大。以 16×16 点阵为例，每个汉字用 16 行，每行 16 个点表示，一个点需要 1 位二进制代码，16 个点需用 16 位二进制代码（即 2 字节），共 16 行，所以需要 16 行×2 字节/行=32 字节，即 16×16 点阵表示一个汉字，字形码需用 32 B，即字节数=点阵行数×点阵列数/8。

两级汉字大约占用 256 KB。因此，字模点阵只能用来构成"字库"，而不能用于机内存储。字库中存储了每个汉字的点阵代码，当显示输出时才检索字库，输出字模点阵得到字形。

全部汉字字形码的集合称为汉字字库。汉字库可分为软字库和硬字库。软字库以文件的形式存放在硬盘上，现多用这种方式；硬字库则将字库固化在单独的存储芯片中，再和其他必要的器件组成接口卡，插接在计算机上，通常称为汉卡。

用于显示的字库称为显示字库。用于打印的字库称为打印字库，打印字库的汉字比显示字库多，而且工作时也不像显示字库需调入内存。

可以这样理解，为在计算机内表示汉字而统一的编码方式形成汉字编码称为内码（如国标码），内码是唯一的。为方便汉字输入而形成的汉字编码称为输入码，属于汉字的外码，输入码因编码方式不同而不同，是多种多样的。为显示和打印输出汉字而形成的汉字编码称为字形码，计算机通过汉字内码在字模库中找出汉字的字形码，实现其转换。

图 2-18　字形点阵及代码

	0	1	2	3	4	5	6	7	8	9	10	11	12	13	14	15	十六进制码			
0																	0	3	0	0
1																	0	3	0	0
2																	0	3	0	0
3																	0	3	0	0
4																	F	F	F	E
5																	0	3	0	0
6																	0	3	0	0
7																	0	3	0	0
8																	0	3	0	0
9																	0	3	8	0
10																	0	6	4	0
11																	0	C	2	0
12																	1	8	3	0
13																	1	0	1	8
14																	2	0	0	C
15																	C	0	0	7

【例 2-41】用 24×24 点阵来表示一个汉字（一点为一个二进制位），则 2 000 个汉字需要多少 KB？

$$(24×24/8)×2\ 000/1\ 024=140.7（KB）≈141（KB）。$$

汉字字库除点阵字库外，还有矢量字库和曲线字库。

曲线字的导入不仅大大改善了字模的质量，减少了字库的存储空间，且有利于字的无限变倍、字形算法的改进等，从根本上改变了字的质量。

目前，在 Windows 操作系统中所使用的汉字字库，如宋体、楷体和黑体等，都是 TrueType 曲线字体。

（5）其他汉字内码

因为国标码只能表示和处理 6 763 个汉字，为了统一地表示世界各地的文字，便于全球范围的信息交流，各级组织公布了各种汉字内码。

① UCS 码（通用多八位编码字符集）是国际标准化组织（ISO）为各种语言字符制定的编码标准。ISO/IEC 10646 字符集中的每个字符用 4 字节（组号、平面号、行号和字位号）唯一地表示，第一个平面（00 组中的 00 平面）称为基本多文种平面（BMP），包含字母文字、音节文字以及中、日、韩（CJK）的表意文字等。

② Unicode 码是另一个国际编码标准，为每种语言中的每个字符（包括西文字符）设定了唯一的二进制编码，便于统一地表示世界上的主要文字，以满足跨语言、跨平台进行文本转换和处理的要求，其字符集内容与 UCS 码的 BMP 相同。目前，Windows 的内核支持 Unicode 字符集，这表明内核可以支持全世界所有的语言文字。

③ GBK 码（扩充汉字内码规范）由我国制定，是国标码的扩充，对 2 103 个简繁汉字进行了编码。该编码标准与国标码编码兼容，且支持国际标准，起到过渡的作用。Windows 简体中文操作系统使用的就是 GBK 内码。这种内码仍以 2 字节表示一个汉字，第一字节为 81H～FEH，第二字节为 40H～FEH。第一个字节最左位为 1，而第二字节的最左位不一定是 1，这样就增加了汉字编码数，但因为汉字内码总是 2 字节连续出现的，所以即使与 ASCII 码混合在一起，计算机也能够加以正确区别。

④ GB 18030《信息技术 中文编码字符集》是取代 GBK 1.0 的正式国家标准。该标准收录了 27 484 个汉字，同时收录了藏文、蒙文、维吾尔文等少数民族文字，采用单字节、双字节和四字节三种方式编码。

⑤ BIG5 码是我国台湾、香港地区普遍使用的一种繁体汉字的编码标准，广泛应用于计算机行业和因特网中。它包括 440 个符号，一级汉字 5 401 个、二级汉字 7 652 个，共计 13 060 个汉字。

（6）汉字乱码问题

当收到的邮件或浏览器显示乱码时，主要是因为它们使用了与系统不同的汉字内码。解决这个问题的方法有两种：

① 查看网上信息：选择"查看"→"编码"命令进行编码的选择。

② 编写网页：在 HTML 网页文件中指定字符集。

2.3 多媒体技术应用基础

多媒体是目前计算机中最热门的应用之一，现在大多数计算机都具有多媒体功能，因此多媒体技术的应用成为使用计算机的最基本要求。

2.3.1 多媒体与多媒体技术

在介绍多媒体的概念之前，先来介绍什么叫媒体。媒体是存储信息和传递信息的载体。通过磁盘、光盘、磁带等各种存储器来存储信息，而通过文字、图形、动画、音频、视频来传递信息。

多媒体（multimedia）是指组合文字、图形、图像、声音、动画和影视的一种人机交互式的信息交流和传播媒体。任何两种以上的媒体相融合，即称为多媒体。

多媒体技术是指通过计算机文字、图形、图像、声音、动画和视频等多种媒体综合起来，使之建立起逻辑连接，并对它们进行采样量化、编码压缩、编辑修改、存储传输和重建显示等处理。

2.3.2 多媒体的技术特性和关键技术

1. 多媒体的技术特性

（1）多样性

多媒体的多样性一方面指信息表现媒体类型的多样性，另一方面指媒体输入、传播、再现和展示手段的多样性。

（2）集成性

多媒体采用了数字信号，可以综合处理文字、声音、图形、动画、图像、视频等多种信息，并将这些不同类型的信息有机地结合在一起。

（3）交互性

多媒体信息以超媒体结构进行组织，可以方便地实现人机交互。换言之，人可以按照自己的思维习惯，按照自己的意愿主动地选择和接受信息，拟定处理内容的路径。

（4）智能性

多媒体提供了易于操作、十分友好的界面，使计算机更直观，更方便，更亲切，更人性化。

（5）易扩展性

多媒体可方便地与各种外围设备挂接，实现数据交换、监视控制等多种功能。此外，采用数字化信息有效地解决了数据在处理传输过程中的失真问题。

2. 多媒体的种类

① 文本（文字和数字符号）的常用文件格式有 TXT、DOC、WPS 等。

② 图形图像（静止图形，运动图像——视频），图形和图像常用的文件格式有 BMP、GIF、PCX、TIF、JPEG 等；而动画文件的格式主要有 FLC、FLI 和 AVI 等。

③ 音频（语音、音乐和音效），常用的文件格式主要有 WAV、MID 和 MP3 等。

④ 影像既有声音，又有图形和图像，常用的文件格式有 AVI、MPG、MOV 等。

3. 多媒体技术

① 信息数字化技术。这是多媒体的基本技术，负责非数字化信号的识别、采集，数字化的处理。

② 数据的压缩和编码技术。这是多媒体的关键技术。

③ 存储技术。在多媒体技术中，要求大存储、高性能。

④ 网络和通信技术。进行声音、图像的压缩，多媒体混合传输技术。

⑤ 同步技术。指媒体之间的协同性，如视频信号中图像、声音的同步。

⑥ 硬件核心技术。多媒体中要求配置专用芯片（视频、音频等）。

⑦ 软件核心技术。多媒体操作系统、多媒体创作系统（素材准备工具及媒体创作工具）和多媒体应用系统。

4. 多媒体技术的发展和应用

（1）多媒体技术的发展

第一阶段：1985 年以前，苹果公司研制出了具有图形处理能力的计算机。

第二阶段：1985 年至 20 世纪 90 年代初，发布了 CD-I、CD-ROM、CD-R JPEG、MPEG 等。

第三阶段：20 世纪 90 年代至今，标准完善，应用广泛。

（2）多媒体技术的应用形式

① 视觉媒体。是指受众通过图形、文字等视觉方式接收广告信息的媒体，如报纸、杂志等。视觉媒体分为非投影型视觉媒体和投影型视觉媒体。

② 听觉媒体。是受众通过听觉刺激而感知广告内容的媒体，听觉媒体宏观上更多地与平台融合，打造新的产业模式。从微观层面来看，出现了诸多跨界的融合，创造多种表现形式。特点是碎片化、可听性强、互动性强、差异化。

③ 视听媒体。是指在传播信息过程中，主要以声音或图像为载体，作用于人的视听感觉器官的媒体，以电子化、综合化、系列化的形态出现。

④ 交互媒体。指通过传感器捕获外界物理信号，根据接口，通过一定的传输协议转化为

计算机可以理解的数字或模拟信号，再通过特定的程序编译处理，将捕获的信号结合其他综合素材，通过显示器或其他物理界面呈现给外界，经过信号的输入—处理—输出这一流程，实现人与计算机间的交互。简而言之，即是受众与媒体或者受众与受众间能够借助媒体这个平台达到一种互动状态。

2.4　流媒体技术

随着互联网的普及，利用网络传输声音与视频信号的需求越来越大。流媒体技术的出现，在一定程度上解决了互联网传输音频、视频难的问题。

2.4.1　流媒体技术概述

流媒体技术就是把连续的影像和声音信息经过压缩处理后放上网站服务器，由视频服务器向用户计算机顺序或实时地传送各个压缩包，让用户一边下载一边观看、收听，而不需要等整个压缩文件下载到自己的计算机上才可以观看的网络传输技术。

流媒体技术不是一种单一的技术，它是网络技术及视/音频技术的有机结合。在网络上实现流媒体技术需要解决流媒体的制作、发布、传输及播放等方面的问题，而这些问题则需要利用视/音频技术及网络技术来解决。流式传输基本原理如图 2-19 所示。

图 2-19　流式传输原理

2.4.2　流式传输技术

流式传输定义很广泛，现在主要指通过网络传送媒体（如视频、音频）的技术总称。其特定含义为通过 Internet 将影视节目传送到 PC。

流式传输技术又分两种：一种是顺序流式传输；另一种是实时流式传输。

① 顺序流式传输，是指顺序下载，在下载文件的同时用户可以观看，用户的观看与服务器上的传输并不是同步进行的，用户是在一段延时后才能看到服务器上传出来的信息，或者说用户看到的总是服务器在若干时间以前传出来的信息。在这过程中，用户只能观看已下载的那部分，而不能要求跳到还未下载的部分。顺序流式传输比较适合高质量的短片段，因为它可以较好地保证节目播放的最终质量。它适合于在网站上发布的供用户点播的音视频节目。

② 实时流式传输，是指保证媒体信号带宽与网络连接匹配，使媒体可被实时观看到。实时流式传输总是实时传送，特别适合现场事件，也支持随机访问，用户可快进或后退以观看前面或后面的内容。实时流与 HTTP 流式传输不同，需要专用的传输协议与流媒体服务器，如 RTP （real-time transport protocol，实时传输协议）或 MMS（microsoft media server，微软媒体服务器）。这些协议在有防火墙时有时会出现问题，导致用户不能看到一些地点的实时内容。在这种传输方式中，如果网络传输状况不理想，则收到的信号效果比较差

2.4.3　流媒体格式

在运用流媒体技术时，不同格式的文件需要用不同的播放器软件来播放。目前网络常用的流媒体格式有：

① RM 格式。RM 格式是 RealNetworks 公司开发的一种流媒体视频文件格式，它主要包含 RealAudio、RealVideo 和 RealFlash 三部分，主要用来在低速率的网络上实时传输活动视频影像，可以根据网络数据传输速率的不同而采用不同的压缩比率，在数据传输过程中边下载边播放视频影像，从而实现影像数据的实时传送和播放。因为占用的存储空间小，大多普遍采用，多见于一些音乐网站 RM。

② MOV 格式。MOV 格式是美国 Apple 公司开发的一种视频格式，播放软件是苹果的 QuickTime Player。具有较高的压缩比率和较完美的视频清晰度等特点，最大的特点还是跨平台性，既能支持 MacOS，同样也能支持 Vindows 系列。用得也比较少，多用于教学。

③ ASF 格式。ASF 格式的最大优点就是体积小，因此适合网络传输。ASF 是一个开放标准，它能依靠多种协议在多种网络环境下支持数据的传送。同 JPG、MPG 文件一样，ASF 文件也是一种文件类型，但它是专为在 IP 网上传送有同步关系的多媒体数据而设计的，所以 ASF 格式的信息特别适合在 IP 网上传输。

④ 3GP 格式。3GP 格式画质会比较差，但比较小，缺点就是分辨率相对低，画面流畅，一般适用于手机。

2.5　虚拟现实技术

自从计算机创造以来，计算机一直是传统信息处理环境的主体，这与人类认识空间及计算机处理问题的信息空间存在不一致的矛盾。如何把人类的感知能力和认知经历及计算机信息处理环境直接联系起来，是虚拟现实产生的重大背景。要建立一个能包容图像、声音、化学气味等多种信息源的信息空间，将其与视觉、听觉、嗅觉、口令、手势等人类的生活空间交叉融合，虚拟现实的技术应运而生。

2.5.1　虚拟现实技术概述

虚拟现实（virtual reality，VR）是一种可以创立和体验虚拟世界的计算机系统（其中虚拟世界是全体虚拟环境的总称）。通过虚拟现实系统所建立的信息空间，已不再是单纯的数字信息空间，而是一个包容多种信息的多维化的信息空间（cyberspace），人类的感性认识和理性认识能力都能在这个多维化的信息空间中得到充分的发挥。要创立一个能让参与者具有身临其境感，具有完善交互作用能力的虚拟现实系统，在硬件方面，需要高性能的计算机软硬件和各类先进的传感器；在软件方面，主要是需要提供一个能产生虚拟环境的工具集。

虚拟现实技术的主要特征包括沉浸性、交互性、多感知性、构想性（也称想象性）和自主

性。随着虚拟现实技术的快速发展，按照其"沉浸性"程度的高低和交互程度的不同，虚拟现实技术已经从桌面虚拟现实系统、沉浸式虚拟现实系统、分布式虚拟现实系统等，向着增强式虚拟现实系统和元宇宙的方向发展。

2.5.2　关键技术

虚拟现实的关键技术主要涉及人机交互技术、传感器技术、动态环境建模技术和系统集成技术等。

1. 人机交互技术

虚拟现实中的人机交互技术与传统的只有键盘和鼠标的交互模式不同，是一种新型的利用 VR 眼镜、控制手柄等传感器设备，能让用户真实感受到周围事物存在的一种三维交互技术，将三维交互技术与语音识别、语音输入技术及其他用于监测用户行为动作的设备相结合，形成了目前主流的人机交互手段。

2. 传感器技术

VR 技术的进步受制于传感器技术的发展，现有的 VR 设备存在的缺点与传感器的灵敏程度有很大的关系。例如，VR 头显（即 VR 眼镜）设备过重、分辨率低、刷新频率慢等，容易造成视觉疲劳；数据手套等设备也都有延迟长、使用灵敏度不够的缺陷，所以传感器技术是 VR 技术更好地实现人机交互的关键。

3. 动态环境建模技术

虚拟环境的设计是 VR 技术的重要内容，该技术是利用三维数据建立虚拟环境模型。目前常用的虚拟环境建模工具为 CAD，操作者可以通过 CAD 技术获取所需数据，并通过得到的数据建立满足实际需要的虚拟环境模型。除了通过 CAD 技术获取三维数据，多数情况下还可以利用视觉建模技术，两者相结合可以更有效地获取数据。

4. 系统集成技术

VR 系统中的集成技术包括信息同步、数据转换、模型标定、识别和合成等技术，由于 VR 系统中存储着许多语音输入信息、感知信息以及数据模型，因此 VR 系统中的集成技术显得越发重要。

2.5.3　应用和发展

虚拟现实技术是许多相关学科领域交叉、集成的产物，其主要在动态环境建模技术、三维图形形成和显示技术、新型交互设备的研制、智能化语音虚拟现实建模和大型网络分布式虚拟现实等领域，目前正继续朝着更加智能化的方向发展。其发展趋势如下：

① 硬件性能优化迭代加快。轻薄化、超清化加速了虚拟现实终端市场的迅速扩大，开启了虚拟现实产业爆发增长的新空间，虚拟现实设备的显示分辨率、帧率、自由度、延时、交互性能、质量、眩晕感等性能指标日趋优化，用户体验感不断提升。

② 网络技术的发展有效助力其应用化的程度。泛在网络通信和高速的网络速度，有效提升了虚拟现实技术在应用端的体验。借助于终端轻型化和移动化 5G 技术，高峰值速率、毫秒级的传输时延和千亿级的连接能力，降低了对虚拟现实终端侧的要求。

③ 虚拟现实产业要素加速融通。技术、人才多维并举，虚拟现实产业核心技术不断取得

突破，已形成较为完整的虚拟现实产业链条。虚拟现实产业呈现出从创新应用到常态应用的产业趋势，在舞台艺术、体育智慧观赛、新文化弘扬、教育、医疗等领域普遍应用。"虚拟现实＋商贸会展"成为未来新常态，"虚拟现实＋工业生产"是组织数字化转型的新动能，"虚拟现实＋智慧生活"大大提升了未来智能化的生活体验，"虚拟现实＋文娱休闲"成为新型信息消费模式的新载体等。

④ 元宇宙等新兴概念为虚拟现实技术带来了"沉浸和叠加""激进和渐进""开放和封闭"等新的商业理念，大大提升了其应用价值和社会价值，将以全新方式激发产业技术创新，以新模式、新业态等方式带动相关产业跃迁升级。

2.6 元 宇 宙

元宇宙（metaverse）是一个新兴的概念，是一大批技术的集成。

2.6.1 元宇宙的定义

北京大学陈刚教授对元宇宙的定义是：元宇宙是利用科技手段进行链接与创造的，与现实世界映射与交互的虚拟世界，具备新型社会体系的数字生活空间。

清华大学沈阳教授对元宇宙的定义是：元宇宙是整合多种新技术而产生的新型虚实相融的互联网应用和社会形态，它基于扩展现实技术提供沉浸式体验，以及数字孪生技术生成现实世界的镜像，通过区块链技术搭建经济体系，将虚拟世界与现实世界在经济系统、社交系统、身份系统上密切融合，并且允许每个用户进行内容生产和编辑。

中国社会科学院学者左鹏飞从时空性、真实性、独立性、连接性四个方面去交叉定义元宇宙。他指出：从时空性来看，元宇宙是一个空间维度上虚拟而时间维度上真实的数字世界；从真实性来看，元宇宙中既有现实世界的数字化复制物，也有虚拟世界的创造物；从独立性来看，元宇宙是一个与外部真实世界既紧密相连，又高度独立的平行空间；从连接性来看，元宇宙是一个把网络、硬件终端和用户囊括进来的一个永续的、广覆盖的虚拟现实系统。

2.6.2 主要特征

随着虚拟现实、人工智能、数字孪生、云计算等关键技术逐步迭代发展，用户对更沉浸的虚拟世界有了更深入、更丰富的需求。元宇宙的流行是互联网发展到一定的高度，也可以认为是互联网发展的另一阶段。元宇宙的主要特征包括：

① 沉浸式体验：元宇宙的发展主要基于人们对互联网体验的需求，这种体验就是即时信息基础上的沉浸式体验。

② 虚拟身份：人们已经拥有大量的互联网账号，未来人们在元宇宙中，随着账号内涵和外延的进一步丰富，将会发展成为一个或若干数字身份，这种身份就是数字世界的一个或一组角色。

③ 虚拟经济：虚拟身份的存在促使元宇宙具备了开展虚拟社会活动的能力，而这些活动需要一定的经济模式展开，即虚拟经济。

④ 虚拟社会治理：元宇宙中的经济与社会活动也需要一定的法律法规和规则的约束，就

像现实世界一样，元宇宙也需要社区化的社会治理。

2.6.3　发展演进

　　元宇宙作为多技术的集成融合和现实世界虚拟化，其发展一方面受到各类技术创新、发展和演进的影响，另一方面受经济与社会发展进程的约束。从互联网发展的基本规律和数字化转型进程来看，元宇宙首先会在社交、娱乐和文化领域发展，形成虚拟"数字人"，逐步再向虚拟身份方向演进，形成"数字人生"，此时的元宇宙偏向个体用户需求。但随着元宇宙中虚拟经济的发展和现实中组织数字化转型的深入，元宇宙向"数字组织"领域延伸，从而影响现实世界的经济与社会发展整体数字化转型升级，形成"数字生态"。之后伴随相关法律法规、标准规范的生成，网信事业的发展以及网络文明的进一步完善，元宇宙的虚拟世界形态持续迭代，形成"数字社会治理"，实现物理空间、社会空间和信息空间三元空间的协同发展新格局。

　　计算机中数制有十进制（标记为 D）、二进制（标记为 B）、八进制（标记为 O）和十六进制（标记为 H），数制间转换包括 R（2、8、16）进制与十进制间互转，R 进制之间互转，均有不同换算公式。二进制间的运算有算术运算和逻辑运算。算术运算中加法原则是逢二进一，减法是借一当二。逻辑运算是或、与、非的运算。

　　数据单位有位、字节和字。其中 1 B=8 bit，按大小顺序所有单位分别是为 KB、MB、GB、TB、PB、EB、ZB、YB、BB、NB、DB、CB、XB，按照进率 1024（2^{10}）计算。数值型数据的表示分成无符号数表示，机器数和真值数，原码、反码和补码，数的定点表示和浮点表示。非数值型数据表示分为西文字符的编码和汉字编码表示。

　　多媒体是指组合文字、图形、音频和视频的一种人机交互的传播媒体。多媒体技术具有多样性、集成性、交互性、智能性和易扩展性，分成视觉媒体、听觉媒体、视听媒体、交互媒体。流媒体技术在一定程度上解决了互联网传输音频、视频难的问题，包含顺序流式传输和实时流式传输，常用的格式有 MOV、ASF、3GP、RA 和 RM 等。

　　虚拟现实技术通过虚拟现实系统所建立的信息空间，包容多种信息的多维化的信息空间，是体现人类的感性认识和理性认识能力的信息空间。关键技术有人机交互技术、传感器技术、动态环境建模技术、系统集成技术。随着技术不断发展，作为多技术的集成融合和现实世界虚拟化的元宇宙，具有沉浸式体验、虚拟身份、虚拟经济、虚拟社会治理等特性。形成"数字社会治理"，实现物理空间、社会空间和信息空间三元空间的协同发展新格局。

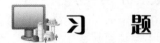

一、填空题

　　1. 标准 ASCII 码是用_____位二进制数进行编码的，因此除了字母和数字字符外，其他字符和控制符共有_____个。

　　2. 每个汉字的内部码需要用_____字节来表示，而表示 100 个 16×16 点阵的显示汉字，

大学计算机基础 ●▶●

则需要_____字节来存储。

3. KB、MB 和 GB 都是存储容量的单位。1 GB=_____KB。

4. $(181.25)_{10}$ 对应的二进制数是_____，对应的八进制数是_____，对应的十六进制数是_____。

5. 按对应的 ASCII 码值比较，a 比 b_____（大、小）。

6. 大写字母、小写字母和数字三种字符的 ASCII 码从小到大的排列顺序是_____、_____、_____。

7. 123.45=_____H=_____B。

8. ABCD.EFH=_____B。

9. 11101111101.1B=_____H=_____D。

10. 二进制数 1011+1101 等于_____。

11. 二进制数 11101011－10010 等于_____。

12. 二进制数 00010101 与 01000111 相加，其结果的十进制表示为_____。

13. 二进制数 1101×1011 等于_____。

14. 二进制数 1110101 的 2 倍为_____。

15. 二进制数 11011101 的 1/2 为_____。

二、选择题

1. 二进制数 10110 转换为十进制数是（   ）。
   A. 2 　　　　　B. 22 　　　　　C. 23 　　　　　D. 以上都不是

2. 十六进制数 F260 转换为十进制数是（   ）。
   A. 62040 　　　B. 63408 　　　C. 62048 　　　D. 以上都不是

3. 二进制数 111.101 转换为十进制数是（   ）。
   A. 5.625 　　　B. 7.625 　　　C. 7.5 　　　　D. 以上都不是

4. 二进制数 100100.11011 转换为十六进制数是（   ）。
   A. 24.D8 　　　B. 24.D1 　　　C. 90.D8 　　　D. 以上都不是

5. 带符号二进制数－100011 的原码表示形式为（   ）。
   A. 100011 　　　B. 010011 　　　C. 1100011 　　　D. 以上都不是

6. 二进制数 10011010 转换为十进制数为（   ）。
   A. 154 　　　　B. 77 　　　　　C. 306 　　　　D. 155

7. 十进制数 76 转换为十六进制数为（   ）。
   A. 123 　　　　B. 4D 　　　　　C. 3D 　　　　　D. 4C

8. 二进制数 10111 与二进制数 1001 之和为（   ）。
   A. 11112 　　　B. 10000 　　　C. 11110 　　　D. 11111

9. 二进制数 01100100 转换成十六进制数是（   ）
   A. 64 　　　　　B. 63 　　　　　C. 100 　　　　D. 144

10. 计算机存储器中，一个字节由（   ）位二进制位组成。
    A. 4 　　　　　B. 8 　　　　　C. 16 　　　　　D. 32

11. 十进制整数 100 转换为二进制数是（   ）。

54 ● ● ●

A. 1100100　　　　B. 1101000　　　　C. 1100010　　　　D. 1110100

12. 用来描述显示器像素多少的指标是（　　　）。

A. 灰度　　　　　B. 分辨率　　　　C. 彩色　　　　　D. 刷新频率

13. 多媒体技术的主要特点是（　　　）。

A. 实时性和信息性　　　　　　　　B. 集成性和交互性

C. 实时性和分布性　　　　　　　　D. 分布性和交互性

14. 计算机内部信息采用二进制形式，其主要原因是（　　　）。

A. 与逻辑电路硬件相适应　　　　　B. 表示形式单一规整

C. 避免与十进制相混淆　　　　　　D. 计算简单

15. 二进制数 10011010 和 00101011 进行逻辑乘运算（即"与"运算）的结果是（　　　）。

A. 00001010　　　B. 10111011　　　C. 11000101　　　D. 11111111

16. 在微机中，1 MB 准确等于（　　　）。

A. 1 024×1 024 字　　　　　　　　B. 1 024×1 024 字节

C. 1 000×1 000 字节　　　　　　　D. 1 000×1 000 字

三、判断题

1. 计算机中用来表示内存储容量大小的最基本单位是位。　　　　　　　（　　　）

2. 字长是衡量计算机精度和运算速度的主要技术指标。　　　　　　　　（　　　）

3. 指令与数据在计算机内是以 ASCII 码进行存储的。　　　　　　　　（　　　）

4. 由于多媒体信息量巨大，因此多媒体信息的压缩与解压缩技术中最为关键的技术之一。

（　　　）

5. 两个二进制数 1101 和 101 相乘的结果是 110111。　　　　　　　　（　　　）

6. 定点小数中，小数点的位置在数值部分之后。　　　　　　　　　　　（　　　）

7. 一个汉字用两个字节来存储。　　　　　　　　　　　　　　　　　　（　　　）

8. 八进制数 342 转换为二进制数为 101100011。　　　　　　　　　　（　　　）

9. 声卡不是多媒体系统组成部分。　　　　　　　　　　　　　　　　　（　　　）

10. 字节是计算机存储数据和进行运算的最小单位。　　　　　　　　　（　　　）

四、简答题

1. 简述计算机内二进制编码的优点。

2. 进行下列数的数制转换。

① 213D =（　　　　）B =（　　　　）H =（　　　　）O

② 69.625D =（　　　　）B =（　　　　）H =（　　　　）O

③ 127D =（　　　　）B =（　　　　）H =（　　　　）O

④ 3E1H =（　　　　）B =（　　　　）D

⑤ 10AH =（　　　　）O =（　　　　）D

⑥ 670O =（　　　　）B =（　　　　）D

⑦ 10110101101011B =（　　　　）H =（　　　　）O =（　　　　）D

⑧ 11111111000011B =（　　　　）H =（　　　　）O =（　　　　）D

3. 给定一个二进制数，怎样能够快速地判断出其十进制等值数是奇数还是偶数？

4. 什么是数制？常用的数制有哪些？

5. 二进制的加法和乘法运算规则是什么？

6. 将下列的十进制数转化为等价的二进制形式。

   a. 6   b. 13   c. 11   d. 18   e. 27   f. 4

7. 通用的数据压缩技术有哪些？

8. 大容量存储器包括哪些？各有什么特点？

9. 计算机中数据存储的最小单元是什么？

10. 元宇宙的特征是什么？

第3章 操作系统

　　操作系统是管理计算机软、硬件资源，控制程序运行，改善人机界面和为应用软件提供运行环境的系统软件。操作系统通过对处理器、存储器、文件和设备的管理来实现对计算机的管理。

　　操作系统是随着计算机系统结构和使用方式的发展而逐步产生的。常用的操作系统有DOS、Windows、UNIX、Linux 等，其中 Windows 系列是微软公司推出的基于图形用户界面的操作系统，是目前世界上应用最广泛的操作系统之一。

 ## 3.1　操作系统概述

3.1.1　操作系统的概念

　　操作系统（operating system，OS）是指控制和管理整个计算机系统的硬件和软件资源，并合理地组织调度计算机的工作和资源的分配，以提供给用户和其他软件方便的接口和环境，它是计算机系统中最基本的系统软件。从计算机用户的角度来说，计算机操作系统体现为其提供的各项服务；从程序员的角度来说，其主要是指用户登录的界面或者接口；从设计人员的角度来说，是指各式各样模块和单元之间的联系。它在整个计算机系统中具有承上启下的地位。

3.1.2　操作系统的功能

　　操作系统通常包括下列五大功能模块：

1. 处理器管理

　　当多个程序同时运行时，解决处理器（CPU）时间的分配问题。

2. 作业管理

　　完成某个独立任务的程序及其所需的数据组成一个作业。作业管理的任务主要是为用户提供一个使用计算机的界面，使其方便地运行自己的作业，并对所有进入系统的作业进行调度和控制，尽可能高效地利用整个系统的资源。

3. 存储器管理

　　为各个程序及其使用的数据分配存储空间，并保证它们互不干扰。

4. 设备管理

　　根据用户提出使用设备的请求进行设备分配，同时还能随时接收设备的请求（称为中断），如要求输入信息。

5. 文件管理

主要负责文件的存储、检索、共享和保护，为用户提供文件操作的方便。

3.1.3　操作系统的分类

计算机的操作系统根据不同的用途分为不同的种类，从功能角度分析，可分为实时系统、分时系统、批处理系统、网络操作系统等。

1. 实时系统

实时系统主要是指系统可以快速地对外部命令进行响应，在对应的时间里处理问题，协调系统工作。

2. 分时系统

分时操作系统把计算机与若干终端用户连接起来，将系统处理机时间与内存空间按一定的时间间隔，轮流切换给各终端用户的程序使用。由于时间间隔很短，每个用户感觉就像他独占计算机一样。分时操作系统的特点是可有效增加资源的使用率。分时操作系统具有多路性、独立性、交互性、及时性的优点。分时操作系统中，一台主机连接若干终端，每个终端交互式地向系统提出命令请求；系统接收每个终端的命令，采用时间片轮转方式处理服务请求，并通过交互方式在终端显示结果；终端根据上步结果发出下道命令。

3. 批处理系统

批处理系统出现于 20 世纪 60 年代，能够提高资源的利用率和系统的吞吐量。

4. 网络操作系统

网络操作系统是一种能代替操作系统的软件程序，是网络的心脏和灵魂，是向网络计算机提供服务的特殊的操作系统。网络操作系统借由网络传递数据与各种消息，分为服务器及客户端。服务器的主要功能是管理服务器和网络上的各种资源和网络设备，加以统合并控管流量，避免瘫痪的可能性；客户端接收服务器所传递的数据，搜索所需的资源。

3.1.4　常用操作系统简介

常见的 PC 操作系统有 DOS、UNIX、Linux、Mac OS、Windows、Android、Deepin、红旗 Linux 和中标麒麟等，常见的移动端操作系统有 Android 和苹果的 iOS。

1. PC 操作系统

（1）DOS

DOS 最初是微软公司为 IBM-PC 开发的操作系统，因此它对硬件平台的要求很低，适用性较广。从 1981 年问世至今，DOS 经历了七次大的版本升级，从 1.0 版到 7.0 版，不断地改进和完善。但是，DOS 的单用户、单任务、字符界面和 16 位的大格局没有变化，它对于内存的管理也局限于 640 KB 的范围内。常用的 DOS 有三种不同的品牌，它们是 Microsoft 公司的 MS-DOS、IBM 公司的 PC-DOS 以及 Novell 公司的 DR DOS，其中使用最多的是 MS-DOS。

（2）UNIX

UNIX 是一种分时计算机操作系统，于 1969 在 AT&T Bell 实验室诞生，最初在小型计算机上运用。最早移植到 80286 微机上的 UNIX 系统称为 XENIX。XENIX 系统的特点是系统开销小，运行速度快。UNIX 能够同时运行多进程，支持用户之间共享数据。同时 UNIX 支持模块化结构，安装 UNIX 操作系统时，只需要安装用户工作需要的部分即可。UNIX 有很多种，许多公司都有自己的版本，如惠普公司的 HP-UX、西门子公司的 Reliant UNIX 等。

（3）Linux

Linux 是一个支持多用户、多任务的操作系统，最初由芬兰人 Linus Torvalds 开发，其源程序在 Internet 上公开发布，由此引发了全球计算机爱好者的开发热情，许多人下载该源程序并按自己的意愿完善某一方面的功能，再发回网上，Linux 也因此被雕琢成一个全球较稳定的、有发展前景的操作系统。Linux 系统是目前全球较大的一款自由软件，是一个功能可与 UNIX 和 Windows 相媲美的操作系统，具有完备的网络功能，在源代码上兼容绝大部分 UNIX 标准，支持几乎所有的硬件平台，并广泛支持各种周边设备。

（4）Mac OS

Mac OS 是美国苹果公司开发的一套运行于 Macintosh 系列计算机的操作系统，是首个在商用领域成功的图形用户界面。Mac OS 率先采用了一些至今仍为人称道的技术，如图形用户界面、多媒体应用、鼠标等。Macintosh 在影视制作、印刷、出版和教育等领域有着广泛的应用。

（5）Windows

Windows 操作系统由微软公司研发，是一款为个人计算机和服务器用户设计的操作系统，是目前世界上用户较多且兼容性较强的操作系统。第 1 个版本于 1985 年发行，并最终获得了世界个人计算机操作系统软件的垄断地位。它使 PC 开始进入图形用户界面时代。在图形用户界面中，每一种应用软件（即由 Windows 操作系统支持的软件）都用一个图标（Icon）来表示，用户只需把鼠标指针移动到某图标上，双击即可进入该软件。这种界面方式为用户提供了很大的方便，把计算机的使用提高到了一个新的阶段。常见的 Windows 操作系统的版本有 Windows 10、Windows 11 等。

① Windows 10 家庭版（Home）。Windows 10 家庭版拥有所有基本功能，包括"开始"菜单、Cortana、Windows Ink、平板模式等。

② Windows 10 专业版（Pro）。Windows 10 专业版更适合技术人员和 IT 爱好者。系统包括了群策略管理、企业模式浏览器、Hyper-V 客户端（虚拟化）等功能。

③ Windows 10 企业版（Enterprise）。Windows 10 企业版在提供全部专业版商务功能的基础上，增加了特别为大型企业设计的强大功能。例如，CredentialGuard（凭据保护）以及 DeviceGuard（设备保护）可以保护 Windows 登录凭据以及对某台特定 PC 可以运行的应用程序进行限制，更好地保护敏感的企业数据；支持远程和移动办公，使用云计算技术；带有 Windows Update for Business 功能，可以降低管理成本、控制更新部署，让用户更快地获得安全补丁软件。

（6）Deepin

Deepin 作为国产最受欢迎的 Linux 开源系统，以其"极致体验，美观高效"的特点吸引了大批 Linux 爱好者的使用，并获得了一致好评。Deepin 还努力解决迁移 Windows 平台软件带来的各种兼容性问题，以便用户平滑地过渡到开放安全的 Linux 平台上来。

（7）红旗 Linux 桌面操作系统

红旗 Linux 桌面操作系统一直秉承自主研发、美观实用、功能丰富、安全可靠的特点，广泛应用于政府机关、企事业单位、学校和个人用户。

（8）中标麒麟桌面操作系统

中标麒麟桌面操作系统软件是新一代面向桌面应用的图形化操作系统，产品实现对龙芯、申威、兆芯、鲲鹏等自主 CPU 及 x86 平台的同源支持，提供统一的用户体验；系统提供全新、经典的用户界面，兼顾用户已有使用习惯；系统核心参数升级，性能有效提升并保障系统稳定性和安全性；系统提供完善的系统升级维护机制；软件中心提供丰富的桌面应用及工具，实现开机即用；系统兼容性好，支持主流软硬件。

2. 移动端操作系统

（1）Android

Android（安卓）是一种基于 Linux 的开放源代码操作系统，主要使用于便携设备。最初由 Andy Rubin 开发，主要用在手机设备上。2005 年由 Google 收购注资，并组建开放手机联盟对 Android 进行开发改良，逐渐扩展到平板计算机及其他领域。目前 Android 占据全球智能手机操作系统市场份额非常大。

（2）iOS

iOS 可以视作 i Operating System（i 操作系统）的缩写，是 iPhone 的操作系统，由美国苹果公司开发，主要是供 iPhone、iPod Touch 以及 iPad 使用。

iOS 最大的特点是"封闭"，苹果公司要求所有对系统做出更改的行为（包括下载音乐、安装软件等）都要经由苹果自有的软件来操作，虽然提高了系统的安全性，但也限制了用户的个性化需求。

（3）华为鸿蒙系统

华为鸿蒙系统（HUAWEI Harmony OS）是华为公司在 2019 年 8 月 9 日正式发布的操作系统。

华为鸿蒙系统是一款基于微内核、耗时 10 年、4000 多名研发人员投入开发、面向 5G 物联网、面向全场景的分布式操作系统。这个新的操作系统将打通手机、电脑、平板、电视、工业自动化控制、无人驾驶、车机设备、智能穿戴等设备，统一成一个操作系统，并且该系统是面向下一代技术而设计的，能兼容安卓的所有 Web 应用。

3.2 Windows 10 的基本操作

3.2.1 Windows 10 的启动与关闭

1. Windows 10 的启动

开机后，等待系统自检和引导程序加载完毕后，Windows 10 操作系统将进入工作状态。如果系统只有一个用户并且没有设置密码，则直接进入 Windows 10 操作系统。如果设置了密码，则在"密码"文本框中输入密码后登录到 Windows 10 操作系统。如果操作系统中建立了多个用户账户，则会进入选择用户的界面，选择所需用户后进入 Windows 10 操作系统。

2. Windows 10 的退出

在"开始"菜单中的"电源"选项中有睡眠、关机与重启等操作选项，如图 3-1 所示。

① "关机"命令是指关闭操作系统并断开主机电源。

图 3-1 关机

② "重启"命令是指计算机在不断电的情况下重新启动操作系统。

③ "睡眠"命令自动将打开的文档和程序保存在内存中并关闭所有不必要的功能。

3.2.2　Windows 10 桌面

桌面是 Windows 操作系统和用户之间的桥梁，几乎 Windows 中的所有操作都是在桌面上完成的。Windows 10 的桌面主要由桌面背景、桌面图标、任务栏等部分组成，如图 3-2 所示。

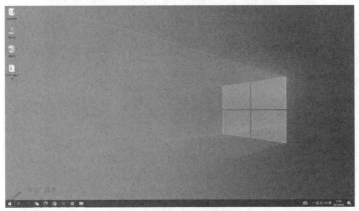

图 3-2　桌面

1. 桌面图标

图标是代表文件、文件夹、程序和其他项目的小图片，双击图标或选中图标后按【Enter】键即可启动或打开它所代表的项目。在新安装的 Windows 10 操作系统桌面中，往往仅存在一个"回收站"图标，用户可以根据需要将常用的系统图标添加到桌面上。

2. 任务栏

默认情况下，任务栏位于桌面的底端，如图 3-2 所示，由"开始"按钮、应用程序区域、通知区域、操作中心、显示桌面按钮等部分组成，通过拖动任务栏可使它置于屏幕的上方、左侧或右侧，也可通过拖动栏边调节栏高。任务栏的主要作用是显示当前运行的任务、进行任务的切换等。

Windows 10 允许用户把程序图标固定在任务栏上。启动应用程序，右击位于任务栏上该程序图标，然后在弹出的菜单中选择"固定到任务栏"命令，完成上述操作之后，即使关闭该程序，任务栏上仍显示该程序图标。另外，也可以直接从桌面上拖动快捷方式到任务栏上进行固定，如图 3-3 所示。

图 3-3　任务栏

3. "开始"菜单

"开始"按钮位于任务栏最左端，单击"开始"按钮即可打开"开始"菜单，如图 3-4 所示。"开始"菜单是运行 Windows 10 应用程序的入口，是执行程序常用的方式。Windows 10 的"开始"菜单整体可以分成两部分，左侧为应用程序列表、常用项目和最近添加使用过的项目；右侧则是用来固定图标的开始屏幕。通过"开始"菜单，用户可以打开计算机中安装的大部分应用程序，还可以打开特定的文件夹，如文档、图片等。

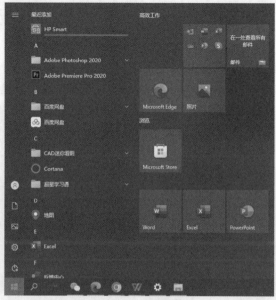

图 3-4 "开始"菜单

3.2.3 窗口、对话框及菜单的基本操作

1. 窗口

Windows 所使用的界面称为窗口，对 Windows 中各种资源的管理也就是对各种窗口的操作。每当打开程序、文件或文件夹时，它都会在屏幕上称为窗口的框或框架中显示（这是 Windows 操作系统获取其名称的位置）。虽然每个窗口的内容各不相同，但所有窗口都有一些共通点。一方面，窗口始终显示在桌面（屏幕的主要工作区域）上。另一方面，大多数窗口都具有相同的基本部分。窗口分为系统窗口、程序窗口、文件夹窗口等，各种窗口的组成基本相同，都是由标题栏、地址栏、搜索框、导航窗格、文件列表区、状态栏等部分组成，如图 3-5 所示。

图 3-5 窗口

（1）排列窗口

如果在桌面上打开了多个程序或文档窗口，那么，前面打开的窗口将被后面打开的窗口覆盖。在 Windows 10 操作系统中，提供了层叠显示窗口、堆叠显示窗口和并排显示窗口三种排列方式。

排列窗口的方法为：右击任务栏的空白处，在弹出的快捷菜单中选择一种窗口的排列方式，如选择"并排显示窗口"命令，多个窗口将以"并排显示窗口"顺序显示在桌面上，如图 3-6 所示。

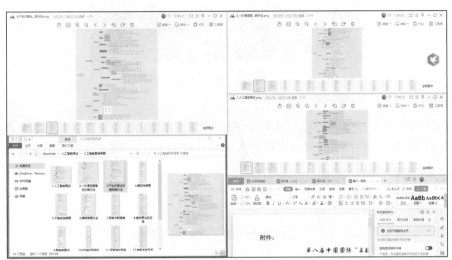

图 3-6　多窗口

（2）多窗口预览和切换

如果打开了多个程序或文档，桌面会快速布满杂乱的窗口。通常不容易跟踪已打开了哪些窗口，因为一些窗口可能部分或完全覆盖了其他窗口。

多窗口预览和切换的方法如下：

方法 1：通过窗口可见区域切换窗口。若要轻松地识别窗口，请指向其任务栏按钮。指向任务栏按钮时，将看到一个缩略图大小的窗口预览，无论该窗口的内容是文档、照片，还是正在运行的视频。如果无法通过其标题识别窗口，则该预览特别有用。

方法 2：通过【Alt+Tab】组合键预览切换窗口。通过按【Alt+Tab】组合键可以切换到先前的窗口，或者通过按住【Alt】键并重复按【Tab】键循环切换所有打开的窗口和桌面。释放【Alt】键可以显示所选的窗口。

方法 3：通过【Win+Tab】组合键预览切换窗口。按住 Windows 徽标键 ⊞ 的同时按【Tab】键可打开三维窗口切换。当按住 Windows 徽标键时，重复按【Tab】键或滚动鼠标滚轮可以循环切换打开的窗口。还可以按【→】键或【↓】键向前循环切换一个窗口，或者按【←】键或【↑】键向后循环切换一个窗口。释放 Windows 徽标键可以显示堆栈中最前面的窗口。或者，单击堆栈中某个窗口的任意部分来显示该窗口。

方法 4：使用任务栏切换窗口。任务栏提供了整理所有窗口的方式。每个窗口都在任务栏上具有相应的按钮。若要切换到其他窗口，只需单击其任务栏按钮。该窗口将出现在所有其他窗口的前面，成为活动窗口（即当前正在使用的窗口）。

2. 对话框

对话框是人机交互的一种重要手段，当系统需要进一步的信息才能继续运行时，就会打开对话框，让用户输入信息或做出选择，如图 3-7 所示。与常规窗口不同，多数对话框无法最大化、最小化或调整大小。但是它们可以被移动。简单的对话框只有几个按钮，而复杂的对话框除了按钮之外，还包括其他设置选项。

图 3-7　对话框

3. 菜单

在 Windows 操作系统中执行命令最常用的方法之一就是选择菜单中的命令，菜单主要有"开始"菜单、下拉菜单和快捷菜单几种类型。在 Windows 10 中，■标记表示展开菜单。

3.2.4　应用程序的启动和退出

1. 应用程序的启动

应用程序的启动有多种方法，以下为常用的三种启动方法。

（1）通过快捷方式

如果该对象在桌面上设置有快捷方式，直接双击快捷方式图标即可运行软件或打开文件。

（2）通过"开始"菜单

一般情况下，软件安装后都会在"开始"菜单中自动生成对应的菜单项，用户可通过单击菜单项快速运行软件。

（3）通过可执行文件

通常情况下，软件安装完成后将在 Windows 注册表中留下注册信息，并且在默认安装路径 C:\Program Files 或 Program Files(x86)中生成一系列文件夹和文件。例如，要运行 Word 文字处理软件，首先要找到 Word 的主程序文件，可以这样操作：找到默认路径是 C:\program Files(x86)\Microsoft office\root\office16 中的 Winword.exe，双击 Winword.exe 可执行文件启动 Word 软件。

2. 应用程序的退出

Windows 10 是一款支持多用户、多任务的操作系统，能同时打开多个窗口，运行多个应用程序。应用程序使用完之后，应及时关闭退出，以释放它所占用的内存资源，减小系统负担。

退出应用程序有以下几种方法：

① 单击程序窗口右上角的"关闭"按钮×。

② 在程序窗口中选择"文件"→"关闭"命令。

③ 在任务栏上右击对应的程序图标，在弹出的快捷菜单中选择"关闭窗口"命令。

④ 对于出现未响应，用户无法通过正常方法关闭的程序，可以在任务栏空白处右击，在弹出的快捷菜单中选择"任务管理器"命令，通过强制终止程序或进程的方式进行关闭操作。

3.2.5　帮助功能

在 Windows 10 中获取帮助有多种方法，以下是获取帮助的三种方法：

1. 【F1】键

【F1】键是寻找帮助的原始方式，在应用程序中按【F1】键通常会打开该程序的帮助菜单。对于 Windows 10 本身，该按钮会在用户的默认浏览器中执行 Bing 搜索以获取 Windows 10 的帮助信息。

2. 在"使用技巧"应用中获取帮助

Windows 10 内置了一个"使用技巧"应用，通过它可以获取系统各方面的帮助和配置信息。"使用技巧"窗口的右上角有"搜索"按钮，用户可以通过搜索关键词快速找到相关帮助信息。选择"开始"→"使用技巧"命令，则可打开"使用技巧"窗口。

3. 向 Cortana 寻求帮助

Cortana 是 Windows 10 中自带的虚拟助理，它不仅可以帮助用户安排会议、搜索文件，回答用户问题也是其功能之一。右击任务栏空白处，在打开的快捷菜单中选择"显示 Cortana 按钮"命令，如图 3-8 所示，可在任务栏中显示 Cortana 按钮，单击该按钮则可打开 Cortana 助手寻求帮助。

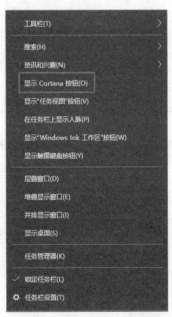

图 3-8　显示 Cortana 按钮

 ## 3.3　Windows 10 的个性化设置

在 Windows 10 中，控制面板和设置应用程序是用户进行个性化系统设置和管理的综合工具箱。微软已经加强了 Windows 10 的设置应用程序，以集成更多来自传统控制面板的选项。

选择"开始"→"Windows 系统"→"控制面板"命令即可打开控制面板。

3.3.1　外观和主题设置

主题包括桌面背景、屏幕保护程序、窗口边框颜色和声音，有时还包括图标和鼠标指针。

1. 更改桌面背景和主题

桌面背景是用户在系统使用过程中看到次数最多的图片，好的桌面背景会给用户一个好的学习和工作环境。选择"开始"→"设置"→"个性化"选项（见图 3-9），或者在桌面空白区域右击并在弹出的快捷菜单中选择"个性化"命令（见图 3-10），都可以打开"个性化"窗口，用户可以对桌面背景、窗口颜色和主题等进行设置。

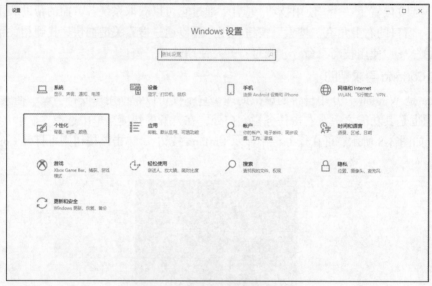

图 3-9　设置

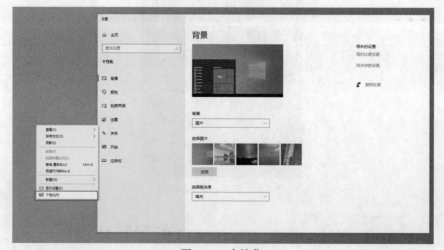

图 3-10　个性化

2. 设置屏幕保护程序

当计算机在一定时间内没有使用时，就会自动启动屏幕保护程序。屏幕保护程序起到保护屏幕、个人隐私及省电的作用。选择"开始"→"设置"→"个性化"命令，打开"个性化"

窗口，选择"锁屏界面"选项下的"屏幕保护程序设置"选项，即可打开如图 3-11 所示的"屏幕保护程序设置"对话框。

3. 更改屏幕分辨率

分辨率是屏幕图像的精密度，是指显示器所能显示像素的多少。由于屏幕上的点、线和面都是由像素组成的，显示器可显示的像素越多，画面就越精细，同样的屏幕区域内能显示的信息也越多，所以分辨率是操作系统重要的性能指标之一。选择"开始"→"设置"→"系统"→"显示"选项，打开"显示"窗口，即可对显示分辨率进行设置，如图 3-12 所示。

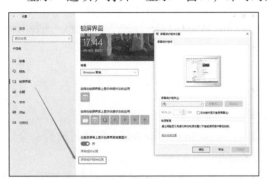 

图 3-11 屏幕保护程序设置   图 3-12 屏幕分辨率

3.3.2 应用程序的安装与卸载

1. 应用程序的安装

应用程序是计算机应用的重要组成部分，在生活、工作中，为了实现更多的功能，用户需要安装不同的软件。

2. 应用程序的卸载

对于不再使用的应用程序，用户可将其卸载，以释放其所占用的磁盘空间及系统资源等。用户可通过控制面板的"程序和功能"链接项进行应用程序的卸载。

3. 输入法的设置

输入法软件可以帮助用户实现文字的输入。目前流行的汉字输入法很多，用户可以根据自己的实际情况和使用习惯等来选择输入法。

4. 系统属性设置

本机硬件配置信息、计算机名、远程访问设置等可通过"控制面板"中的"系统"链接项查看。系统属性的设置关系到计算机是否能正常运行。

5. 账户管理

账户是具有某些系统权限的用户 ID，同一系统的每个用户都有不同的账户名。在整个系统中，最高的权限账户时是管理员账户。系统通过不同的账户，赋予这些用户不同的运行权限、不同的登录界面、不同的文件浏览权限等。

Windows 10 允许设置和使用多个账户，通过控制面板中的"用户账户"管理功能，实现创建账户、更改和删除账户密码、更改账户名称等功能。

3.4 Windows 10 文件管理

3.4.1 文件和文件夹的基本概念

1. 文件

文件是被赋予名称的一组相关信息的集合，是计算机系统用来存储信息的基本单位。Windows 中的信息都是以文件形式存放在磁盘中，这些信息包括程序、文本、数据、图像和声音等。

2. 文件的命名规则

① 文件名中可以有空格，但不能出现以下字符：\ | * : ? <>"|。

② 文件名不区分英文大小写，如 NEW.DOC 和 new.doc 是同一个文件。

③ 一个文件名中允许同时存在多个分隔符，如 exam.computer.file.doc。文件名最后一个"."后的字符串是文件的扩展名，其余字符串是文件的名称。

④ 文件名具有唯一性。同一文件夹内文件名不能同名，若文件名同名扩展名不能同名。

⑤ 在查找文件时可以使用文件通配符"？"和"*"。"？"仅代表所在位置的任意一个字符，而"*"代表所在位置开始的所有任意字符串。两个通配符可同时出现在一个文件名中，如"?X.P*"，表示查找文件名的第一个字符任意、第二个字符为 X、扩展名以 P 开始的其后为任意字符的文件。

3. 文件类型与图标

默认情况下，文件以图标和文件名来表示，用图标来区分文件的类型，不同类型的文件使用的图标也不同，见表 3-1。

表 3-1　常用文件类型图标及扩展名

图标	文件类型	扩展名	图标	文件类型	扩展名
	系统文件	.sys		Word 文档文件	.docx
	系统配置文件	.ini		电子表格文件	.xlsx
	可执行文件	.exe		演示文稿文件	.pptx
	批处理文件	.bat		图片文件	.jpg
	压缩文件	.rar		视频文件	.mp4
	文本文件	.txt		音频文件	.mp3

4. 文件夹

为了管理磁盘上的文件，往往将相关文件按类别存放在不同的"文件夹"里，以便于管理。在文件夹里既可包含文件，也可包含下一级文件夹，包含的文件夹称为"子文件夹"。通过磁盘驱动器、文件夹名和文件名可查找到文件夹或文件所在的位置，即文件夹或文件的"路径"，一个完整的路径可表述为如图 3-13 所示。

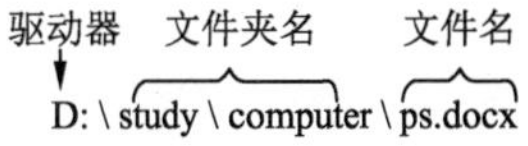

驱动器　文件夹名　　文件名

D: \ study \ computer \ ps.docx

图 3-13　路径

5. 文件通配符

文件通配符是指"*"和"?"符号，"*"代表任意一串字符，"?"代表任意一个字符，利用通配符"?"和"*"可使文件名对应多个文件。

6. 路径

操作系统中使用路径来描述文件存放在存储器中的具体位置。从当前（或根）目录到达文件所在目录所经过的目录和子目录名，即构成"路径"（目录名之间用反斜杠分隔）。从根目录开始的路径方式属于绝对路径，比如 C:\myfile\student\class1.xlsx。而从当前目录开始到达文件所经过的一系列目录名则称为相对路径。

3.4.2　资源管理器基本操作

资源管理器是 Windows 操作系统的重要组件，利用"资源管理器"可完成创建文件夹、查找、复制、删除、重命名、移动文件或文件夹等文件管理工作。

1. 文件与文件夹操作

（1）新建文件夹

方法 1：首先选择目标位置，然后单击快速访问工具栏中的"新建文件夹"按钮，最后命名文件夹。

方法 2：首先选择目标位置，然后右击右窗格空白处，在弹出的快捷菜单中选择"新建"→"文件夹"命令，最后命名文件夹。

方法 3：首先选择目标位置，然后选择"主页"选项卡，单击"新建文件夹"按钮，最后命名文件夹。

（2）新建文件

方法 1：首先选择目标位置，然后右击右窗格空白处，在弹出的快捷菜单中选择"新建"子菜单下的所需文件类型，然后命名文件。

方法 2：首先选择目标位置，选择"主页"→"新建项目"选项，在弹出的下拉列表中选择所需的文件类型，然后命名文件。

（3）选定文件或文件夹

在 Windows 中，对文件或文件夹进行操作前，必须先选定文件或文件夹。

方法 1：选择单个文件或文件夹。只需单击某个文件或文件夹图标即可，被选择后的文件或文件夹呈浅蓝色状态。

方法 2：选择多个连续的文件或文件夹。首先单击要选择的第一个文件或文件夹，然后按住【Shift】键不放，再单击最后一个文件或文件夹。或在窗口空白处按下鼠标左键不放并拖动，这时会拖出一个浅蓝色的矩形框，可通过该矩形框选需要的文件或文件夹。

方法 3：选择不连续的多个文件或文件夹。单击所要选择的第一个文件或文件夹，然后按住【Ctrl】键不放，再分别单击要选择的其他文件或文件夹。

方法 4：选择所有文件或文件夹。直接按【Ctrl+A】组合键或单击"组织"按钮，在弹出的菜单中选择"全选"选项。

方法 5：反选文件或文件夹。可以先选择几个不需要的文件或文件夹，然后按下【Alt】键调出菜单，再选择"编辑"菜单中的"反向选择"命令进行操作。

（4）复制和移动

复制（移动）操作包括复制（移动）对象到剪贴板和从剪贴板粘贴对象到目的地这两个步骤。剪贴板是内存中的一块空间，Windows 剪贴板只保留最后一次存入的内容。

2. 删除文件或文件夹

删除文件或文件夹一般是将文件或文件夹放入回收站，也可以直接删除。放入回收站的文件或文件夹根据需要还可以恢复。删除文件或文件夹的方法有多种。

方法 1：单击资源管理器中的"文件"→"删除"命令。

方法 2：右击所选文件或文件夹，在弹出的快捷菜单中选择"删除"命令。

方法 3：按【Delete】键。

方法 4：直接将选定的文件或文件夹拖到回收站。

注意：如果按住【Shift】键的同时做删除，文件或文件夹将从计算机中直接删除，而不存放到回收站。这样删除后的文件或文件夹就不能恢复了。

3. 发送文件或文件夹

在 Windows 10 中还可以通过"发送到"功能，直接把文件或文件夹发送到"移动盘""邮件收件人""桌面快捷方式"等，其操作方法如下：

方法 1：选中要发送的文件或文件夹，单击"文件"→"发送到"命令，在下级菜单中选择相应的目标项。

方法 2：右击要发送的文件或文件夹，在弹出的快捷菜单中选择"发送到"命令，在下级菜单中选择相应的目标项。

4. 重命名文件或文件夹

若有需要，用户可以给文件或文件夹重新命名。重命名的操作方法为：

方法 1：右击需重命名的对象，在弹出的快捷菜单中选择"重命名"选项，输入新名称。

方法 2：选择需重命名的对象，再选择"主页"→"重命名"命令，输入新名称。

方法 3：选择需重命名的对象，再按【F2】键，输入新名称。

5. 设置文件或文件夹属性

文件或文件夹属性是一些描述性的信息，可用来帮助用户查找和整理文件或文件夹。

（1）常见的文件属性

① 系统属性；

② 只读属性；

③ 隐藏属性；

④ 存档属性。

（2）设置文件或文件夹属性

方法 1：在需设置属性的对象上右击，在弹出的快捷菜单中选择"属性"命令，将弹出图 3-14 或图 3-15 所示的对话框，选择需设置的属性，单击"确定"按钮完成设置。

方法 2：选中需设置属性的对象，再选择"主页"→"属性"选项，即可对其属性进行设置。

图 3-14　文件属性

图 3-15　文件夹属性

6. 搜索文件或文件夹

Windows 10 提供了强大的搜索功能，用户可高效地搜索文件。以下为搜索文件的操作步骤：

① 在资源管理器导航窗格中选择要搜索的位置。

② 在搜索框中输入关键字即可开始搜索。在搜索框中输入关键字时，可使用文件名通配符"*"和"？"，利用通配符可使文件名对应多个文件。

③ 若搜索结果过多，可使用多种筛选方法进行筛选。

④ 若要搜索文件内容，可在"搜索"选项卡中的"高级选项"下拉菜单中选中"文件内容"选项，这样就会搜索包含所输入的关键字的文件，如果也选中了"系统文件""压缩的文件夹"选项，那么会把包含关键字的系统文件和压缩文件也找出来。

3.4.3　库

库是 Windows 10 操作系统的一种文件管理模式。库能够快速地组织、查看、管理存在于多个位置的内容，甚至可以像在本地一样管理远程的文件夹。例如，办公室中有五台计算机，则可通过库将它们联系起来。无论用户把文档、音乐、视频、图片存放在哪一台计算机，只要将这些资源添加到库中，就可以在一台计算机中搜索并浏览这些文件。

3.4.4　文件的压缩与解压缩

为了减小文件所占的存储空间，便于远程传输，通常把一个或多个文件（文件夹）压缩成一个文件包。常见的压缩软件有 WinRAR、好压和 WinZip 等。本节以 WinRAR 为例介绍压缩与解压缩方法。

1. 文件压缩

① 打包压缩：在要压缩的对象上右击，在弹出的快捷菜单中选择"添加到*.rar"命令。

② 在压缩包中增加文件：双击打开压缩包，单击"添加"按钮，选择要添加的文件，单

击"确定"按钮完成操作。

③ 设置解压缩密码：在要压缩的对象上右击，在弹出的快捷菜单中选择"添加到压缩文件"命令，在弹出的图 3-16 所示的对话框中单击"设置密码"按钮，即可设置解压缩密码。

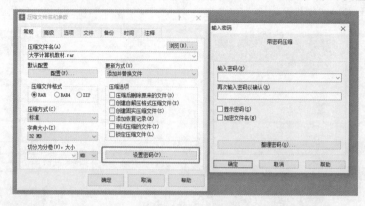

图 3-16　压缩文件设置密码

2. 文件解压缩

用户通过网络下载的各种工具包，基本都是压缩文件，必须先解压缩才能够使用这些工具。

① 解压缩整个压缩包：在压缩文件上右击，在弹出的快捷菜单中选择"解压到当前文件夹"命令，即可把整个压缩包解压到当前目录。

② 解压缩包中的指定文件：双击打开压缩文件，选中指定文件，单击"解压到"按钮，选择解压位置后单击"确定"按钮即可。

3.4.5　常用热键介绍

Windows 10 操作系统在支持鼠标操作的同时也支持键盘操作，许多菜单功能仅利用键盘也能顺利执行，见表 3-2。

表 3-2　常用热键

热键组合	功　能	热键组合	功　能
Ctrl+C	复制	Windows+R	打开运行窗口
Ctrl+X	剪切	Tab	在选项之间向前移动
Ctrl+V	粘贴	Shift+Tab	在选项之间向后移动
Ctrl+Z	撤销	Enter	执行活动选项或按钮所对应的命令
Delete	删除	Space	如果活动选项是复选框,则选中或取消选择复选框
Shift+Delete	永久删除	方向键	如果活动选项是一组单选按钮,则选中某个单选按钮
Ctrl+A	全选	PrintScreen	复制当前屏幕图像到剪贴板
Alt+F4	关闭或者退出当前程序	Alt+PrintScreen	复制当前窗口图像到剪贴板
Alt+Enter	显示所选对象的属性	Windows+E	打开资源管理器
Windows+Tab	时间轴,可看到近几天执行过的任务	Alt+Tab	在打开的项目之间切换

续表

热键组合	功　　能	热键组合	功　　能
Ctrl+Esc	显示"开始"菜单	Windows+A	打开操作中心
Alt+菜单名中带下划线的字母	显示相应的菜单	F1	显示当前程序或 Windows 的帮助功能
Esc	取消当前任务	F2	重命名当前选中的文件
Windows+M	最小化所有窗口	F10	激活当前程序的菜单栏
Windows+I	打开 Windows 设置界面		

 ## 3.5　Windows 10 常用附件使用

3.5.1　任务管理器

任务管理器提供了有关计算机性能的信息，并显示了计算机上所运行的程序和进程的详细信息。如果连接到网络，那么还可以查看网络状态并了解网络是如何工作的。在 Windows 10 中，任务管理器还提供了管理启动项的功能，是维护计算机的主要手段之一。

1. 启动任务管理器

方法 1：按【Ctrl+Alt+Delete】组合键，在弹出的界面中选择"任务管理器"选项。

方法 2：右击任务栏的空白处，在弹出的快捷菜单中选择"任务管理器"命令。

方法 3：按【Ctrl+Shift+Esc】组合键直接打开任务管理器。

2. 终止程序、进程或服务

（1）终止正在运行的应用程序

用户要结束一个正在运行的程序或已经停止响应的程序，只需在图 3-17 所示的"进程"选项卡中选择该应用程序，单击"结束任务"按钮即可。

（2）终止正在运行的进程

用户要结束某一个进程，只需在图 3-17 所示的"进程"选项卡中选择该进程，单击"结束任务"按钮即可。

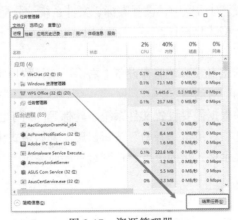

图 3-17　资源管理器

（3）停止或启动服务

用户要停止或启动服务，只需在任务管理器的"服务"选项卡选中该服务，右击，在弹出的快捷菜单中选择"开始"、"停止"或"打开服务"命令即可。

3. 整理自启动程序

启动 Windows 10 时通常会自动启动一些应用程序。过多的自启动程序将会占用大量资源，影响开机运行速度，甚至有些病毒或木马也会在自启动行列，因此就要取消一些没有必要的自启动程序。

按【Win+R】组合键打开"运行"对话框，输入 msconfig，单击"确定"按钮，打开"系统配置"对话框。选择"启动"选项卡，即可以看到所有开机启动项，选择要关闭的程序，单击"全部禁用"。下次开机时，这些程序便不会再自动开启。

3.5.2　磁盘管理

磁盘（disk）是指利用磁记录技术存储数据的存储器，它是计算机主要的存储介质，大部分的操作系统文件和用户文件都存储在磁盘中。常用的磁盘是硬磁盘（hard disk，简称硬盘）。

1. 磁盘格式化

格式化是指对磁盘或磁盘中的分区进行初始化操作，这种操作通常会导致现有磁盘或分区中所有的文件被清除。因此在分区和格式化的时候，最好要对重要的文件做备份。

通常，格式化分为低级格式化和高级格式化两种。低级格式化是指将空白的磁盘划分出可供使用的扇区和磁道并标记有问题的扇区，这些工作通常由硬盘生产商完成。

安装 Windows 10 操作系统时，若分区没有格式化，则安装过程会自动将分区进行格式化。当 Windows 10 操作系统安装之后，也可以通过计算机管理中的磁盘管理功能对分区进行格式化。方法如下：

步骤 1：在"此电脑"图标上右击，弹出快捷菜单中选择"管理"命令，弹出的窗口中选择左侧列表中的"存储|磁盘管理"选项。在此窗口中可以查看硬盘的分区情况、采用的文件系统等信息。

步骤 2：在要格式化的逻辑盘符上右击，如逻辑盘(E:)，在弹出的快捷菜单中选择"格式化"命令。

步骤 3：在"格式化 E:"对话框中，设置卷标、文件系统、分配单元格大小，单击"确定"按钮，对所选的逻辑盘进行格式化操作。

磁盘格式化的另一种方法是：

步骤 1：在要格式化的磁盘或移动储存设备上右击，选择快捷菜单中的"格式化"命令，弹出"格式化 本地磁盘(E:)"对话框。

步骤 2：在此对话框中根据需要设置文件系统、卷标等。对于已格式化过且没有损坏的磁盘，选择"快速格式化"选项，单击"开始"按钮，磁盘开始格式化。

步骤 3：底部进度条显示格式化的进度，达到最右端时系统会弹出格式化完成对话框，提示用户格式化完成。

2. 磁盘属性设置

双击桌面上"此电脑"图标，打开的窗口中右击某一磁盘图标，例如本地磁盘(E:)，在弹出的快捷菜单中选择"属性"命令，打开"磁盘属性"对话框。在此对话框中，可以查看磁盘的类型、使用的文件系统、磁盘使用空间和剩余空间等，也可对磁盘进行清理、查错、碎片整理、备份或设置共享等操作。

（1）磁盘清理

　　在使用计算机的过程中会产生一些垃圾数据，如安装软件时带来的临时文件、上网时的网页缓存及回收站中的文件等，因此要定期进行磁盘管理，使计算机的运行速度不会因为存在太多无用文件、过多的磁盘碎片而导致缓慢，如图 3-18 所示。

（2）碎片整理

　　长期使用计算机后，在磁盘中会产生大量不连续的文件碎片，使得读写文件的速度变慢。利用磁盘碎片整理程序使每个文件或文件夹尽可能占用卷上单独而连续的磁盘空间，提高磁盘文件读写的速度。

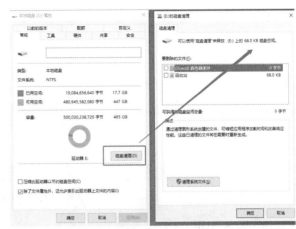

图 3-18　磁盘清理

3.5.3　Windows 10 常用的附件

1. 记事本

　　记事本是一个基本的文本编辑程序，最常用于查看或编辑文本文件。文本文件是通常由 .txt 文件扩展名标识的文件类型。启动记事本的主要方法是选择"开始"→"Windows 附件"→"记事本"命令。记事本窗口如图 3-19 所示。

图 3-19　记事本窗口

2. 写字板

　　写字板是一个可用来创建和编辑文档的文本编辑程序。与记事本不同，写字板文档可以包括复杂的格式和图形，并且可以在写字板内链接或嵌入对象（如图片或其他文档）。启动写字板的主要方法是选择"开始"→"Windows 附件"→"写字板"命令。写字板窗口如图 3-20 所示。

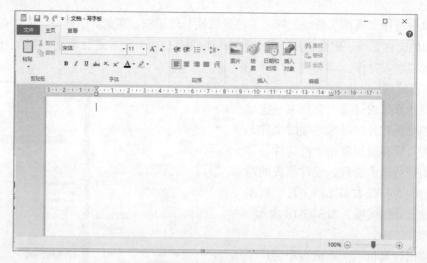

图 3-20　写字板窗口

3. 画图程序

Windows 10 中除了能对文字进行编辑外,还能绘制图形图像并对其编辑。画图程序是 Windows 10 自带的集图形绘制与编辑功能于一身的软件。启动画图程序的主要方法是选择"开始"→"Windows 附件"→"画图"命令。画图窗口如图 3-21 所示。

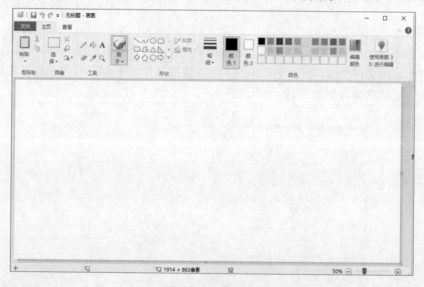

图 3-21　画图窗口

4. 计算器

Windows 10 中的计算器包括标准型、科学型、绘图、程序员和日期计算等五种模式,用户可以使用计算器进行加、减、乘、除等运算。计算器还提供了编程计算器、科学型计算器和统计信息计算器的高级功能。打开计算器的主要方法是选择"开始→"Windows 附件"→"计算器"命令。计算器窗口如图 3-22 所示,切换到科学型计算器窗口如图 3-23 所示。

图 3-22　标准型计算器

图 3-23　科学型计算器

5. 截图工具

Windows 10 自带了截图工具，使用起来方便快捷，用户不必打开第三方截图软件即可进行截图操作。Windows 10 截图工具可以捕获以下任何类型的截图：

① 任意格式截图：围绕对象绘制任意格式的形状。

② 矩形截图：在对象的周围拖动光标构成一个矩形。

③ 窗口截图：选择一个窗口，如希望捕获的浏览器窗口或对话框。

④ 全屏幕截图：捕获整个屏幕。

（1）捕获截图

① 选择"开始"→"Windows 附件"→"截图工具"命令，打开截图工具窗口，如图 3-24 所示。

② 单击"新建"按钮旁边的箭头，从列表中选择"任意格式截图"、"矩形截图"、"窗口截图"或"全屏幕截图"选项，然后选择要捕获的屏幕区域。

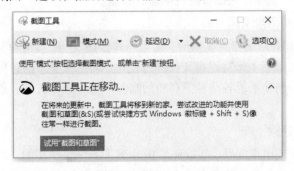
图 3-24　截图工具窗口

（2）捕获菜单截图

① 选择"开始"→"Windows 附件"→"截图工具"命令，打开截图工具窗口。

② 按【Esc】键，然后打开要捕获的菜单。

③ 按【Ctrl+PrintScreen】组合键。

④ 单击"新建"按钮旁边的箭头，从列表中选择"任意格式截图"、"矩形截图"、"窗口截图"或"全屏幕截图"选项，然后选择要捕获的屏幕区域。

（3）给截图添加注释

捕获截图后，在标记窗口中执行在截图上或围绕截图书写或绘图操作可以给截图添加注释。

（4）保存截图

捕获截图后，在标记窗口中单击"保存截图"按钮。在弹出的"另存为"对话框中输入截图的名称，选择保存截图的位置，然后单击"保存"按钮。

（5）共享截图

捕获截图后，单击"发送截图"按钮上的箭头，然后从列表中选择一个选项可以共享截图。

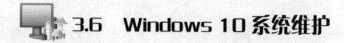

3.6 Windows 10 系统维护

Windows 10 使用不慎有时会导致系统受损或者瘫痪。当进行应用程序的安装与卸载时也可能会造成系统的运行速度降低、系统应用程序冲突明显增加等问题。为了使 Windows 10 正常运行，有必要定期对操作系统进行日常维护。

1. 更新系统

对于新安装的系统或长时间不更新的系统，为了避免被病毒入侵或黑客通过新发现的安全漏洞进行攻击，应该连接 Internet 下载并更新补丁，修复系统漏洞及完善功能。

2. 优化 Windows 10 系统

虽然 Windows 10 的自动化程度很高，但是还需适当做一些优化工作，这对于提高系统的运行速度是很有效的。一些优化方法如下：

① 定期删除不再使用的应用程序及不再使用的字体。

② 驱动程序是硬件和系统的接口，使系统正常管理硬件以及实现硬件功能。驱动的安装是否正确，直接影响到系统的稳定性，驱动的更新也会使整个软硬件稳定性更高。

③ 关闭光盘或闪存盘等存储设备的自动播放功能。

3. 磁盘碎片整理和磁盘清理

可以使用 Windows 10 系统自身提供的"磁盘碎片整理""磁盘清理"工具或其他第三方软件（如 Windows 优化大师等）来对磁盘文件进行优化。对于磁盘中的各种无用文件，使用这些工具可以安全地扫描并删除系统各路径下存放的临时文件、缓存文件、备份文件等，释放部分磁盘空间。

4. 系统的备份和还原

为了防止系统崩溃或出现问题，Windows 10 内置了系统保护功能，它能定期创建还原点，保存注册表设置及一些 Windows 重要信息，选择"开始"→"控制面板"→"系统"→"系统保护"命令，选择"系统保护"选项卡，如图 3-25 所示创建还原点，当系统出现故障时，将还原到某个时间之前能正常运行的版本。还原点功能只针对注册表及一些重要系统设置进行备份，并非对整个操作系统进行备份。

图 3-25　系统保护

小　结

本章介绍了操作系统的概念、功能、分类以及常用操作系统的简介，以及在 Windows 10 中的基本操作、个性化设置、文件管理、常用附件使用和系统维护等方面的内容。介绍了在 Windows 10 中如何启动及退出系统、使用桌面、任务栏、"开始"菜单以及窗口、对话框和菜单的基础操作，同时介绍了如何对系统进行个性化设置、文件管理、常用附件的使用和系统维护与优化等。需要注意的是，在进行操作系统的使用和管理时，需要遵循一些基本的安全和隐私保护的原则，还需注意保持系统的安全更新和备份，以确保数据和系统的安全性和可靠性。

习　题

一、填空题

1. 操作系统的主要功能是处理器管理、作业管理、存储器管理、设备管理和_____。

2. "复制""剪切""粘贴"命令对应的快捷键分别是_____、_____、_____。

3. Windows 的整个工作屏幕称为_____，主要由_____、_____、_____构成。

4. 按【Ctrl+Alt+Delete】组合键，打开_____窗口。

5. Windows_____功能比控制面板更强大，用户通过它可根据自己的喜好对系统的外观、语言、时间、网络、硬件等进行设置和管理。

6. 按_____键可在当前打开的各窗口之间进行切换。

7. 输入法之间循环切换的快捷键是_____。

8. 为了减少文件传送时间和节省磁盘空间，可使用 WinRAR 软件对文件进行_____操作。

二、选择题

1. 下列（　　）操作系统不是微软公司开发的操作系统。

　　A．Windows Server 2012　　　　　　B．Windows 10

　　C．Linux　　　　　　　　　　　　　D．Windows XP

2. 在搜索文件时，"?"代表所在位置的（　　）个字符。

A. 1   B. 2   C. 3   D. 4

3. 操作系统管理计算机系统的（　　　）。

     A. 软件和硬件资源   B. 网络资源   C. 软件资源   D. 硬件资源

4. 通常，Windows 10 刚刚安装完毕后，桌面上只有（　　　）项。

     A. 回收站   B. 计算机   C. 网络   D. 控制面板

5. 文件的类型可以根据（　　　）来识别。

     A. 文件的用途   B. 文件的大小

     C. 文件的存放位置   D. 文件的扩展名

6. 在"文件资源管理器"窗口中，若选定不连续的多个文件或文件夹，正确的操作是（　　　）。

     A. 按住【Alt】键，分别单击要选定的文件或文件夹

     B. 按住【Ctrl】键，分别单击要选定的文件或文件夹

     C. 按住【Shift】键，分别单击要选定的文件或文件夹

     D. 按住【Shift】键，单击要选定的始末文件或文件夹

7. 下列（　　　）设置不是 Windows 10 中的个性化设置。

     A. 回收站   B. 桌面背景   C. 窗口颜色   D. 声音

8. 系统出现"死机"，可能存在某些未响应的程序，可通过（　　　）终止未响应的程序，以恢复系统正常运行。

     A. 任务管理器   B. 对话框   C. 窗口   D. 快捷键

9. 在 Windows 10 中，粘贴命令的快捷键是（　　　）。

     A. 【Ctrl+C】   B. 【Ctrl+X】   C. 【Ctrl+A】   D. 【Ctrl+V】

10. 在同一文件夹中，下列说法正确的是（　　　）。

     A. 允许有同名的文件

     B. 不允许有同名的文件或文件夹

     C. 不允许有同名的文件，但允许有同名的文件夹

     D. 允许有同名的文件夹

11. 下列不属于文件的属性是（　　　）。

     A. 只读   B. 隐藏   C. 存档   D. 只写

12. 在回收站上右击，不会出现的是（　　　）。

     A. 清空回收站   B. 重命名   C. 资源管理器   D. 打开

13. 彻底删除文件或文件夹的快捷键是（　　　）。

     A. 【Shift+Esc】   B. 【Shift+Delete】

     C. 【Ctrl+Delete】   D. 【Alt+Delete】

14. 若在桌面创建某一个程序的快捷图标，正确的操作是（　　　）。

     A. 单击"开始"按钮，在程序上右击，在弹出的快捷菜单中选择"更多"|"打开文件位置"命令，在该程序的快捷图标上右击，在弹出的快捷菜单中选择"发送到"|"桌面快捷方式"命令

     B. 在要创建快捷方式程序图标上右击，在弹出的快捷菜单中选择"发送到"|"桌面快捷方式"命令

C．右击并在快捷菜单中选择"新建"→"快捷方式"命令

D．右击并在快捷菜单中选择"新建"→"固定到桌面"命令

15．使用计算机时，若暂时离开计算机，关机觉得麻烦，不关机又担心其他人使用自己的计算机或查看计算机上的一些东西，这个时候选择（　　　）无疑是最好的方法。

A．分辨率　　　　B．锁屏界面　　　　C．刷新频率　　　　D．主题

三、上机操作题

1．在"计算机"窗口的右窗格中，选定任意连续的多个对象和不连续的多个对象。

2．将任务栏移动到窗口的左侧，隐藏"声音"图标。

3．打开几个窗口，分别将它们"层叠"、"堆叠显示"和"并排显示"。

4．在 D 盘下先建立"学习"文件夹，然后在此文件夹下建立"计算机"子文件夹。

5．查找计算机中名称中带"x"的、扩展名为.ppt 的所有文件，并将它们复制到"计算机"文件夹中。

6．将"计算机"文件夹删除，若存在于"回收站"中，还原"回收站"。

7．置显示鼠标踪迹。

8．为当前使用的计算机创建名为 Hello 的新账户，密码为 1234，再删除该账户。

第4章 WPS文字处理

在文字处理软件领域，国产软件 WPS Office 不断创新。WPS Office 2022 涵盖了 WPS 文字、WPS 表格、WPS 演示三大基础的功能，具有兼容性强、高效稳定的特点。WPS Office 软件全面支持 PDF，能够帮助用户更快捷的阅读 PDF 文件，覆盖 Windows、Linux、Android、iOS 等多个平台。它适用于众多的普通计算机用户、办公室人员和专业排版人员。大学快毕业了，要写论文；找工作需要准备好简历，好的简历首先就会给应聘公司留下良好的第一印象，为成功就业打好基础；工作了，要写报告、发信函、做总结……所有这些，WPS 文字都能帮你轻松完成。

本章主要介绍 WPS 文字的文档编辑、排版、图形和图像的编辑、打印及表格处理等基础知识。

 ## 4.1 WPS 文字的基本概念和基本操作

本节介绍 WPS 文字的特点和基础操作，如一些窗口模块的介绍和软件的启动、退出等内容，为之后熟练运用 WPS 文字的高级功能打下基础。

WPS Office 办公系列软件主要包括三大基础功能：文字处理软件 WPS 文字、电子表格处理软件 WPS 表格和演示文稿制作软件 WPS 演示。WPS 文字是其中重要的组成部分。

WPS 文字的版本众多，现在比较常用的有 WPS 文字 2016、WPS 文字 2019、WPS 文字 2022 等。本书介绍的是版本稳定且功能强大的 WPS 文字 2022。WPS 文字 2022 在之前版本的基础上新增了不少功能，其功能更完善，操作更方便。

WPS 文字 2022 运行环境推荐：在 Windows 10 及以上系统环境下运行。

4.1.1 WPS 文字的特点

1. 更加便捷的搜索和导航体验

用户可以按照图形、表、脚注和注释来查找内容。改进的导航窗格为用户提供了文档的直观表示形式，使用户对所需内容进行快速浏览、排序和查找。

2. 协作文档

WPS 文字的协作文档功能改变了人们的办公方式。对于企业和组织来说，该功能为用户提供了更直接的对接方式，大大提高了团队创作效率。利用共同创作功能，用户在编辑文档的同时可以与企业或组织分享自己的观点和意见。

3. 访问和分享文档更加方便

通过将文档保存后上传至云端，发布文档，然后通过计算机或者其他终端在任何地方访问、查看和编辑这些文档。通过 WPS 文字，用户可以在多个地点和多种设备上编辑文档时，且不会削弱已经习惯的高质量查看体验。

4. 向文本添加视觉效果

利用 WPS 文字，用户可以向文本应用图像效果（如阴影、凹凸、发光和映像）。用户也可以向文本应用格式设置，以便与用户的图像实现无缝混合。其操作快速、轻松，只需单击几次鼠标即可。

5. 将用户的文本转化为引人注目的图表

利用 WPS 文字提供的更多选项，用户可将视觉效果添加到文档中。用户可以从智能图形（SmartArt）中选择，以在数分钟内构建令人印象深刻的图表。SmartArt 中的图形功能同样可以将文本转换为引人注目的视觉图形，以便更好地展示用户的创意。

6. 向文档加入视觉效果

利用 WPS 文字中的图片工具，无须其他照片编辑软件，即可插入、剪裁和添加图片特效。用户也可以更改图片的颜色、饱和度、色温、亮度以及对比度，以轻松将简单文档转化为艺术作品。

7. 恢复用户认为已丢失的工作

WPS 文字可设置为实时保存文档，即使用户没有保存该文档，也可以从文档的历史版本中选择恢复对应编辑时间的草稿。

8. 跨越沟通障碍

利用 WPS 文字，用户可以轻松跨不同语言沟通交流，翻译单词、词组或文档；可针对屏幕提示、帮助内容和显示内容分别进行不同的语言设置。用户甚至可以将完整的文档发送到网站进行并行翻译。

9. 将屏幕快照插入文档中

插入屏幕快照，以便快捷捕获可视图示，并将其合并到用户的工作中。当跨文档重用屏幕快照时，可以直接通过"复制粘贴"的方式将图片迁移。

10. 利用增强的用户体验完成更多工作

WPS 文字丰富了用户使用功能的方式。在"文件"菜单有丰富的命令指示，用户只需单击几次鼠标，即可保存、打印、转换文件格式和分享文档。利用功能区，用户可以快速访问常用的命令，并自定义菜单栏。

4.1.2　WPS 文字的启动和退出

1. 启动

WPS Office 2022 安装完毕后，就可以启动 WPS Office 软件创建文档了。启动 WPS 文字的方法有三种：

① 选择"开始"→"程序"→"WPS Office"命令，单击"新建"按钮，在打开的新页面中单击"新建文字"按钮，在右侧窗口中单击"空白文档"按钮。

② 双击桌面快捷图标。若桌面没有快捷图标，可使用以下方法创建：选择"开始"→"程序"→"WPS Office"，右击 ksolaunch.exe 应用程序，在弹出的快捷菜单中选择"发送到"→"桌面快捷方式"命令。操作完毕回到桌面即可看到创建好的 WPS Office 快捷图标。

③ 双击计算机中现有的 WPS 文字文档，启动 WPS Office 软件的同时打开该 WPS 文字文档。

2. 退出

系统提供了多种退出 WPS 文字的方法，可选择以下任意一种方式：

① 单击标签栏最右端的"关闭"按钮。

② 单击"文件"菜单，在弹出的下拉菜单中选择"退出"命令。

③ 按【Alt+F4】组合键。

4.1.3 WPS 文字的窗口组成

WPS 文字启动后，工作界面如图 4-1 所示。文档的所有创建工作都将在这个界面进行。

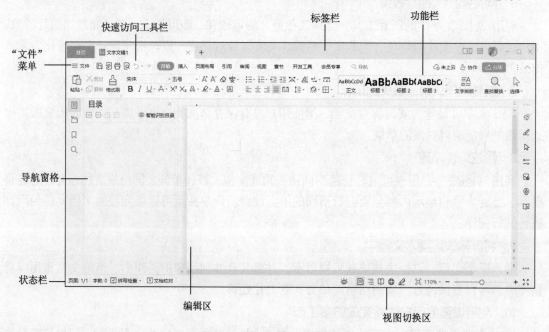

图 4-1　WPS 文字工作界面

WPS 文字的工作窗口界面由标签栏、快速访问工具栏、"文件"菜单、功能区、编辑区、视图切换区、导航窗格、状态栏等部分组成，下面分别介绍各个部分。

1. 标签栏

标签栏是位于窗口最上方的长条区域，用于显示应用程序名和当前正在编辑的文档名等信息。单击"+"按钮，可以新建文档，打开多个文档时可以通过单击文档名称快速切换，右侧可以登录，单击最左侧的"首页"标签可以管理所有文档。在右端提供"最小化"、"最大化/还原"和"关闭"按钮来管理界面，如图 4-2 所示。启动 WPS 文字后，会自动新建一个 WPS 文字文档，标签栏显示新文档默认的文件名"文字文稿 1"。

图 4-2　标签栏

2. 快速访问工具栏

快速访问工具栏中包含一些常用的命令按钮，单击某个按钮，可快速执行相应命令。默认情况下，会显示"保存"、"输出为 PDF"、"打印"、"打印预览"、"撤销"和"恢复"按钮。单击右侧的"自定义快速访问工具栏"按钮，在弹出的下拉列表中可根据需要进行添加和更改，如可以选择"新建""打开"等，此时这些按钮即添加到快速访问工具栏中，如图 4-3 所示

3. "文件"菜单

"文件"菜单内包含了对文件的一些基本操作，如"新建""打开""保存""另存为""输出为 PDF""打印""退出"等命令，如图 4-4 所示。除此之外，还包含"选项"命令，利用该命令可对在使用 WPS 文字时的一些常规选项进行设置。再次单击"文件"选项卡或其他选项卡即可关闭其下拉列表。

图 4-3　快速访问工具栏

图 4-4　"文件"菜单命令

4. 功能区

WPS 文字的功能区由选项卡、选项组和一些命令按钮组成，包含用于文档操作的命令集，几乎涵盖了所有的按钮和对话框。选项卡位于功能区的顶部，默认显示的选项卡有开始、插入、页面布局、引用、审阅、视图和章节，另外还有一些隐藏的选项卡，如"图片工具"选项卡，只有当选中图片时该选项卡才会显示。

根据功能的不同每个选项卡下又包括若干选项组，单击某个选项卡，在选项卡下面就显示其包含的各个选项组，默认选中的是"开始"选项卡，它包含剪贴板、字体、段落、样式、编辑等选项组，如图 4-5 所示。在各个选项组中又包含一些命令按钮和下拉列表等，用以完成对文档的各种操作。

图 4-5 功能区

5. 编辑区

编辑区就是功能区下方的白色区域（见图 4-6），用于显示当前正在编辑的文档内容。文档的各种操作都是在编辑区中完成的。

6. 视图切换区

视图指文档的显示方式，视图切换区（见图 4-7）位于编辑区的右下角。通过单击视图方式按钮可以方便地切换到相应视图中，还可以拖动缩放滑块调整文档的缩放比例。

7. 导航窗格

导航窗格（见图 4-8）显示在编辑区的左侧，可显示文档目录章节，可以帮助用户快速跳转目标位置。

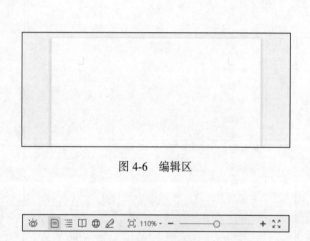

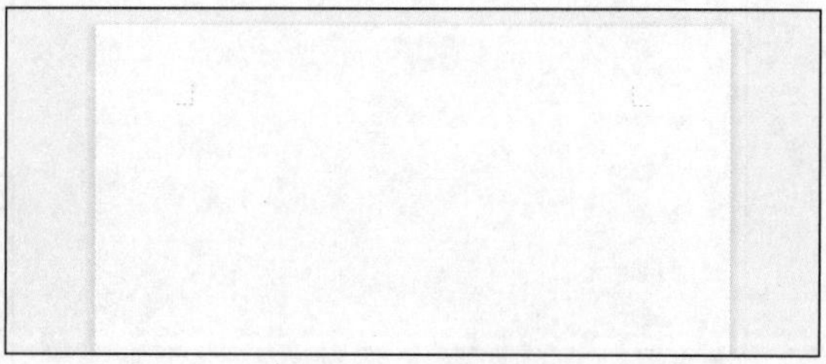

图 4-6 编辑区

图 4-8 导航窗格

图 4-7 视图切换区

8. 状态栏

状态栏在 WPS 文字窗口的左下方，主要用于显示当前文档的工作状态，如当前页数、字数、输入状态等。

4.1.4 WPS 文字的视图方式

视图即文档窗口的显示方式，每种视图按自己不同的方式显示和编辑文档。WPS 文字提供了五种常用视图，分别是阅读版式视图、写作模式、页面视图、大纲视图和 Web 版式视图，如图 4-9 所示。

图 4-9 视图方式

1. 阅读版式视图

阅读版式视图以分栏样式显示，仅提供少部分功能以便于在计算机屏幕上简洁阅读文档，尤其是较长的文档。在阅读版式状态下，可以浏览文档，也可以适当编辑文档。

2. 写作模式

WPS 写作模式界面比较简洁，只有素材推荐、文档校对、导航窗格、统计、公文工具箱、文字工具箱、历史版本、设置、反馈和投票中心，以及文字相关格式按钮。取消了页面边距、分栏、页眉页脚和图片等元素。

3. 页面视图

页面视图中所见到的文档效果与实际打印效果一致，是最常用的视图方式。它以页面的形式显示编辑的文档，文档中所有的对象（文字、图片、图形、页眉和页脚、页码、分栏效果、页边距等其他元素，背景除外）都可以在这里完整地显示出来。

4. 大纲视图

在大纲视图中的文档被组织成多层次结构，并且根据段落的大纲级别设置可以有层次地折叠和展开，以方便查看文档的结构、主要标题以及正文内容，故大纲一般都在排版、做页码时使用。

在大纲视图中，除了查看外，还可以通过拖动标题来移动、复制和重新组织文本，并且使得较长文档（如有很多章节的书和杂志）的组织和维护更为简单易行。大纲视图中不显示页边距、页眉和页脚、图片和背景。

5. Web 版式视图

在 Web 版式视图中，可以创建 Web 页或文档。Web 视图是为浏览以网页为主的内容而设计的，在 Web 版式视图中阅读会很方便。它不以实际打印的效果显示文字，而是像使用浏览器一般，使文字和段落自适应当前窗口的大小，并且使用时可以添加文档背景颜色和图案，且图案位置与在 Web 浏览器中的位置一致。

4.2　WPS 文字文档操作

4.2.1　新建文档

启动 WPS 文字，WPS 文字会自动新建一个名为"文字文稿 1"的空白文档，可在其中输入文本，也可以再创建一个新的文档。新建文档的方法有两种：菜单创建操作和快捷创建操作。

1. 菜单创建操作方法

如图 4-10 所示，单击"文件"菜单→"新建"命令，在弹出的"新建"界面中选择"新建文字"选项卡，如图 4-11 所示，单击"空白文档"按钮。执行操作后，将创建一个命名为"文字文稿 2"的空白文档。

2. 快捷创建方法

单击"新建标签"按钮 +，可直接弹出图 4-11 所示的"新建"界面，选择"新建文字"选项卡，单击"空白文档"按钮即可完成创建。

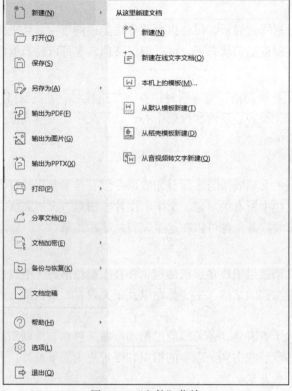

图 4-10 "文件"菜单

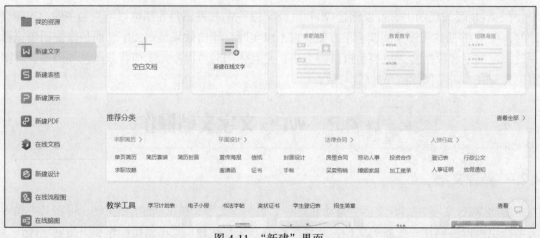

图 4-11 "新建"界面

4.2.2 编辑文档

新建一个文档后，光标将在新建文档的第一行第一列位置闪烁，在 WPS 文字中称之为插入点。

对于 WPS 文字文档的编辑主要是文字和符号的录入。若录入的是中文、字母或数字，可通过键盘输入。当输入中文时，应选择适合自己的中文输入法，如五笔或者拼音。

输入过程中要注意的是输入法的切换。一般情况下，各个不同输入法之间切换可以使用

【Ctrl+Shift】组合键。输入字母或数字时，应默认为英文输入法状态下输入，可以使用【Ctrl+空格】组合键快速切换英文输入。

相比文字的录入，符号的录入要复杂一些。部分符号如标点符号"、"等可直接使用键盘输入，部分特殊符号无法通过键盘输入，则需要单击"插入"选项卡中的"符号"按钮，在打开的"符号"对话框中选择合适的符号进行插入操作，如图 4-12 所示。

图 4-12　"符号"对话框

4.2.3　保存文档

为了避免数据丢失，应养成实时保存的习惯。保存文档一方面可将已经编辑好的文档以原方式保存，另一方面也是为了防止因断电或其他意外事故而造成编辑的内容丢失，因此在录入或编辑文档的过程中要注意随时保存文档。

1. 保存文档

① 单击"文件"菜单中的"保存"或"另存为"按钮进行保存。若文档是第一次进行保存，单击"保存"按钮将直接执行"另存为"操作，都会弹出图 4-13 所示的"另存文件"对话框。在"另存文件"对话框中选择文件的保存位置，选择文件的保存类型，输入要保存的文件名，单击"保存"按钮，即可成功保存文件。在默认不改变保存类型的情况下，WPS 文字文档的扩展名为.wps。

若该文档存在于具体的存储位置，选择"保存"命令将以原文件名、原文件类型在其原存储位置上进行保存。若想修改文档的文件名称，或更新文档存储位置，可以选择"另存为"命令。WPS 文字保存文档的默认文件夹是"我的文档"文件夹，如果不使用该文件夹，需选择新的存储地址。另外，WPS 文字允许以其他文件方式保存文档，如纯文本、HTML 等。

对于编辑文档而言，应该有更新即保存的意识和习惯。因为在录入的过程中，有可能会出现各种意外，如断电、操作错误或系统故障。若事先没进行保存操作，那将浪费在此之前的时间、精力和付出。想要避免出现这种情况，在新建完一个文档后，应立即保存文档，并进行自动保存的设置，将损失减少到最低。

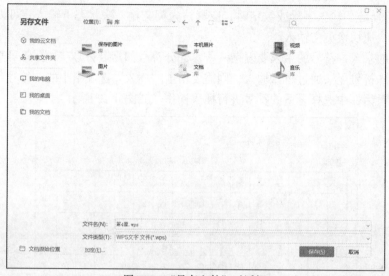

图 4-13 "另存文件"对话框

WPS 文字为用户提供了智能的保存方式，为用户使用文档编辑保驾护航。设置方法如下：

单击"文件"菜单，选择"备份与恢复"命令，单击"备份中心"按钮，弹出"备份中心"对话框，单击右上角的"本地备份设置"按钮，弹出"本地备份设置"对话框，如图 4-14 所示，该选项卡中有四种备份方式，分别是"智能备份"、"定时备份"、"增量备份"和"关闭备份"。默认情况下，WPS 文字将执行"增量备份"操作，该操作对文档的变化进行实时备份，备份速度快且可以节约存储空间。其他备份方式各有优势，用户可以根据需要选择不同的备份方式对文档进行更新保存。如果系统发生故障而停机，待重新开机进入 WPS 文字后，可以此文档备份恢复原有的编辑状态。

图 4-14 "本地备份设置"对话框

② 可以使用快速访问工具栏中的"保存"按钮 ⬚ 或者使用快捷键【Ctrl+S】进行保存。该方式的效果和"文件"菜单中的"保存"命令是一致的，不再多作介绍。

2. 保护文档

在保存文档的过程中，也需要保护文档。存放好文件后，对于重要的文档，用户并不希望他人能够随意浏览，为此 WPS 文字为文档提供了一定的保护措施。

WPS 文字文档可以通过设置密码来进行保护。单击"文件"菜单中的"选项"命令，在弹出的"选项"对话框中，选择"安全性"选项卡，如图 4-15 所示。在该选项卡中可以设置操作用户的具体权限。一旦设置了密码，若想要打开文档或修改文档，则须输入正确的密码。

图 4-15　设置加密

4.3　文本编辑排版

4.3.1　文本的选定

在 WPS 文字中经常需要对文本内容进行编辑操作，要遵循"先选定，后操作"原则。

1. 鼠标选定

如果选定一个字或词时，鼠标指针移动到该词上双击即可。或者直接单击所选目标对象最左侧或最右侧后拖动鼠标，选中该目标对象，选中的文本将出现深色底纹。

如果选定行时，鼠标指针移动至编辑区左侧对应目标行空白处，当光标变成向右箭头形状时单击即可选定一行；如果双击该段落任意行，可以选定一段；如果三击任一行，可以选定整个文档。鼠标选定具体操作见表 4-1。

表 4-1　鼠标选定具体操作

选 择 内 容	操 作 方 法
任意数量的文字	拖动这些文字
一个单词	双击该单词
一行文字	在选定区，单击该行

续表

选 择 内 容	操 作 方 法
多行文字	在选定区，单击首行，向下拖动鼠标
一个段落	在选定区，双击该段中的任意一行
整篇文档	在选定区，三击任意一行或在空白处直接按【Ctrl+A】组合键
连续区域文字	单击开始处，然后按住【Shift】键，单击所选内容的结束处
不连续区域文字	单击开始处，然后按住【Ctrl】键，拖动鼠标
矩形区域文字	按住【Alt】键，拖动鼠标

2. 键盘选定

选定操作可以用键盘来完成。键盘选定具体操作见表 4-2。

表 4-2　键盘选定具体操作

选 定 范 围	操 作 键	选 定 范 围	操 作 键
右侧一个字符	Shift+→	到段落末尾	Ctrl+Shift+↓
左侧一个字符	Shift+←	到段落开头	Ctrl+Shift+↑
光标前一个单词	Ctrl+Shift+→	下一屏	Shift+PgDn
光标后一个单词	Ctrl+Shift+←	上一屏	Shift+PgUp
到行末	Shift+End	到文档末尾	Ctrl+Shift+End
到行首	Shift+Home	到文档开头	Ctrl+Shift+Home
下一行	Shift+↓	整个文档	Ctrl+A
上一行	Shift+↑		

4.3.2　文本的复制、移动、删除

在对文本进行复制、移动和删除操作时，要遵循"先选定，后操作"原则。

1. 复制

选定一个对象后，可根据实际需要对这个对象进行任意次数的复制。如图 4-16 所示，"花朵"符号和"蜡烛"符号在文档中重复出现多次，若一个个添加势必影响工作效率，最好采用复制方式。

图 4-16　复制符号

复制的操作步骤如下：

① 选定要复制的对象。

② 单击"开始"选项卡中的"复制"按钮 🗐复制（或使用快捷键【Ctrl+C】，或右击并在弹出的快捷菜单中选择"复制"命令）。此操作是将事先所选定的文本复制到剪贴板，原文档中所选的文本内容保持不变。

③ 将光标定位到要复制的位置。

④ 单击"开始"选项卡中的"粘贴"按钮 📋粘贴（或使用快捷键【Ctrl+V】，或右击并在弹出的快捷菜单中选择"粘贴"命令）。此操作是将已存储在剪贴板上的文本内容插入鼠标指针所在的位置，原内容后移。

复制完毕后，存放在剪贴板上的文本仍然存在，可任意次将它取出再次粘贴。粘贴操作可反复进行。

还有一种复制文本的方法：先选中要复制的对象，按住键盘上的【Ctrl】键不放的同时，按住鼠标左键不放拖动选中的对象至目的地后再放开鼠标左键，复制操作完成。

2. 移动

移动操作就是指把文本从原位置移动目标位置。移动操作非常简单，常用的有两种方法：

① 用命令操作：选择要移动的对象，单击"开始"选项卡中的"剪切"按钮 ✕剪切（或使用快捷键【Ctrl+X】，或右击并在弹出的快捷菜单中选择"剪切"命令）后，将光标移到新位置，单击"开始"选项卡中的"粘贴"按钮（或使用快捷键【Ctrl+V】，或右击并在弹出的快捷菜单中选择"粘贴"命令）进行粘贴。此操作是将事先所选定的对象剪切到剪贴板，原文档中所选的文本内容被删除。

② 用鼠标操作：选择要移动的对象区域，拖动鼠标到目标位置。

复制和剪切都是将选中的文本暂时存放在剪贴板上，不同的是复制操作在原位置上保留了选定的文本，经粘贴后在新位置上又复制出内容相同的一份文本；而剪切操作使选定的文本从原位置上消失了，经粘贴后，剪切下来的文本出现在新位置上，若不经过粘贴则相当于删除了选定文本。

3. 删除

输入文本后，若发现输入的字符有错误，就要进行删除操作。常见的删除操作有如下三种：

① 删除插入点前面的文字，按【Backspace】键。

② 删除插入点后面的文字，按【Delete】键。

③ 删除一块连续的文本，先选定这块文本，然后按【Delete】键或【Backspace】键或空格键。

4.3.3 撤销和恢复

在编辑文档的过程中，撤销和恢复操作为用户提供了极大的便利，使得编辑过程中的容错率大大提升，可自定义具体能够执行的操作步数。可选择"文件"菜单→"选项"命令，在弹出的"选项"对话框中选择"编辑"选项卡，如图 4-17 所示，修改"编辑选项"对话框中的"撤销/恢复操作步数"的值后单击"确定"按钮，重启该文档即可。

图 4-17 "编辑"选项卡

1. 撤销

在执行各种操作时，有可能不小心进行了错误的操作，如不必要的删除、复制和移动等。可以使用以下方法执行"撤销"操作：

① 单击快速访问工具栏中的"撤销"按钮 ↺ 。

② 使用快捷键【Ctrl+Z】。

③ 想要撤销多步操作，可以单击快速访问工具栏中"撤销"按钮 ↺ 右侧的下拉箭头，然后单击想要撤销的操作。

2. 恢复

如果撤销原操作后又希望恢复撤销前的操作，则可使用"恢复"操作进行恢复。"恢复"操作是与"撤销"操作相反的操作，能够恢复之前已"撤销"的操作。"恢复"操作常用的方法有：

① 单击快速访问工具栏中的"恢复"按钮 ↻ 。

② 使用快捷键【Ctrl+Y】。

4.3.4 查找和替换

在修改较长的文档篇章时，逐字查找需要修改的地方既麻烦又费时，WPS 文字为用户提供了查找和替换功能。使用"查找"命令，可以直接通过输入的关键字对全文或指定区域内进行查找定位。使用"替换"命令则可以将查找到的内容进行逐个替换或全部替换。便捷的操作为用户带来了良好的体验。

查找某文本可单击"开始"选项卡中的"查找"按钮，也可使用快捷键【Ctrl+F】。如要在文档中查找"wps 文字"文本，"查找和替换"对话框如图 4-18 所示。

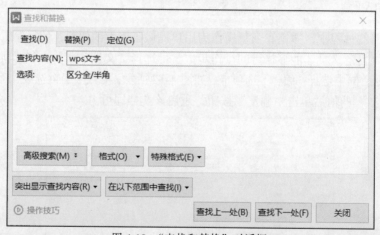

图 4-18 "查找和替换"对话框

通过刚才的"查找"操作，发现"wps 文字"在文档中出现多次。现需要将"wps 文字"修改为"WPS 文字"，即英文更改为大写。逐个修改工作量大且不便，可以使用替换功能进行全部替换。在图 4-18 所示的"查找和替换"对话框中选择"替换"选项卡（或使用【Ctrl+H】快捷键，弹出"查找和替换"对话框的"替换"选项卡），单击"全部替换"按钮即可完成替换操作，如图 4-19 所示。

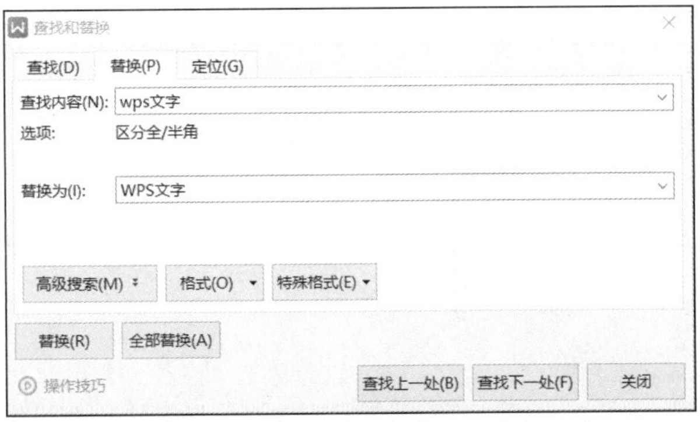

图 4-19　"替换"选项卡

除了前面所讲的普通替换外，WPS 文字还可替换文档中已设置的格式和特殊字符。例如，将文档中所有宋体的四号字替换成黑体的小四号字。

选中"查找内容"后的文本框，单击对话框下方的"格式"按钮，从弹出的菜单中选择"字体"选项，设置为宋体、四号；然后把光标移到"替换为"后的文本框中，同样单击对话框下方的"格式"按钮，设置为黑体、小四号，最后单击"全部替换"按钮即完成替换工作。

替换特殊字符与替换格式操作基本相似，只是要单击对话框下方的"特殊格式"按钮，从弹出的列表中选择需要替换的特殊符号即可。

在实际的文档编辑过程中，有时会将其他格式（如网页、PDF 文档）的文本复制到 WPS 文字文档中，这样往往会存在这样一个问题：在将文本内容放入 WPS 文字文档的同时，会将文本中多余的段落标记符（也可能是手动换行符或空格）也复制过来。最原始的解决办法是手工删除。可是这样的符号往往是数以百计的，手工删除实在是太慢太麻烦了。这时就可使用替换特殊字符操作。下面以删除段落标记符为例进行介绍。

选中"查找内容"后的文本框，单击对话框下方的"特殊格式"按钮，在弹出的列表中选择"段落标记"，"替换为"文本框中留空（见图 4-20），然后单击"全部替换"按钮即可。

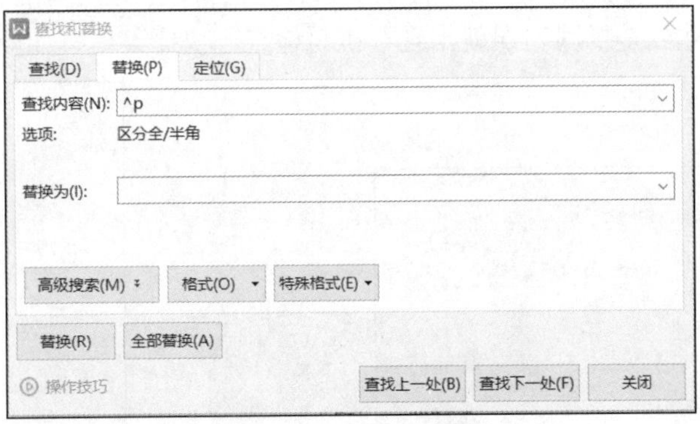

图 4-20　特殊字符替换

WPS 文字的查找和替换功能是十分强大的，但是一定要注意字母大小写和全角半角之分。

4.3.5　拼写和语法错误

此项功能是针对录入和编辑文档时出现的拼写和语法错误而进行的，既可检查中文，也可检查英文。要想充分利用此功能，首先必须设置拼写检查功能。

设置路径如下：选择"文件"菜单→"选项"命令，在弹出的"选项"对话框中选择"拼写检查"选项卡，如图 4-21 所示。

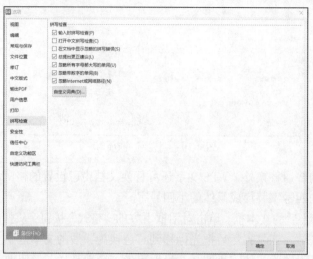

图 4-21　"拼写检查"选项卡

"拼写检查"功能设置好之后，就可使用它进行拼写和语法方面的检查操作了。将光标置于文档起始位置，单击"审阅"选项卡中的"拼写检查"按钮，系统就从光标所在处开始向下进行检查，当发现有拼写或语法错误时，弹出"拼写检查"对话框，如图 4-22 所示。

在"拼写检查"对话框的"检查的段落"文本框中显示出当前错误的句子，错误部分"pdf"以红色加粗显示出来，在"更改为"文本框中输入修改后的单词，或在"建议更改"文本框中选择系统的修改建议选项。根据需要可以选择"更改"更改当前拼写，或"全部更改"更改该文档中的全部拼写；也可以选择"忽略"或"全部忽略"操作，忽视当前或该文档的相关拼写。

实际上，只要设置好了"拼写和语法"功能，WPS 系统的拼写和语法检查就会自动开始。系统一旦判定某处有错，就会在该语句下标记一条红色波浪线。这时可右击加有波浪线的部分，弹出快捷菜单。如果此处是拼写错误就出现"拼写检查"快捷菜单，如图 4-23 所示。

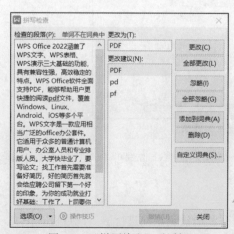

图 4-22　"拼写检查"对话框

图 4-23　"拼写检查"快捷菜单

4.3.6　字符格式

为了改变文档的外观显示，使之层次分明、重点突出，展示自己特有的风格，可以通过设置字体格式修饰文档。

字符格式主要指一个字符的字号、字体、字形、字体效果等。文档不同的部分字符格式是不同的，所以用户可根据自己的需要设置格式。WPS 文字字形、字体、字号的默认设置值是常规字形、宋体（正文）、5 号。

对字符格式的设置有两种情况：一种是对已输入的字符进行设置；另一种是在输入数据之前预先设置好，使后面输入的字符为所选的格式。

下面介绍对已输入的字符进行字符格式的设置：选定要设置格式的文本，单击"开始"选项卡的字体栏右下角的下拉按钮（或右击目标文本，选择快捷菜单中的"字体"命令，弹出图 4-24 所示的"字体"对话框）。

图 4-24　"字体"对话框

若要设置的字符格式比较简单，可直接使用"开始"选项卡的字体组中设置，如图 4-25 所示。

图 4-25　字体组

1. 字号

在 WPS 文字中使用字号来度量字符大小，按字号由大到小排列。还可以使用"磅"作为字符大小的度量单位。

2. 字体

WPS 文字为文字提供了多种字体，如"宋体""隶书""黑体""楷体""幼圆"等。英文字默认的是 Calibri（正文）字体。图 4-26 所示为几种不同的字体样式。

3. 字形

WPS 文字提供的字形有常规、斜体、加粗、加粗和斜体。

4. 字体效果

WPS 文字的字体效果有设置上下标、空心字、加删除线等，如图 4-27 所示。

5．字符间距

字符间距是指相邻两个字符之间的距离。通常 WPS 文字会自动设置字符间距，通过扩大或缩小间距可使文本更突出，如图 4-28 所示。

图 4-26　字体样式　　　　　图 4-27　字体效果　　　　图 4-28　"字符间距"示例

"缩放"选项是对字符本身进行加宽或紧缩，用百分数来表示。缩放值为 100% 时，字的宽高为系统默认值；缩放值大于 100% 时为扁形字；小于 100% 时为长形字。

"间距"选项是对字符之间的距离进行加宽或紧缩，有"加宽""紧缩""标准"三种方式。

"位置"是指字符可以在标准位置上升降，有"标准""上升""下降"三种方式。

4.3.7　段落格式

段落是文档的一个基本单位，在 WPS 文字文档中每按一下【Enter】键，即产生一个段落标记" ↵ "，用以结束段落，默认情况下设置为不显示该标记，可在"开始"选项卡中单击"显示/隐藏编辑标记"下拉按钮设置是否隐藏标记。

设置段落格式，主要包括文本对齐、文本缩进、行间距和段间距等。

段落格式只作用于当前段落或选定的段落。段落格式设置的方法如下：

方法 1：使用格式组中的命令，如图 4-29 所示。

方法 2：使用标尺设置段落缩进。

段落缩进是指文本与页边距之间的距离，不要将段落缩进与设置左右页边距相混淆。页边距是确定正文的宽度，而缩进是使所选段落与其他文本在位置上产生一定的偏移。

若看不到标尺，则选中"视图"选项卡中的"标尺"复选框让其显示出来。在这里，使用的是水平标尺。标尺中主要有"首行缩进""左缩进""右缩进""悬挂缩进"四个游标，如图 4-30 所示。

图 4-29　格式组　　　　　　　　　　　　图 4-30　标尺

① 首行缩进图标：用来控制段落中第一行第一个字的起始位。

② 悬挂缩进图标：用来控制段落中首行以外的其他行的起始位。

③ 左缩进图标：用来控制段落左边界缩进的位置。

④ 右缩进图标：用来控制段落右边界缩进的位置。

移动缩进图标的方法很简单，只要将鼠标指向缩进图标，按住鼠标左键不放拖动到适当的位置再松开鼠标左键即可。

【例 4-1】使用标尺设置段落格式，要求左缩进 4 字符，首行再向内缩进 2 字符，右缩进 6 字符。效果如图 4-31 所示。

去的尽管去了，来的尽管来着，去来的中间，又怎样地匆匆呢？早上我起来的时候，小屋里射进两三方斜斜的太阳。太阳他有脚啊，轻轻悄悄地挪移了；我也茫茫然跟着旋转。于是——洗手的时候，日子从水盆里过去；吃饭的时候，日子从饭碗里过去；默默时，便从凝然的双眼前过去。

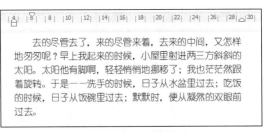

图 4-31　例 4-1 效果图

方法 3：在“开始”选项卡中单击“段落”对话框启动器按钮（或右击在弹出的快捷菜单中选择“段落”命令），在弹出的“段落”对话框中，“对齐方式”有五种：分散、两端、居中、左对齐、右对齐；“行距”是段落内行与行之间的距离，有六种：单倍行距、1.5 倍行距、2 倍行距、最小值、固定值、多倍行距。如果选择了“固定值”或“最小值”，需要在“设置值”编辑框中设置所需值；如果选择了“多倍行距”选项，需要在“设置值”编辑框中设置所需的行数。还可设置“段前”和“段后”，用以调节该段与前一段和后一段的距离；同样也有“首行缩进”“悬挂缩进”等选项。

例如，为某段落设置如下格式：左对齐，首行缩进为 2 字符，单倍行距，段前段后各空 1 行。“段落”对话框的设置如图 4-32 所示，效果如图 4-33 所示。

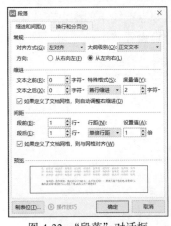

图 4-32　“段落”对话框

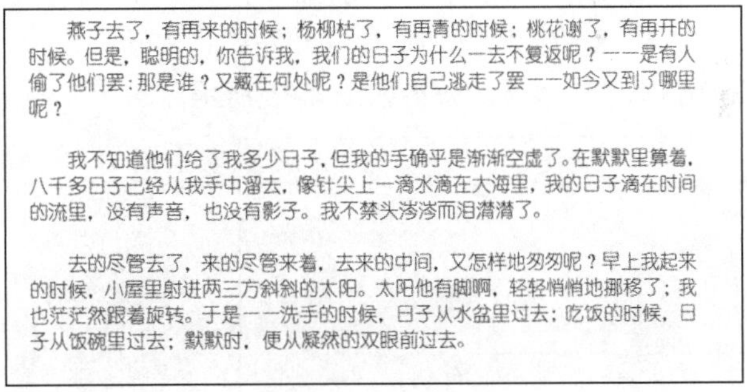

燕子去了，有再来的时候；杨柳枯了，有再青的时候；桃花谢了，有再开的时候。但是，聪明的，你告诉我，我们的日子为什么一去不复返呢？——是有人偷了他们罢：那是谁？又藏在何处呢？是他们自己逃走了罢——如今又到了哪里呢？

我不知道他们给了我多少日子，但我的手确乎是渐渐空虚了。在默默里算着，八千多日子已经从我手中溜去，像针尖上一滴水滴在大海里，我的日子滴在时间的流里，没有声音，也没有影子。我不禁头涔涔而泪潸潸了。

去的尽管去了，来的尽管来着，去来的中间，又怎样地匆匆呢？早上我起来的时候，小屋里射进两三方斜斜的太阳。太阳他有脚啊，轻轻悄悄地挪移了；我也茫茫然跟着旋转。于是——洗手的时候，日子从水盆里过去；吃饭的时候，日子从饭碗里过去；默默时，便从凝然的双眼前过去。

图 4-33　设置效果

方法 4：用格式刷复制段落格式。先选择含有格式的段落标记，单击或双击“格式刷”按钮（双击可多次复制格式），然后选中目标段落即可。

4.3.8　格式刷

字符设定格式后，可以将格式复制到别的文字上，而不必重复设定字符的格式。复制字符格式的工具称为“格式刷”，它就像扫把一样，被它扫过的文字会变成相同的格式。复制格式的操作如下：

① 选定包含复制格式的文本。

② 单击"开始"选项卡中的"格式刷"按钮 格式刷，鼠标指针变为扫把状，将光标定位到要套用格式的文本的起始位置，然后按住鼠标左键不放拖动至文本结束位置，确定后松开左键。单击"格式刷"可将格式复制到对象上；双击"格式刷"可将格式复制到多个对象上，鼠标每拖动一次，都会复制一次格式，直到再次单击"格式刷"按钮或按【Esc】键取消格式的复制。

注意：因为段落结束标记包含了段落格式的全部设置，因此，复制段落格式时，不必选定整个段落，只要选定段落标记即可。

4.3.9　边框和底纹

边框是指围在段落四周的一个边上或多个边上的线条,底纹是指用选定的背景色填充段落。为了表示强调，可以对一些文字、段落、页、表格单元格或图添加边框和底纹。

1. 添加边框和底纹

① 选定要设置边框和底纹的对象。

② 单击"页面布局"选项卡中的"页面边框"按钮，弹出图 4-34 所示的"边框和底纹"对话框。

③ 对话框中包括"边框"、"页面边框"和"底纹"三个选项卡，其中"边框"选项卡用于设定选中区域的边框，"页面边框"选项用于设置整个页面的边框，"底纹"选项卡控制文本的背景颜色。"底纹"又分为"填充"和"图案"。"填充"是选某个颜色为选中的文字或段落做背景，在"底纹"选项卡的"填充"部分中选择颜色。"图案"是指覆盖在"填充"色上的图案，有一些点或一些线条，点的密度用百分比表示，这些点或线条的颜色在"底纹"选项卡"图案"部分的"颜色"下拉列表框中选择。用户可以分别设置"填充"和"图案"，也可以同时设置"填充"和"图案"。

【例 4-2】将某段落加上边框和底纹，边框设置为"直线"、"三维"、红色、3 磅，底纹设置为淡蓝色、30%。效果如图 4-35 所示。

图 4-34　"边框和底纹"对话框

图 4-35　"边框和底纹"效果

【例 4-3】给整个文档加上边框，"边框和底纹"对话框中的"页面边框"选项卡设置如图 4-36 所示，效果如图 4-37 所示。

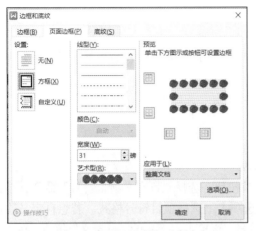

图 4-36　"页面边框"选项卡

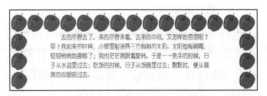

图 4-37　"页面边框"设置效果

除此之外，还可以使用"开始"选项卡中的"字符边框"按钮 ⓐ 和"字符底纹"按钮 Ⓐ 为选中的文本添加边框和底纹。

2. 取消边框和底纹

选择已设置边框的对象，在"页面布局"选项卡中单击"页面边框"按钮，弹出"边框和底纹"对话框，在"边框"选项卡中"设置"下拉框类型选择为"无"，在"底纹"选项卡中"填充"下拉框选择为"没有颜色"，"样式"下拉框选择为"清除"。

4.3.10　首字下沉

编辑文档时，希望强调段落首字时，可以使它变大或下沉而突出显眼。这种编辑方法在报刊中用得比较多。WPS 文字 "首字下沉"功能的具体操作方法如下：

① 将光标置于要使首字下沉的段落。

② 单击"插入"选项卡中的"首字下沉"按钮，弹出图 4-38 所示的"首字下沉"对话框。

【例 4-4】为某段落设置"首字下沉"效果。

在"首字下沉"对话框中，"位置"选项卡选择为"下沉"命令，"字体"下拉框选择"隶书"，"下沉行数"下拉框中修改数值为"4"，"距正文"下拉框修改值为"1"。单击"确定"按钮，执行效果如图 4-39 所示。

图 4-38　"首字下沉"对话框

图 4-39　"首字下沉"效果

4.3.11 添加项目符号和编号

在编辑文档时，可以通过列表来清晰地表述内容之间的关系。列表的种类包括符号列表、编号列表、多级列表。

建立列表的方法有很多，最快捷的方法是使用"开始"选项卡中的"项目符号"按钮 和"编号"按钮 。

1. 添加项目符号

① 选定或将光标移至要添加项目符号的文本处。

② 单击"开始"选项卡中的"项目符号"下拉按钮，选择"自定义项目符号"命令，在弹出的"项目符号和编号"对话框的"项目符号"选项卡上选择项目符号格式。若想自定义项目符号格式，先单击除"无"以外的任意一个项目符号，再单击右下角的"自定义"按钮，在"自定义项目符号列表"对话框中选择其余项目符号字符，或单击"字符"按钮选择用户需要的项目符号。

【例 4-5】制作图 4-40 所示的列表。

在"自定义项目符号列表"对话框中单击 "字符"按钮，从"符号"库中挑选需要在文档中使用的字符项目符号。

> ❖ 床前明月光，
>
> ❖ 疑是地上霜。
>
> ❖ 举头望明月，
>
> ❖ 低头思故乡。

图 4-40 项目符号列表

2. 添加编号

方法 1：选择"开始"选项卡，单击"编号"下拉按钮，出现"编号"下拉列表，在下拉列表中选中合适的编号类型。

在当前编号所在行输入内容，按【Enter】键换行时会自动生成下一个编号。如果连续按两次【Enter】键将取消编号输入状态，恢复到 WPS 文字常规输入状态。

方法 2：单击"开始"选项卡的"编号"下拉按钮，选择"自定义编号"命令，弹出"项目符号和编号"对话框，在"编号"选项卡中选择合适的编号后单击"确定"按钮即可。

【例 4-6】创建图 4-41 所示的编号列表。

此列表使用的罗马数字，并且编号从 II 开始，右对齐。如图 4-42 所示，在"自定义编号列表"对话框中，"编号样式"下拉列表框中选择罗马数字，设置"起始编号"为"II"，"编号位置"下拉列表框中选择"右对齐"，完成后单击"确定"按钮即可。

> II床前明月光，
>
> III疑是地上霜。
>
> IV举头望明月，
>
> V低头思故乡。

图 4-41 编号列表　　　　　　　图 4-42 "自定义编号列表"对话框

3. 项目缩进

使用"开始"选项卡的中的"减少缩进量"按钮 ⊑ 和"增加缩进量"按钮 ⊒，可调整项目符号或编号的位置。

增加项目符号缩进量的方法是：选中要增加缩进量的文本，再单击"增加缩进量"按钮。效果如图 4-43 和图 4-44 所示。

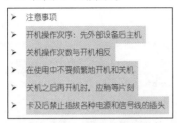

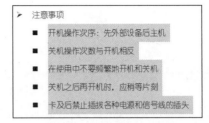

图 4-43　项目缩进示例　　　　　　　　　图 4-44　增加缩进量效果

增加缩进量后，会更改其项目样式，若不喜欢默认样式，可按前面所介绍方法更改样式。减少缩进量的方法与增加缩进量类似，选中目标后单击"减少缩进量"按钮即可。

4. 设置多级符号

当文档有多层次项目时，可使用多级符号功能为文档加上编号。

操作步骤：选择目标段落后，在"开始"选项卡上，选择"项目符号"下拉列表中的"自定义项目符号"命令，弹出"项目符号和编号"对话框，选择"多级编号"选项卡，如图 4-45 所示。选择一个需要的编号类型，或单击"自定义"按钮，如图 4-46 所示，在弹出的"自定义多级编号列表"对话框中自定义需要的编号类型和相对格式。

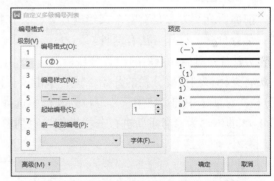

图 4-45　"多级编号"选项卡　　　　　　图 4-46　"自定义多级编号列表"对话框

5. 删除列表符号

将插入点移至列表符号所在段落，单击"开始"选项卡中的"项目符号"按钮或"编号"按钮即可删除原有的列表符号设置。

4.3.12　分栏

分栏编辑是文档处理的一个重要内容，特别是在报纸、杂志等文档的编辑过程中尤为重要。本节将为大家详细介绍分栏的具体操作方法。

1. 分栏操作

方法 1：单击快速访问工具栏中的"分栏"按钮 ▤▤，在出现的分栏菜单中选择需要的栏数命令即可。

方法 2：单击"页面布局"选项卡中的"分栏"按钮，在弹出的"分栏"对话框中进行设置可实现正文多栏版式，在一栏中排满后，就从该栏底端转至下一栏的起始处继续排版。"分栏"对话框如图 4-47 所示，分栏效果如图 4-48 所示。

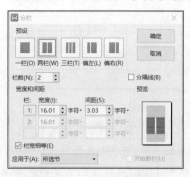

图 4-47 "分栏"对话框

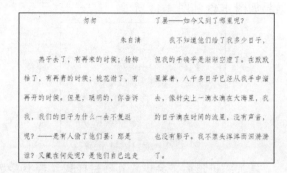

图 4-48 分栏效果

注意：① 分栏效果仅在"页面视图"和"写作模式"中可见。

② 栏数不是分得越多越好。对某一文档来说，要根据实际情况来确实分栏的数目。

2. 显示分隔线

默认情况下，分栏之间用的是空格分隔。其实可在分栏间显示分隔线，只要在"分栏"对话框中选中"分隔线"复选框即可，如图 4-49 所示。

3. 设置分栏范围

前面所介绍方法是对整个文档进行分栏，在特殊情况下可能只要求对文档的一部分进行分栏。部分分栏的操作方法有两种。

方法 1：对插入点后的内容分栏。

将光标移到需要分栏的开始位置，单击"页面布局"选项卡中的"分栏"按钮，在弹出的"分栏"对话框中的"应用于"下拉列表框中选择"插入点之后"选项，单击"确定"按钮，以图 4-48 的内容为参考重新进行分栏操作，得到图 4-50 所示的分栏效果。

图 4-49 分栏"分隔线"

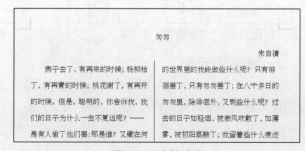

图 4-50 分栏效果

方法 2：对文档部分内容分栏。

将需要分栏的内容的前后各设置一个分节符。设置分节符的方法是：

将光标定位在需分栏的段落首行开头，单击"页面布局"选项卡中的"分隔符"下拉按钮，如图 4-51 所示，在弹出的"分隔符"下拉菜单中选择"连续分节符"命令，对文档进行分隔符设置，设置完成后效果如图 4-52 所示。

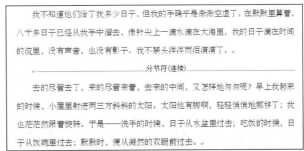

　　图 4-51　"分隔符"菜单　　　　　　　　　　　　图 4-52　插入"分节符"效果

将光标移至需分栏的内容所在的段落，单击"页面布局"选项卡中的"分栏"按钮，在弹出的"分栏"对话框中的"应用于"下拉列表框中选择"所选节"选项，设置分栏的栏数，单击"确定"按钮。效果如图 4-53 所示。

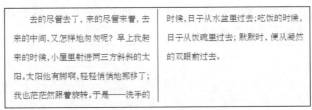

图 4-53　分栏效果

通过以上的介绍，相信大家对分栏已有了一定的了解，若要在同一文档中设置多种分栏方式，就可使用分节符将文档分为若干节，而在每一节中采用不同的分栏方式。

4.3.13　样式

在编辑文档时，某种格式很可能被同时用于同一文档的多处文本。这就需要用到样式。样式是一组已命名的字符和段落格式的组合，为不同段落或文本具有相同的格式提供便利。同样，当修改样式时，应用此样式的多个段落或文本也随之更新，不用再一个个去修改，节省了编排修改的时间。

样式一般分为两类：

① 段落样式：控制文本外观的所有方面，如文本对齐、制表位、行间距、边框等，也可包括字符格式。

② 字符样式：影响段落内选定文字的外观，如文字的字体、字号、加粗及倾斜等格式设置等。即使某段落已整体应用了某种段落样式，该段中的字符仍可以有自己的样式。

1. 应用样式

对段落应用样式时，应将插入点移到该段落的任意位置；对文字应用样式时，应选中需要使用该样式的文本。

确定目标对象后，在"开始"选项卡中单击"样式"下拉按钮，在下拉列表中有大量的"预设样式"，如图 4-54 所示。预设样式是系

图 4-54　预设样式列表

统为用户提供的使用普遍且较为规范的样式。根据需求直接单击对应的样式命令即可完成应用。

2. 建立新样式

当系统提供的标准样式不能满足编排要求时，就需要创建用户特有的新样式。创建方法如下：

方法1：

① 单击快速访问工具栏中的"样式"按钮，弹出"样式"任务窗格。或在"开始"选项卡中单击"样式"下拉按钮，在下拉菜单中单击"新建样式"按钮，弹出图4-55所示的"新建样式"对话框。

② 在该对话框的"属性"选项卡中编辑样式的名称、样式类型、样式基于、后续段落样式。

③ 在该对话框的"格式"选项卡中设置字体格式和段落格式。单击"格式"按钮，在弹出的列表中可进行更为详细的设置。如果以后的编辑工作还要使用本样式，可选中"同时保存到模板"复选框。单击"确定"按钮创建新样式。

【例4-7】创建名为"小标题"的样式：黑体，小四，左对齐。样式基于正文，后续段落样式仍为"小标题"，详细设置如图4-56所示。

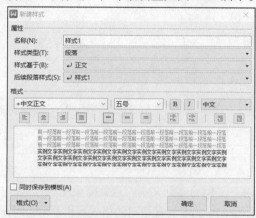
图4-55 "新建样式"对话框

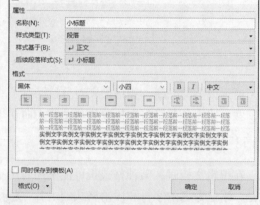
图4-56 创建新样式

方法2：选择已设置了格式的文本或段落，单击编辑区右侧任务窗格中的"样式和格式"按钮，弹出"样式和格式"任务窗格，在任务窗格上方会显示目前对象所使用的样式和格式说明，如图4-57所示，单击下拉按钮后选择"修改"命令，然后弹出与"新建样式"对话框类似的"修改样式"对话框，对其进行编辑后单击"确定"按钮，经过相应设置后即可创建一个新样式。

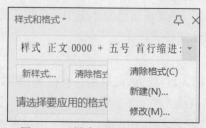
图4-57 "样式和格式"任务窗格

3. 修改样式

用户可修改自定义样式和标准样式，样式修改完毕后，应用此样式的文本或段落也随之更新。
操作方法：

在"样式和格式"任务窗格上方的当前格式中，单击下拉按钮后选择"修改"命令，弹出"修改样式"对话框，对其进行编辑后单击"确定"按钮即可。

4. 删除样式

打开"样式和格式"任务窗格，选中目标文本后单击"清除格式"按钮即可。

4.4　WPS 文字图形图片操作

WPS 文字为用户提供了图形元素，包括图片、形状、艺术字、文本框、公式、SmartArt 图形等。用户可以在文档中插入图形元素，制作出图文并茂的文章，增强文章的表现效果，不但可以使文档更为美观，也可以增加读者对文档内容的了解。

4.4.1　插入图片

插入图片是指将已经制作好的并已按一定格式存储好的图片插入到文档的适当位置。

1. 插入剪贴画

WPS 文字在"素材库"中有独立的图片集。自 WPS Office 2012 起，剪贴画就上传至网络中，需要互联网才能够在线访问，同时也减少了 WPS 的占用内存，做到了随用随取。"素材库"包含了大量的图片，图片内容包罗万象，从人物到建筑，到动物，到边框，应有尽有。用户想要在文档中添加剪贴画，可执行以下操作：

① 将光标定位在要插入剪贴画的位置。

② 单击"插入"选项卡中的"稻壳资源"按钮。

③ 在"素材库"菜单中可以选择多种样式的剪贴画。可在"稻壳资源"窗口中，选择"素材库"菜单列表，选择图片对话框，在上方搜索栏中输入"剪贴画"后单击"搜索"按钮，选择合适的图片后单击即可插入当前文档中。

剪贴画插入到文档后，选中剪贴画后，图案四周会出现白色的圆形标记，移动鼠标到标记上，按住鼠标左键拖动，可改变图片的尺寸。并且选中后会出现"图片工具"选项卡，使用此选项卡可对图片进行各种设置。

2. 插入图片

WPS 文字支持大多数的图片格式，如*.bmp、*.gif、*.tif、*.tiff、*.jpg、*.jpeg 等。将图片插入文档的操作步骤是：

① 插入点定位在要插入图片的位置。

② 单击"插入"选项卡中的"图片"下拉按钮，在下拉列表中可以选择插入"本地图片"或"来自扫描仪"形式。也可以在"稻壳图片"进行线上查找图片并插入。

3. 移动图片

图片不仅可改变大小，还可随意移动位置。具体操作如下：单击图片，按住鼠标左键不放并拖动至目标位置后再松开鼠标左键，即可把图片移到新位置。

4. 删除图片

删除图片的方法非常简单，具体有以下几种：

方法 1：单击要删除的图片，单击"开始"选项卡中的"剪切"按钮。

方法 2：按【Backspace】键或【Delete】键删除选定的图片。

5. 使用"图片工具"选项卡

选中图片后会出现图 4-58 所示的"图片工具"选项卡，可对图片进行各种不同效果的处理。

图 4-58 "图片工具"选项卡

【例 4-8】裁剪图片。使用裁剪工具 ☐ 可对图片按大小比例进行修剪。选中目标图片，单击"图片工具"选项卡中的"裁剪"按钮，与调节图像大小的操作相似，图片四周有裁剪标志，单击标志后长按鼠标左键并拖动裁剪至合适大小后再松开。

【例 4-9】设置图片颜色。单击"图片工具"选项卡中的"色彩"下拉按钮，可看到四种颜色方式："自动"、"灰度"、"黑白"和"冲蚀"。"自动"为图片本身效果，不加任何修饰颜色；"灰度"指将图片转成灰色；"黑白"指将图片转成只有黑色和白色；"冲蚀"是将图片的颜色用高亮度低彩度呈现出来，如图 4-59 所示。

【例 4-10】设置透明色。该操作就是把图片的某种颜色取消掉。选中要设置的图片，单击"设置透明色"按钮 ☐，单击图片中的某处，与该处同颜色的部分全部变成透明的，如图 4-60 所示。

（a）自动　　　（b）灰度　　　（c）黑白　　　（d）冲蚀　　　　　　　（a）原图（b）设置透明色

图 4-59　图片颜色设置　　　　　　　　　　　　　图 4-60　设置透明色

6. 文字环绕

一般情况下，插入到文档中的图片为嵌入型，是像文字一样插入某一行中，所以总是单独占据相当大的一片空间。但在实际编辑工作中，为了美化文档版面，需要调整好图片与文字的关系。WPS 文字提供了"文字环绕"操作来对文字和图片的相关位置加以设定。要进行"文字环绕"操作，可使用以下方法：

方法 1：单击"页面布局"选项卡中的"文字环绕"按钮 ☐，然后从下拉列表中选择一种文字环绕方式。

方法 2：选中图片，单击"图片工具"选项卡中的"大小和位置"对话框启动器按钮，弹出"布局"对话框，如图 4-61 所示，选择"文字环绕"选项卡，在该选项卡中选择一种文字环绕方式。

从该选项卡可见"环绕方式"方式共有七种："嵌入型"为默认方式；"四周型"指预留

一矩形空间，供放置图片，图片四周文字环绕；"紧密型"指将文字紧密地围绕在图片的周围；"穿越型"指将文字紧密地围绕在图片的周围，并穿透图片的凹陷部分；"上下型"指图片左右侧没有文字，文字显示在图片的上一行和下一行；"衬于文字下方"指将图片放在文字下，图片相当于作文字的背景；"浮于文字上方"指图片在文字上，文字相当于作图片的背景。文字环绕方式效果如图 4-62 所示。

图 4-61　"文字环绕"选项卡

图 4-62　文字环绕方式效果

方法 3：右击图片，在弹出的快捷菜单中选择"其他布局选项"命令，弹出"布局"对话框。

在"布局"对话框中选择"位置"选项卡，还可设置图片的对齐方式，如图 4-63 所示。选中"对象随文字移动"复选框，图片将随其所在的段落移动；选中"允许重叠"复选框，当文字和图片重叠时，图片也能显示。

图 4-63　"位置"选项卡

7. 组合图片

组合功能可让用户将多张图片合成一张图片，以方便调整和移动。同样，组合的图片也可取消组合。组合图片的具体操作如下：

① 选中第一张图片。

② 按住【Shift】或【Ctrl】键的同时，选中其余图片。

③ 在"图片工具"选项卡中单击"组合"按钮，在下拉菜单中选择"组合"命令，即可完成对图片的组合。

要取消组合，可在"组合"下拉菜单中选择"取消组合"命令。或者单击组合图片后，单击弹出的快捷菜单中的"取消组合"按钮 ⬚。

8. 水印效果

文档的背景可以设定成水印效果的图片，既可以保护创作者版权，也可以美化文档。制作水印效果的操作方法如下：

① 单击"插入"选项卡中的"水印"按钮。

② 在弹出的下拉菜单中可以选择预设水印或自定义水印。

③ 单击"插入水印"命令可弹出"水印"对话框。在该对话框中选中"图片水印"复选框后，单击"选择图片"按钮，即可在本地文件夹中选择插入的水印图片。

④ 成功添加图片后返回"水印"对话框，可进行相应的设置，如缩放比例、图片颜色等，最后单击"确定"按钮。设置的相关水印将出现在"水印"下拉菜单的"自定义水印"中，单击该水印即可设置成功。

设置完成后，文档的每一页背景上就衬有淡淡的水印图片，效果如图 4-64 所示。

图 4-64　水印效果

4.4.2　文本框

若不是在自选图形中添加文字，而是想输入可任意移动位置的文字，则需使用文本框。文本框是存放文本的容器，可以对文本框的文字进行单独的设置，并可插入图片等对象。文本框可以任意放置，是精确定位文字、表格、图形的有力工具。

1. 文本框的主要特点

文本框具有图形的属性；丰富的格式设置（三维效果、阴影、边框类型和颜色等）；多个文本框的链接；不能随其内容的增多而自行扩大。

2. 插入文本框

文本框分为横排文本框和竖排文本框。横排文本框文字是从左至右排列，竖排文本框是由上而下、从右至左排列的。虽然两种排列方向不同，但操作方法是一样的。操作方法如下：

① 在"插入"选项卡中单击"文本框"按钮，默认是插入横排文本框，可根据需要在下拉菜单中选择不同类型文本框。光标变为十字后在编辑区某处单击后拖动鼠标后放开，可按需求创建大小适宜的文本框。

② 出现文本框后，双击可进入文本编辑状态，同时功能区中会出现"绘图工具"和"文本工具"选项卡。可以灵活使用该选项卡对文本框内的图形或文本进行相关设置。

【例 4-11】制作图 4-65 所示的效果。这是在文档中添加了一个文本框，框内输入"朱自清"三个字，隶书，四号字，白色。为文本框填充背景。

图 4-65　文本框效果

4.4.3　图形

在 WPS 文字中，图形和图片是两个不同的概念，图片一般来自文件，或者来自扫描仪和数码相机等；而图形是指由外部轮廓线条构成的矢量图，即由计算机绘制的直线、圆、矩形、曲线、图表等。

插入图形的方法是：

选择"插入"选项卡，单击"形状"下拉按钮，如图 4-66 所示，在下拉列表中选择"标注"组中的"圆角矩形标注"按钮。在文档窗口中，光标变成十字形，按住鼠标左键并拖动。这时，文档窗口将出现"圆角矩形标注"图形。最后，单击图形框中间，当有光标闪烁时即表示可编辑状态。

当用户选中图形，文档窗口上方出现在"绘图工具"和"文本工具"选项卡。在"绘图工具"选项卡中设置图形格式，如图 4-67 所示。

单击"插入形状"组中"形状"下拉按钮，可以插入各种样式的图形。

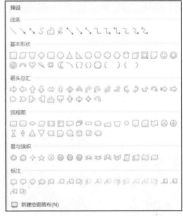

图 4-66　"形状"下拉列表

单击"编辑形状"按钮可以更改此绘图的形状，将其转换为任意多边形或编辑顶点以确定文字环绕绘图的方式。

图 4-67　"绘图工具"选项卡

单击"形状样式"列表框，可以对图形或线条的外观样式进行更改。

单击"填充"按钮对选定图形使用纯色、渐变、图片或纹理填充。

单击"轮廓"按钮对选定图形设置轮廓的颜色、宽度和线型。

单击"形状效果"按钮对选定图形设置外观效果，如阴影、发光、映像或三维旋转等。

4.5　WPS 文字艺术字操作

艺术字不是普通的文字，它是具有特定形状的图形文字。在编辑艺术字时，除了可以对其进行设置字体、字形、字号等格式化处理外，还可以对其进行图形化处理，如整体缩放、增添阴影、旋转角度、产生三维效果等。

4.5.1　艺术字设置

1. 创建艺术字

单击"插入"选项卡中的"艺术字"按钮，会弹出艺术字样式列表，可以在该列表中选择"预设样式"即系统自带的艺术字样式。或"稻壳艺术字"样式，与素材库相似，WPS 文字将更多的艺术字样式上传至互联网中，即提供了更多的样式选择，也简化了 WPS Office 的内存负担。

单击选择的艺术字样式后，将直接插入至当前文档中，并具备图像部分特性，如可以缩放尺寸等。

选中艺术字后功能区中会出现"绘图工具"和"文本工具"两个选项卡，以供对艺术字进行设置。其中"文本工具"选项卡如图 4-68 所示。

图 4-68 "文本工具"选项卡

2. 艺术字格式化

单击"艺术字样式"下拉列表，可以对艺术字外观更改样式。

单击"文本填充"按钮对选定艺术字使用纯色、渐变、图片或纹理填充。

单击"文本轮廓"按钮对艺术字设置轮廓的颜色、宽度和线型。

单击"文本效果"按钮对艺术字设置外观效果，如阴影、发光、映像或三维旋转等。

如果对艺术字格式进行详细设置，通过选择编辑栏右侧导航窗口的属性按钮，如图 4-69 所示，弹出"属性"任务窗格。在该窗格中进行相关设置即可。

图 4-69 "属性"任务窗格

4.5.2 制作艺术字

制作艺术字可以先通过"创建艺术字"步骤来选定艺术字的样式，然后通过设置艺术字格式操作得到满意的艺术字作品。

下面以图 4-70 所示的艺术字形式为例，讲述制作的操作步骤：

① 单击"插入"选项卡中的"艺术字"按钮，在下拉列表中选择"预设样式"列表中选择"渐变填充-钢蓝"样式。

② 单击该样式后会在当前页面插入艺术字文本框，并处于默认编辑状态，在文本框中换行输入"广州理工学院"、"计算机系"和"GZIST"。

图 4-70 艺术字

③ 选中该艺术字后设置字体为华文仿宋，字号为五号，对齐方式为居中。

④ 打开"属性"任务窗格，选择"文本选项"对话框的"效果"选项卡，单击"转换"下拉列列表中的"弯曲"组中的"按钮形"按钮改变其形状。

⑤ 还可以通过上述所学知识修改其字符格式，文字环绕类型等操作。

4.6 WPS 文字表格操作

WPS 文字的制表功能非常强大，利用 WPS 文字的制表功能可以在文档中轻松方便地制作出各种复杂的表格。在 WPS 文字中为表格的制作与编辑提供了独立选项卡，本节主要介绍如何利用图 4-71 和图 4-72 所示的"表格工具"选项卡和"表格样式"选项卡来制作表格。

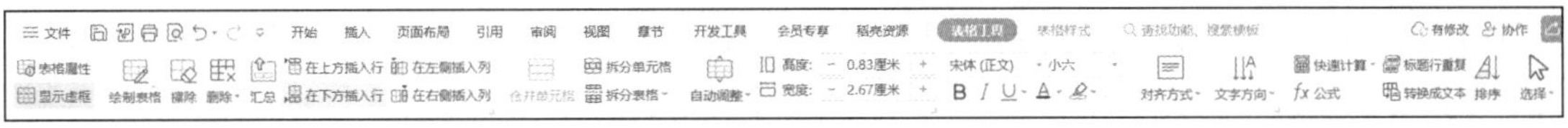

图 4-71　"表格工具"选项卡

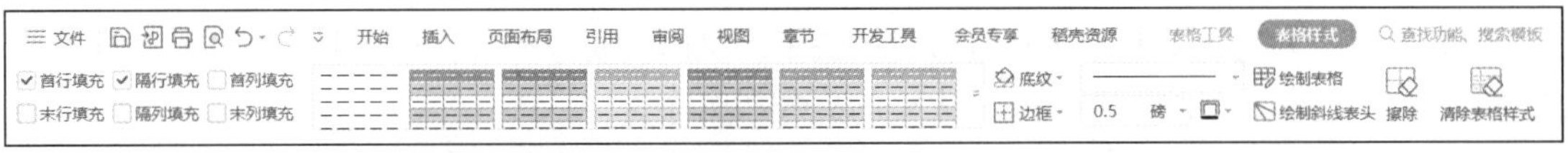

图 4-72　"表格样式"选项卡

一张普通的表通常由若干行和若干列组成。表格中的行与列的相交组成多个单元格。表格中单元格大小相同的表称为规则表,单元格大小不同的表格称为不规则表。

4.6.1　绘制表格

在绘制表格时分为两种情况:规则表格的绘制和不规则表格的绘制。

1. 规则表格的绘制

创建表格的方式有多种:单击"插入"选项卡中"表格"下拉列表,在下拉列表中随鼠标指针的移动可自动选择需要的行数与列数;或单击"插入表格"命令,在弹出的"插入表格"对话框中输入插入的行数列数,单击"确定"按钮即可完成。

2. 不规则表格的绘制

单击"表格"下拉菜单中的"绘制表格"命令或单击"表格工具"选项卡的"绘制表格"按钮,光标变为铅笔后可以在文档中画出不规则表格。

4.6.2　表格的编辑操作

对表格的操作包括选中单元格、选中行或列、选中表格、编辑单元格、编辑表格等。对表格执行任何操作都要遵循"先选中,后操作"的原则。

1. 选中单元格

选中单个单元格:将光标定位到某个单元格,鼠标指针呈 I 状时,按住鼠标左键不放拖动鼠标,该单元格反白显示。

选中连续的多个单元格:选中一个单元格后,按住鼠标左键不放后向左右或向上下拖动。

2. 选中行或列

选中行:鼠标移动至编辑区左侧对应目标行空白处,当光标变成向右箭头形状时单击即可选定一行。选中一行后长按鼠标左键,向上或向下移动鼠标即可选中多行。

选中列:鼠标移动至表格上边框,鼠标指针呈↓状,单击即可选中一列。选中一列后长按鼠标左键,向左或向右移动鼠标即可选中多列。

3. 选中表格

将鼠标指针移到表格左上角并出现 ✥ 图标后,单击该图标即可选中整个表格。

4. 编辑单元格

表格中的每一个单元格都是一个小型的编辑窗口,只要将插入点置于该单元格内,就可以进行输入操作。单击或按【Tab】键可将插入点移至下一个单元格中。

对单元格中的内容可以进行插入、删除、复制、移动等编辑操作;还可以对表格中的文字进行格式化处理，如设置字体、字形、字号、文字的对齐方式等。所有的这些操作方法与 WPS 文字中普通文本的编辑方法相同。

5. 编辑表格

编辑表格主要是针对整个表格进行的。编辑表格的主要内容有：单元格的合并与拆分、行或列的插入和删除、表格大小调整、表格的拆分和删除等。

① 单元格的合并：选中要合并的连续的多个单元格，单击"表格工具"选项卡中的"合并单元格"按钮即可完成操作。

② 单元格的拆分：单元格的拆分指的是将一个单元格拆分成多个大小相等的单元格。选中要拆分的单元格，单击"表格工具"选项卡中的"拆分单元格"按钮，在弹出的"拆分单元格"对话框中输入拆分的列数和行数后单击"确定"按钮即可。

③ 插入行或列：选中目标单元格后，在"表格工具"选项卡中选择对应的插入按钮即可完成行插入操作，如图 4-73 所示。

④ 删除：选中目标单元格后，单击"表格工具"选项卡中的"删除"下拉按钮，在其下拉菜单中选择需要删除的对应操作（见图 4-74）即可完成删除操作。或选择要删除目标，使用键盘【Backspace】键或【Delete】键即可删除。

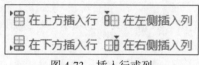

图 4-73　插入行或列

图 4-74　"删除"下拉菜单

⑤ 表格大小调整：将鼠标光标移到表格上，在表格的右下角出现 按钮，鼠标左键长按该按钮拖动鼠标即可调整表格的大小。

⑥ 表格的拆分：选中目标表格后，单击"表格工具"选项卡中的"拆分表格"按钮，在下拉列表中根据需要选择"按行拆分"或"按列拆分"命令即可。

4.6.3　表格的格式化

对表格的格式化操作有：调整表的行高与列宽、为表格设置边框和底纹、制作表头等。

① 行高和列宽：将鼠标移至目标表格的上下边框，当鼠标指针变为 ⇕ 形状后，长按鼠标左键并拖动即可调整行高；同理，将鼠标移至目标表格的上下边框，当鼠标指针变为 ‖ 形状后也可以用相同的方式为表格调整列宽。如果需要使用精准数值，则选中目标表格后，在右键快捷菜单中选择"表格属性"命令，弹出"表格属性"对话框，在"表格"、"行"、"列"和"单元格"选项卡中可以选中"指定高度/宽度"复选框并输入精准值后单击"确定"按钮即可完成设置。

② 表格样式：如艺术字一样，表格也可以设置相关样式。WPS 文字为表格提供了大量的样式模板，在"表格样式"选项卡的样式下拉选项卡中有预设样式与稻壳表格样式选择。

③ 边框和底纹：在"表格样式"选项卡中，有"边框"边框按钮 ⊞ 和"底纹"按钮 ⌂，其使用方法与编辑段落部分一致。

④ 表头的制作：选中制作表头的单元格后，在"表格样式"选项卡中单击"绘制斜线表

头"按钮,在弹出的"斜线单元格类型"对话框中选择需要的类型后单击"确定"按钮即可。或者单击"表格"下拉菜单中的"绘制表格"命令或单击"表格工具"选项卡的"绘制表格"按钮,手动绘制表头。

4.7　WPS 文字页面操作

如果需要打印出制作好的 WPS 文字文档,在打印之前,需要对其进行页面设置。页面设置主要包括页眉、页脚、页码等方面的设置。

设置页眉和页脚是编排文档时常用的操作。页眉是指出现在每页文档顶部的文字或图形,页脚出现在每页文档的底部。人们都习惯用书名、文档名、作者名、章节名或日期、时间等作为页眉页脚的内容。页眉页脚的内容根据不同的文档有不同的设置,有的是整个文档的页眉页脚都相同;有的是奇数页和偶数页的页眉页脚不相同;还有的首页和其他页的页眉页脚内容不同。页码则是给每页文档进行的编号,可以在每页下部的中央或外侧位置设置页码,也可以将这和页眉页脚设置在一起。

4.7.1　创建和删除页眉页脚

1. 创建页眉页脚

在"插入"选项卡中单击"页眉页脚"按钮。页眉和页脚处于允许编辑状态,并新增图 4-75 所示的"页眉页脚"选项卡。或双击页面的上端/下端,可直接进入页眉或页脚的编辑状态。

图 4-75　"页眉页脚"选项卡

可以通过"页眉页脚"选项卡中的常用按钮,在页眉页脚中插入相应内容:

① "页码"按钮:插入页码。

② "日期和时间"按钮:可插入当前日期或时间。

③ "图片"按钮:可以插入图片。

④ "同前节"按钮:可取消当前页面的页眉页脚与前一节拼接。

(1)将章节号或标题插入页眉或页脚中

常见的文档编辑会将文档的章节号或标题插入到页眉和页脚中。具体的操作方法如下:

① 确定文档的章节号或标题已使用了一种标题样式。

② 选中编辑页眉或页脚,单击"页眉页脚"选项卡中的"域"按钮,弹出图 4-76 所示的"域"对话框。

③ 在"域名"列表中选择"样式引用"。

④ 在"样式名"下拉列表中选择对应类型"标题 1"。

⑤ 单击"插入"按钮,即可完成对页眉页脚的插入。

插入操作完成后,页眉或页脚会与对应格式的文本生成联系,如果修改其内容,页眉页脚也会相应改变,每一次修改 WPS 文字都可以自动更新。

（2）创建首页、奇偶页不同的页眉和页脚

具体的操作方法如下：

① 单击"页眉页脚"选项卡中的"页面设置"对话框启动器按钮，弹出图 4-77 所示的"页面设置"对话框。

图 4-76 "域"对话框　　　　　　　　　图 4-77 "页面设置"对话框

② 在"页面设置"对话框中的"版式"选项卡中选中"奇偶页不变"和"首页不同"复选框后单击"确定"按钮。

③ 回到文档首页后，单击"插入"选项卡中的"页眉页脚"按钮，进入页眉和页脚工作状态，制作首页的页眉和页脚。

④ 将光标置于文档中的任一奇数页或任一偶数页，分别制作奇数页和偶数页的页眉和页脚。修改页眉和页脚的方法与制作方式相同。

（3）创建页码

在文档中创建页码，可以通过"页眉页脚"选项卡中的"页码"按钮来实现。单击"页码"下拉按钮，在其下拉列表中选择所需样式插入页码即可。

2. 删除页眉页脚

要删除页眉或页脚，双击页眉或页脚区，选中所要删除的内容，然后按【Delete】键即可。

4.7.2 制作目录

目录的制作是编辑文档的一个常用操作，以下讲述两种在 WPS 文字中制作目录的方法。

方法 1：

① 将正文中的每一章的标题、各个小节标题在样式中分别设置成标题 1、标题 2、标题 3 等。

② 选择"视图"选项卡，单击"导航窗格"按钮，在 WPS 文字编辑区左侧导航窗格中单击"智能识别目录"按钮可以显示整篇文档层级结构，如图 4-78 所示。

③ 在"引用"选项卡单击"目录"下拉按钮，在下拉菜单中选择目录样式后可直接插入所识别的目录至文档中。或单击"自定义目录"按钮，弹出"目录"对话框，如图 4-79 所示，设置好"显示页码""页码右对齐"等选项后单击"确定"按钮即可。

图 4-78　"导航窗格"目录　　　　　　　　　图 4-79　"目录"对话框

④ 在文档中就会出现所需要的目录，如图 4-80 所示。

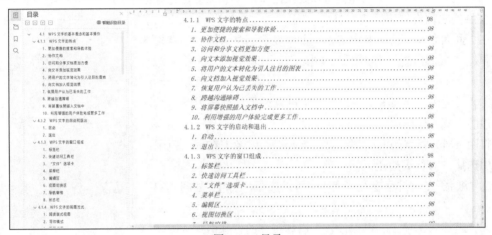

图 4-80　目录

方法 2：

如果文档中的章的标题、各个小节标题并没有设置样式，则可通过以下操作完成目录的设置：

① 单击"视图"选项卡中的"大纲"按钮，将视图模式切换到"大纲"视图。

② 在"大纲"视图中，将文档中各章的标题、各小节标题分别设置为 1 级、2 级、3 级等级别，如图 4-81 所示。

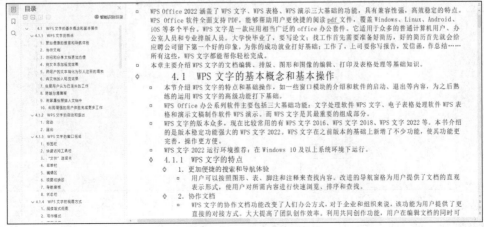

图 4-81　"大纲"视图

③ 在"引用"选项卡单击"目录"下拉按钮，选择"自定义目录"命令，弹出"目录"对话框，设置好"显示页码""页码右对齐"等选项后单击"确定"按钮。即可在文档中设置所需要的目录。

4.7.3 打印文档

制作完成一份 WPS 文字文档后，如果需要打印制作好的 WPS 文字文档，打印前还需要进行页面的设置和打印之前的预览。

1. 页面设置

在打印一个 WPS 文字文档之前，首先要确定打印文档需要什么规格的纸张，文档页面格式与所选的纸张是否相配，是横向打印还是纵向打印，每张打印纸上的行数等，这些都可以在 WPS 文字的页面设置中完成。

在"页面布局"选项卡中单击"页面设置"对话框启动器按钮，弹出"页面设置"对话框，其中有五个选项卡，如图 4-82 所示。

① "页边距"选项卡，通过页边距可以设置好文档内容与纸张四边的距离，通过"方向"栏可以设置打印文档时是横向还是纵向打印。当一张纸的两面都要打印文档，可以考虑在页码范围选项中选择"对称页边距"。

② "纸张"选项卡：在纸张大小中可以选择好纸型，如图 4-83 所示。

③ "版式"选项卡：可以设置页眉和页脚的特殊格式，以及其距边界数值，如图 4-84 所示。

图 4-82 "页面设置"对话框

④ "文档网格"选项卡：在此选项卡中可以设置整个 WPS 文字文档的文字排列方向，文档是否显示网格，通过行和字符可以设置文档每页的行数和每行的字符数，如图 4-85 所示。

图 4-83 "纸张"选项卡　　　　　　图 4-84 "版式"选项卡

⑤ "分栏"选项卡：可以对文本进行分栏排版设置，自定义分栏方式、栏数等，且能选择

分栏范围，如图 4-86 所示。

图 4-85　"文档网格"选项卡

图 4-86　"分栏"选项卡

2. 打印预览

打印文档是将设计好的 WPS 文字文档通过打印机输出。在将一个 WPS 文字文档正式打印出来之前，可以通过打印预览来查看该文档的打印效果（见图 4-87），如果对预览结果不满意，可及时修改。

图 4-87　打印预览效果

可选择"文件"菜单中的"打印"→"打印预览"命令或单击快速访问工具栏中的"打印"按钮 。

在预览窗口中，WPS 文字还提供了打印预览工具栏，可以使用放大镜放大或缩小观察文档，也可以多页形式显示文档的总体布局。当文档的某个地方需要修改时，可单击功能区右侧的"关闭"按钮退出打印预览状态，回到当前预览的位置直接进行修改，避免了预览后重新查找文档位置的麻烦。

3. 打印

在打印预览中查看结果后用户能够满意就可以进行打印操作了。单击"文件"→"打印"

命令或在打印预览中单击快速访问工具栏中的"直接打印"按钮。

在对话框中可以设置打印的页面范围及文档打印的份数，通过"并打和缩放"选项卡可以设置每页打印版数和按纸型缩放。

 ## 4.8　WPS 文字邮件合并

由于某些原因，有时要将内容大同小异的信函发送给不同的单位或个人。例如，学校给各个学生寄的成绩单。对于这些量大、内容相差不大的文档，如果一份一份地制作，既费时费力，又不容易管理。WPS 文字提供了一项强大的功能，只要将两个文档合并（一个是主文档，包含信函内容；一个是数据文件，包含所有收信人的信息），便可建立许多内容大同小异的信函。

本节将通过制作"员工工资条"介绍 WPS 文字的邮件合并功能，以实现图 4-88 所示的效果。

图 4-88　邮件合并效果

4.8.1　建立主文档

建立主文档较为简单，主文档负责用于确定合并后的固定部分，以便于插入数据源数据。新建一个文档，把要发送的正文内容中的固定部分录入后保存即可。"工资条主文档"如图 4-89 所示。

XXX 公司 2020 年 12 月工资								
编号	姓名	部门	基本工资	岗位工资	全勤奖	请假天数	考勤扣款	实发工资

图 4-89　工资条主文档

4.8.2　建立数据源

一般情况下，数据文档保存的类型可以是 WPS 文字文档，也可以是 WPS 表格等。在这里使用的是 WPS 表格。在 WPS 表格中创建"员工工资表"，用于向主文档提供数据源，表格数据效果如图 4-90 所示。

	A	B	C	D	E	F	G	H	I
1	编号	姓名	部门	基本工资	岗位工资	全勤奖	请假天数	考勤扣款	实发工资
2	LG001	张雪迎	营销部	3200	520	0	2	291	3429
3	LG002	吴军	市场部	1900	900	300	0	0	3100
4	LG003	黄丹	广告部	3200	882	300	1	436	3946
5	LG004	李晓梅	市场部	3500	1020	300	5	795	4025
6	LG005	王有才	财务部	2500	986	0	2.5	284	3202
7	LG006	陈璐	营销部	3600	963	300	0	0	4863
8	LG007	刘芳	广告部	3810	756	300	1	173	4693
9	LG008	张科	广告部	3800	1235	0	2	345	4690
10	LG009	百晓古	市场部	3698	745	300	0	0	4743
11	LG010	欧阳露露	财务部	3869	1362	300	1	176	5355
12	LG011	张琴	销售部	4862	1500	300	2	291	6371
13	LG012	王瑶	后勤	2498	1000	300	0	0	3798
14	LG013	冉明明	后勤	2678	2871	0	2	326	5223
15	LG014	杨敏	市场部	2345	1783	300	0	0	4428

图 4-90　员工工资表

4.8.3　邮件合并操作

主文档和数据源准备好后，就可以开始邮件合并操作了。

操作步骤如下：

① 打开主文档，在"引用"选项卡中，单击"邮件"按钮，在出现的"邮件合并"选项卡中单击"打开数据源"按钮。

② 在弹出的"选取数据源"对话框中查找数据源存储位置并选择该数据源文件，单击"打开"按钮。

③ 返回主义档，选中要插入数据源的目标位置后，在"邮件合并"选项卡中单击"插入合并域"按钮，弹出"插入域"对话框，在选中"数据库域"，在"域"列表框中选择插入目标位置的字段名称，单击"插入"按钮，逐个操作，得到图 4-91 所示的效果。

XXX 公司 2020 年 12 月工资								
编号	姓名	部门	基本工资	岗位工资	全勤奖	请假天数	考勤扣款	实发工资
《编号》	《姓名》	《部门》	《基本工资》	《岗位工资》	《全勤奖》	《请假天数》	《考勤扣款》	《实发工资》

图 4-91　数据源插入效果

④ 完成后一般情况下单击"邮件合并"选项卡中的"合并到新文档"按钮，弹出"合并到新文档"对话框，选中合并记录中的"全部"复选框，单击"确定"按钮后会自动创建新WPS 文字文档"文字文稿 1"并在其中实现合并操作，得到图 4-92 所示的效果。

XXX 公司 2020 年 12 月工资								
编号	姓名	部门	基本工资	岗位工资	全勤奖	请假天数	考勤扣歉	实发工资
LG001	张雪迎	营销部	3200	520	0	2	291	3429

XXX 公司 2020 年 12 月工资								
编号	姓名	部门	基本工资	岗位工资	全勤奖	请假天数	考勤扣歉	实发工资
LG002	吴军	市场部	1900	900	300	0	0	3100

图 4-92　邮件合并效果

⑤ 完成邮件合并操作后将合并文档保存至对应文件夹命名为"员工工资条"即可。

小　结

本章主要介绍了以下内容：

打开 WPS 文字 2022 后，WPS 文字界面窗口的各栏功能，如利用在快速访问工具栏中的"复制"按钮可以将选定的文本暂时放在剪贴板中，可以利用粘贴功能将剪贴板中的内容重新放置于文档中。打开 WPS 文字时默认的视图模式是页面视图，同时还含有便于写作的写作模式，设置文档主要提纲的大纲模式，以分栏显示的阅读版式。

本章介绍了 WPS 文字的文档操作、文本编辑排版、图形图片操作、艺术字操作、表格操作、页面操作和邮件合并操作等多种类型的操作功能。

① 在文档操作中创建、编辑和保存文档最为基本。

② 文本编辑排版操作，通过设置字符格式和段落格式美化文章。格式刷功能简便了用户编辑文档时对文档格式的操作，大量编辑文档内容时可直接通过格式刷功能复制格式。分栏、样式、底纹边框等功能优化了文章段落，赋予文档更多色彩。

③ 图形图片操作具象化了文档的文本内容。

④ 艺术字操作发挥了图形图片操作的更多功能。

⑤ 表格操作不需要单独使用 WPS 表格进行编辑，在 WPS 文字中即可进行绘制表格、表格的编辑和表格的格式化操作。

⑥ 页面操作设置了页眉页脚，且可创建目录和打印文档功能。

⑦ 邮件合并操作将主文档和数据源合并，实现重复大量操作的便捷化。

 习　　题

一、填空题

1. 文本框分为_____文本框和_____文本框。

2. 在 WPS 文字中进行文本编辑时要遵循_____原则。

3. 在 WPS 文字中，剪贴板中可以保留_____操作结果。

4. 在 WPS 文字中，设置首字下沉有两种形式，分别是_____和_____。

5. 在 WPS 文字中复制文本时，先选中要复制的对象，按_____键，将鼠标指针指向要复制的对象，拖动鼠标到目的地即可实现。

6. WPS 模板文件的扩展名为_____。

7. 在录入文本时，若要由"改写"状态转换成"插入"状态，按_____键可以实现。

8. 在 WPS 文字中，对文档进行分栏后，分栏效果仅在_____视图中才可以看到。

9. 在默认情况下，插入到 WPS 文字文档中的图片为_____型环绕方式。

10. 进行邮件合并需要把正文内容分为固定部分和可变部分，固定部分保存为_____，可变部分以表的形式保存为_____，最后执行邮件合并操作。

二、选择题

1. WPS 文字文件的默认扩展名是（　　　）。
   A．.pdf　　　　　　B．.docx　　　　　　C．.txt　　　　　　D．.wps

2. 使用页眉页脚工具栏不能够插入（　　　）。
   A．页眉　　　　　　B．页码　　　　　　C．批注　　　　　　D．时间

3. 字间距是指相邻两个字符之间的距离，它的单位值不能为（　　　）。
   A．磅　　　　　　　B．克　　　　　　　C．英寸　　　　　　D．厘米

4. 制表位对齐方式不包括（　　　）。
   A．居中对齐　　　　B．小数点对齐　　　C．竖线对齐　　　　D．两端对齐

5. 要复制字符格式而不复制字符内容，用（　　　）可以实现。
   A．格式选定　　　　B．格式刷　　　　　C．格式工具框　　　D．复制

6. 可以通过（　　　）菜单来插入或删除行、列和单元格。
   A．格式　　　　　　B．编辑　　　　　　C．视图　　　　　　D．表格

7. 要使 WPS 文字能自动更正经常输错的单词，应使用（　　）功能。

    A. 拼写检查　　　　B. 同义词库　　　　C. 自动拼写　　　　D. 自动更正

8. 各个不同输入法之间切换的快捷键是（　　）。

    A. 【Ctrl+Shift】　　B. 【Ctrl+空格】　　C. 【Shift+空格】　　D. 【Ctrl+Shift+Alt】

9. 用来控制段落中首行以外的其他行的起始位的是（　　）。

    A. 悬挂缩进图标　　B. 左缩进图标　　　　C. 右缩进图标　　　　D. 首行缩进图标

10. 以下说法不正确的是（　　）。

    A. 复制段落格式时，不必选定整个段落，只要选定段落标记即可

    B. 只有在"普通视图"中才可看到分节符

    C. 列表的种类包括编号列表、多级列表

    D. 以上都不对

三、上机操作题

以《背影》（作者朱自清）为素材，进行如下设置：

（1）页面设置为 A4 纸，上下左右页边距 2 cm。

（2）标题按样式设置为艺术字，宋体 20 号，文本框设置为上下型环绕。

（3）段落正文部分楷体小四号，首行缩进 2 字符，段前段后 0.5 行，多倍行距 1.3 倍。

（4）将第二、三自然段分为两栏，加分隔线，第二自然段首字下沉。

（5）为第一自然段添加底纹，为文档添加页面边框，宽度为 10 磅。

（6）设置页眉为"《背影》"，居中，宋体小五号，页眉顶端距离设置为 1 厘米，为页眉添加下框线。

（7）将文中所有的数字替换为蓝色加着重号，将第四自然段设置为绿色字体。

（8）在文档右下角插入六个大小一致的黄色太阳，横向分布，顶端对齐。

第5章　WPS表格处理

WPS 表格是金山 WPS Office 办公软件中用于数据处理的重要软件，利用 WPS 表格不但能方便地创建工作表来存放数据，而且能够使用公式、函数、图表等数据分析工具对数据进行分析和统计，具有强大的数据处理和图表制作功能，被广泛地应用于管理、统计财经、金融等众多领域。通过 WPS 表格，用户可以轻松快速地制作出各种统计报表、工资表、考勤表、会计报表等，可以灵活地对各种数据进行整理、计算、汇总、查询和分析。

5.1　WPS 表格概述

WPS 表格是 WPS Office 系列软件中的一个重要组件，主要用于制作电子表格、完成数据运算、进行数据统计和分析，具有强大的数据处理和图表制作功能。

5.1.1　WPS 表格功能

作为 WPS Office 的重要组件之一，WPS 表格主要被用于电子表格处理，其主要功能如下：

① 数据表格编辑。用户可以根据自己的需求创建数据表格，在对创建好的表格进行设计、布局和自定义打印的同时，还可以对其中的数据进行多种方式的组织和计算等处理。

② 数据图表制作。可以根据指定的数据在工作表中创建多种类型的数据图表，同时增加稻壳资源及在线图表，大大丰富图表的制作，以图表的形式更直观地展现数据之间的关系。

③ 增加"公式"选项卡，对常用公式进行归类，增加单元格命名、公式追踪、公式显示等功能，大大简化公式使用。

④ 丰富的函数及数据统计分析工具。在 WPS 表格中不仅提供了多方面的数据统计分析工具，还可以使用函数来处理和分析数据。函数的功能强大且使用灵活，在处理比较复杂的数据统计和分析问题时非常重要。

⑤ 随着互联网的发展，WPS 表格增加在线表格功能，在线表格不仅具有本地表格所有功能，还增加分享管理功能，提高表格数据安全性，方便线上办公。

5.1.2　WPS 表格的基本概念

在使用 WPS 表格之前，有必要先明确几个相关的概念。

1. 工作簿

工作簿指在 WPS 表格中用来保存并处理工作数据的文件，它的默认扩展名是.et。一个工作簿文件中可以有多张工作表。

2. 工作表

工作簿中的每一张表称为一个工作表。每张工作表都有一个名称，显示在工作簿窗口底部的工作表标签上。新建的工作簿文件包含 1 张空工作表，其默认的名称为 Sheet1，用户可以根据需要增加或删除工作表。每张工作表由 1 048 576（2^{20}）行和 16 384（2^{14}）列构成，行的编号在屏幕中自上而下为 1～1 048 576，列号则由左到右采用字母 A，B，C，…表示，当超过 26 列时用两个字母 AA，AB，…表示，当超过 256 列时，则用 AAA，AAB，…XFD 表示作为编号。

3. 单元格

工作表中行、列交叉所围成的方格称为单元格。单元格是工作表的最小单位，也是 WPS 表格用于保存数据的最小单位。单元格中可以输入各种数据，如一组数字、一个字符串、一个公式，也可以是一个图形或一个声音等。每个单元格都有自己的名称，也称单元格地址，该地址由列号和行号构成，如第 1 列与第 1 行构成的单元格名称为 A1，同理 D2 表示的是第 4 列与第 2 行构成的单元格地址。为了用于不同工作表中的单元格，还可以在单元格地址的前面增加工作表名称，如 Sheet1!A1、Sheet2!C4 等。

说明：在 WPS 表格中，一个工作表最多由 1 048 576 行和 16 384 列构成，其中每行的行号显示在工作表的最左侧，列号显示在工作表的最上侧，也可以通过【Ctrl+↓】或【Ctrl+→】组合键来直接查看当前工作表的最后一行或最后一列。

5.1.3　WPS 表格的启动和退出

启动 WPS 表格的步骤如下：

① 选择"开始"→"所有程序"→"WPS Office"→"WPS"命令。

② 打开 WPS 后，选择"首页"，单击"新建"按钮，选择"新建表格"，单击"空白文档"按钮，如图 5-1 所示。

图 5-1　WPS 表格启动

WPS 表格窗口界面如图 5-2 所示。

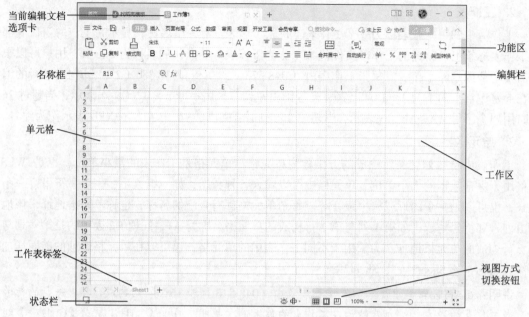

图 5-2　WPS 表格窗口界面

在使用完 WPS 表格后，需要退出该软件，常见的退出方法如下：

① 单击窗口右上角的"关闭"按钮 × 。

② 选择窗口左上角的"文件"菜单 ≡ 文件 ，选择弹出菜单中的"退出"选项。

5.1.4　WPS 表格的操作界面

启动 WPS 表格后，将进入 WPS 表格的主界面窗口，可以看到，除了 WPS 表格本身的程序窗口，系统还自动创建了一个名为"工作簿 1"的空白工作簿，在此可以进行数据的输入、编辑和图表制作等操作。

1. 主界面窗口结构

一个标准的 WPS 表格主界面窗口由快速访问工具栏、标签栏、"文件"菜单、功能区、名称框、编辑栏、工作区和状态栏等几部分组成。

WPS 表格的操作界面不再采用菜单和工具栏等形式来组织，而是用功能选项卡的形式直观地将众多的命令巧妙地组合在一起，更便于用户在使用时进行选择和查找。

（1）功能区

功能区由选项卡、选项组和一些命令按钮组成，默认显示的选项卡有开始、插入、页面布局、公式、数据、审阅、视图。默认打开的是"开始"选项卡，在该选项卡下包括剪贴板、字体、对齐方式、数字、样式、单元格、编辑等选项组。各个选项组中的命令组合在一起来完成各种任务。

（2）活动单元格

当单击任意一个单元格后，该单元格即成为活动单元格，也称当前单元格。此时，该单元格周围出现黑色的粗线方框。通常在启动 WPS 表格应用程序后，默认活动单元格为 A1。

（3）名称框与编辑栏

名称框可随时显示当前活动单元格的名称。

编辑栏可同步显示当前活动单元格中的具体内容，如果单元格中被输入的是公式，则即使最终的单元格中显示的是公式的计算结果，但在编辑栏中也仍然会显示具体的公式内容。另外，有时单元格中的内容较长，无法在单元格中完整显示，单击该单元格后，在编辑栏中可看到完整的内容。

（4）工作表行标签和列标签

工作表的行标签和列标签表明了行和列的位置，并由行列的交叉决定了单元格的位置。

（5）工作表标签

默认情况下，WPS 表格在新建一个工作簿后会自动创建一个空白的工作表并使用默认名称Sheet1。

5.1.5　WPS 表格中的视图

在 WPS 表格中浏览表格数据时，可将一个工作表中的内容同时显示到几个小窗口中，也可在一个窗口中同时查看多个工作表中的内容，还可对各种浏览方式进行多方面的设置，如显示比例的设置等。

WPS 表格以多种视图方式查看工作表，如普通视图、页面布局视图、分页预览视图、全屏显示视图、阅读模式视图等。可以通过功能区的视图选项卡来控制和切换视图方式。

① 普通视图：普通视图是 WPS 表格中的默认视图，用于正常显示工作表，在其中可以执行数据输入、数据计算和图表制作等操作。

② 页面布局视图：在页面布局视图中，每一页都会显示页边距、页眉和页脚，用户可以在此视图模式下编辑数据、添加页眉和页脚，还可以通过拖动上方或左侧标尺中的浅蓝色控制条设置页面边距。

③ 分页预览视图：分页预览视图可以显示蓝色的分页符，用户可以用鼠标拖动分页符以改变显示的页数和每页的显示比例。

④ 全屏显示视图：要在屏幕上尽可能多地显示文档内容，可以切换为全屏显示视图，单击"视图"/"工作簿视图"组中的"全屏显示"按钮，即可切换到全屏显示视图，在该模式下，WPS 表格将不显示功能区和状态栏等部分。

⑤ 阅读模式视图：当表格中数据很多时，在阅读视图模式下，选中数据所在行和列，工作区域表格中如同数轴一样的坐标，方便用户查阅数据。

5.2　WPS 表格基本操作

在使用 WPS 表格处理表格数据时，必须要掌握一些相关的基本操作。本节主要分工作簿、工作表和单元格三部分来介绍电子表格处理时的基本操作。

5.2.1　工作簿基本操作

常用的工作簿基本操作主要包括创建、保存和打开工作簿等。

1. 创建工作簿

启动 WPS 表格，选择"首页"，单击"新建"按钮，选择"新建表格"，单击"空白文档"按钮，WPS 表格会创建空白工作簿。

2. 保存工作簿

工作簿创建好后便可以进行编辑等操作，在编辑完成时需要将编辑结果进行保存，保存工作簿的具体步骤如下：

单击"文件"菜单 ≡ 文件 ，选择"保存"命令 🗔 保存(S) ，或者单击快速访问工具栏中的"保存"按钮 🗔（也可使用快捷键【Ctrl+S】）。

3. 打开工作簿

在实际工作中，常对已有的工作簿文件重新进行编辑，此时就需要先打开该工作簿文件。打开工作簿文件的方法如下：

① 选择"文件"菜单→"打开"命令或按【Ctrl+O】组合键，打开"打开"对话框，在左侧的导航窗格中依次展开要打开工作簿所在的文件夹，然后在右侧选择要打开的工作簿，单击"打开"按钮，即可打开所选择的工作簿。

② 打开工作簿所在的文件夹，双击工作簿，可直接将其打开。

4. 查看工作簿

WPS 表格支持同时查看多个工作簿，当需要对多个工作簿中的内容进行比较查看时，可打开多个工作簿，在"视图"选项卡中单击"并排比较"按钮，从列表中选择"水平平铺"选项。

5. 保护工作簿

为了防止信息泄露，WPS 表格可以为工作簿设置密码保护。用户需要选择"文件"菜单→"文档加密"→"密码加密"命令，在打开的"密码加密"对话框中，可以为工作簿设置"打开文件密码"和"修改文件密码"。

6. 保护工作簿结构

当为防止用户修改工作簿结构，WPS 表格可以通过设置密码对工作簿的结构进行保护，禁止他人随意复制、移动、删除工作簿中的工作表。单击"审阅"选项卡，单击"保户工作簿"按钮，在弹出的对话框中设置工作簿密码，如图 5-3 所示。

7. 打印工作簿

在日常办公中，通常需要将电子表格输出为纸质形式，此时就会用到"打印"功能，打印之前，选择"文件"菜单→"打印"→"打印预览"命令可先查看要电子表格的打印效果，确认无误后单击"直接打印"按钮，如图 5-4 所示。

图 5-3 保护工作簿

图 5-4 打印工作簿

5.2.2 工作表基本操作

在工作簿中，通过工作表标签（见图 5-5）可以看出工作簿中包含几个工作表，也可以借助工作表标签来对工作表做一些常规操作。

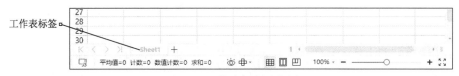

图 5-5　工作表标签示意图

1. 选择工作表

在处理表格数据时，常需要选择某个工作表以便进一步对其进行编辑等操作，在 WPS 表格中选择工作表操作可以分为以下几种情况。

① 选择一张工作表：单击相应的工作表标签，即可选择该工作表。

② 选择连续的多张工作表：在选择一张工作表后按住【Shift】键，再选择不相邻的另一张工作表，即可同时选择这两张工作表之间的所有工作表。被选择的工作表呈高亮显示。

③ 选择不连续的多张工作表：选择一张工作表后按住【Ctrl】键，再依次单击其他工作表标签，即可同时选择所单击的工作表。

④ 选择所有工作表：在工作表标签的任意位置右击，在弹出的快捷菜单中选择"选定全部工作表"命令，可选择所有的工作表。

2. 添加和删除工作表

在实际应用中，有时需要对工作表进行添加和删除。在此分别介绍两种常用的添加和删除工作表的方法。

（1）添加工作表

① 单击"开始"选项卡中的"工作表"下拉按钮，选择"插入新工作表"命令，在弹出的"插入工作表"对话框中输入新工作表数量，如图 5-6 所示，单击"确定"按钮完成插入新工作表操作。

② 右击工作表标签，将弹出的快捷菜单中选择"插入工作表"命令，在弹出的"插入工作表"对话框中选择输入插入工作表数量，单击"确定"按钮完成操作。

图 5-6　插入工作表

（2）删除工作表

① 单击要删除工作表的标签以选择该工作表，单击"开始"选项卡"工作表"下拉按钮，选择"删除工作表"命令，完成操作。

② 右击要删除工作表的标签，在弹出的快捷菜单中选择"删除工作表"命令。

3. 更改工作表名称

工作簿中的工作表通过工作表名称来相互区分，默认情况下以 Sheet1、Sheet2、Sheet3 等来命名。为了方便我们管理，通常会对工作表进行重命名操作。

① 双击工作表标签，此时工作表标签呈可编辑状态，输入新的名称后按【Enter】键。

② 在工作表标签上右击，在弹出的快捷菜单中选择"重命名"命令，工作表标签呈可编辑状态，输入新的名称后按【Enter】键。

4. 移动和复制工作表

工作表还可以在一个工作簿或多个工作簿间进行移动或复制。

（1）移动工作表

可以在一个或多个工作簿中移动工作表，若是在多个工作簿中移动时，则要求这些工作簿都必须为打开状态。移动工作表有两种方法：

① 单击要移动的工作表标签，按住鼠标左键将其拖放到目标工作簿的工作表标签区域，根据出现的倒三角标志确定工作表摆放位置后释放鼠标左键。

② 右击要移动的工作表标签，在弹出的快捷菜单中选择"移动或复制"命令，在弹出的"移动或复制工作表"对话框中根据提示选择目标工作簿和将来工作表在该工作簿中的位置后单击"确定"按钮。

（2）复制工作表

移动工作表时将工作表由原来的工作簿移动到新的工作簿中，要想在原来的工作簿中仍保留该工作表，则需要使用工作表复制来完成。可以通过两种方法进行复制：

① 单击要复制的工作表标签，同时按住【Ctrl】键和鼠标左键将其拖放到目标工作簿的工作表标签区域，根据出现的倒三角标志确定工作表摆放位置后释放鼠标左键。

② 右击要复制的工作表标签，在弹出的快捷菜单中选择"移动或复制"命令，在弹出的"移动或复制工作表"对话框中根据提示选择目标工作簿和将来工作表在该工作簿中的位置后单击"确定"按钮。

在 WPS 表格中，还可以在工作表标签上右击，通过弹出的快捷菜单进行更改工作表标签颜色、显示和隐藏工作表等操作。

5. 插入工作表

选择工作表并右击，在弹出的快捷菜单中选择"插入"命令，打开"插入"对话框。在"常用"选项卡的列表框中选择"工作表"选项，表示插入空白工作表，也可在"电子表格方案"选项卡中选择一种表格样式。

6. 冻结工作表

工作表中的数据过多时，为了方便用户查看数据，可以将工作表的窗格冻结。通过"冻结窗格"命令即可实现。单击"冻结窗格"下拉按钮，可选择"冻结首行"或"冻结首列"命令（见图 5-7），若选择"冻结首行"命令，则向下查看数据时，第 1 行固定不变，一直显示；若选择"冻结首列"命令，则向右查看数据时，A 列固定不变，一直显示。

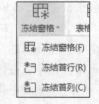

图 5-7　冻结窗格

7. 删除工作表

当工作簿中的某张工作表作废或多余时，可以在其工作表标签上右击，在弹出的快捷菜单中选择"删除"命令将其删除。如果工作表中有数据，删除工作表时将打开提示对话框，单击"确定"按钮确认删除即可。

8. 保护工作表

选择"审阅"选项卡中单击"保护工作表"按钮，在弹出的"保护工作表"对话框中，取消勾选"允许此工作表的所有用户进行"列表框中的所有复选框，在其中设置密码和保护内容，如图 5-8 所示。

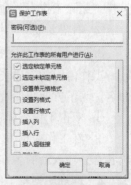

图 5-8　保护工作表

5.2.3　单元格基本操作

在 WPS 表格中，单元格是真正存储和用来编辑数据的区域，经常需要对单元格进行选择、插入和复制等操作。

1. 选择单元格

选择单元格时，通常有以下几种情况：

（1）选择一个单元格

当光标形状为⊕状态时，直接单击要选择的单元格即可选择该单元格。默认状态下，单元格被选中后，单元格的地址会显示在名称框中，内容会显示在编辑栏中。

（2）选择一个连续的区域

要选择一个连续的数据区域，可先选定该区域左上角的单元格，同时按住鼠标左键不放并拖动鼠标至该区域的右下角单元格。

（3）选择多个不连续的区域

要选择多个不连续区域，则需先选定第一个区域，然后按住【Ctrl】键选择第二个区域，同样的操作选择第三个区域，一直到所有区域选择完成。

（4）选择一行（或一列）

选择一行（或一列）时需先将光标移动到行号（或列号）上，当光标变为→（或↓）形状时单击完成选择。

（5）选择多行（或多列）

选择连续多行（或多列）时，可先选中第一行（或第一列），同时按住鼠标左键不放并拖动鼠标至最后一行（或一列）的行号（或列号）即可。

选择不连续多行（或多列）与选择多个不连续的区域类似，只需从选择第二个行开始同时按住【Ctrl】键即可。

（6）选择整个工作表的单元格

若要选择整个工作表的单元格则需要单击行号和列号相交处的"全选"按钮▉（或直接按【Ctrl+A】组合键）。

2. 单元格、行和列相关操作

在选定单元格后，通常会执行插入、删除、清除等操作，一行或一列单元格又常被统一执行某些操作。

（1）插入单元格

WPS 表格可以插入单个单元格，也可以插入一行或一列单元格，右击单元格，在弹出的快捷菜单中选择"插入"命令，在子菜单中根据插入内容相应选择，如图 5-9 所示。

图 5-9　单元格插入操作

（2）删除单元格

WPS 表格中有多种方法可用来删除不需要的单元格，以下介绍常用的方法：

单击"开始"选项卡中的"行和列"下拉按钮，在下拉菜单中选择"删除单元格"→"删除单元格"或"删除行"或"删除列"选项，将删除整行或整列单元格。

（3）合并与拆分单元格

① 合并单元格。选择需要合并的多个单元格，在"开始"选项卡中单击"合并居中"按钮，可以合并单元格，并使其中的内容居中显示。

② 拆分单元格。拆分单元格的方法与合并单元格的方法完全相反，在拆分时需先选择合并后的单元格，然后单击"合并居中"按钮；或按【Ctrl+Shift+F】组合键，打开"设置单元格格式"对话框进行设置。

（4）调整行高（或列宽）

有多种方法可调整行高（或列宽），调整时可以是一行（或一列）也可以是多行（或多列）。在此介绍常用的两种方法：

① 选择要调整的行或列（可为多行或多列），将光标定位到最后一行（或最后一列）行号（或列号）的下（或右）边框线上，当光标变为＋（或＋）形状时单击鼠标不放并向下（或向右）拖动鼠标，一直拖到合适的行高（或列宽）时再释放鼠标。

② 选择要调整的行或列（可为多行或多列），在"开始"选项卡中单击"行和列"下拉按钮，在弹出的下拉菜单中选择"行高"（或"列宽"）选项，在弹出的"行高"（或"列宽"）对话框中输入想要设置的高度值（宽度值）即可。

3. 复制和移动单元格区域

关于复制和移动单元格区域，分别以两种方式来介绍：

（1）复制单元格区域（两种方法）

① 先选中要复制的单元格区域，将光标移到该区域的外边框上，在光标形状变为时按住【Ctrl】键不放，当光标变为形状时单击鼠标，并拖动鼠标到目标区域的左上角单元格，再释放鼠标左键和【Ctrl】键完成复制操作。

② 先选中要复制的单元格区域，按【Ctrl+C】组合键进行复制；将光标定位到目标区域的左上角单元格上，按【Ctrl+V】组合键进行粘贴即可。

（2）移动单元格区域（两种方法）

方法 1：先选中要移动的单元格区域，将光标移到该区域的外边框上，在光标形状变为时单击鼠标，并拖动鼠标到目标区域的左上角单元格完成移动操作。

说明：在通过方法 1 移动单元格式区域时，可在拖动鼠标过程中按住【Shift】键不放，从而起到移动并插入该单元格区域的特殊效果。

方法 2：先选中要移动的单元格区域，按【Ctrl+X】组合键进行剪切；将光标定位到目标区域的左上角单元格上，按【Ctrl+V】组合键进行粘贴即可。

4. 选择性粘贴

在 WPS 表格中，复制或移动操作不仅会对当前单元格区域的数据起作用，还会影响到该区域中的格式、公式及批注等，可通过选择性粘贴来消除这种影响。通过选择性粘贴能对所复制的单元格区域进行有选择地粘贴，具体操作步骤如下：

① 复制好要执行选择性粘贴的单元格区域，并将光标定位到要粘贴的位置。

② 单击"开始"选项卡中"粘贴"下拉按钮 ⬚，在弹出的菜单中选择合适的选项结束操作（或选择"选择性粘贴"选项，在弹出的"选择性粘贴"对话框中选择相应的按钮后单击"确定"按钮结束操作）。

5.2.4 输入和编辑表格数据

在 WPS 表格中可以输入的数据类型有文本（包括字母、汉字和数字代码组成的字符串等）、数值（能参与算术运算的数字、货币数据等）、时间和日期、公式及函数等。输入数据时不同的数据类型有不同的输入方法。

1. 输入相同数据

当需要在表格中输入相同数据时，为了节省时间，用户可以选择用便捷的方法输入。使用鼠标填充：用户选择单元格后，将鼠标指针移至单元格右下角，当鼠标指针变成十字形状时，向下拖动鼠标指针，即可快速填充相同数据，如图 5-10 所示。如果单元格中的文本是数字，则向下填充数据后，单击弹出的"自动填充选项"按钮，选中"复制单元格"单选按钮即可。

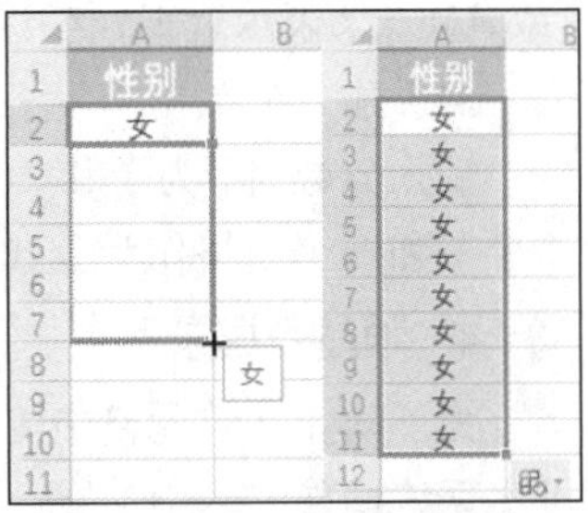

图 5-10　相同数据输入

2. 输入有序数据

在表格中录入数据时，有时会遇到在结构上有规律的数据，如"1,2,3,..." "2021/9/1,2021/9/2,2021/9/3，..." "VIP-001,VIP-002,VIP-003,..."等，在填写这类数据时，也可以采用快捷方法。

拖动法：使用鼠标指针进行拖动，拖动到哪就填充到哪。选择单元格后，将鼠标指针移至单元格右下角，当鼠标指针变成十字形状时，向下拖动鼠标即可。

双击法：如果表格中的数据较多，可以采用双击法。将鼠标指针移至单元格右下角，当鼠标指针变成十字形状时，双击即可。

3. 输入特殊数据

数值型数据是 WPS 表格中使用较多的数据类型，它可以是整数、小数或用科学记数表示的数（如 3.12E+14）。在数值中又可以出现包括负号（-）、百分号（%）、分数符号（/）、指数符号（E）等。下面介绍几种输入数值时的特殊情况。

（1）输入较大的数

在 WPS 表格中输入整数时，默认状态显示的整数最多可以包含 11 位数字，超过 11 位时会以科学记数形式表示。要想以日常使用的数字格式显示，可将该数值所在的单元格格式设置为"数值"且小数位数为 0。

若输入的是常规数值（包含整数、小数）且输入的数值中包含 15 位以上的数字，由于 WPS 表格的精度问题，超过 15 位的数字都会被舍入到 0（即从第 16 位起都变为 0）。要想保持输入的内容不变，在此介绍两种方法：

① 可在输入该数值时先输入单引号"'"，再输入数值，此方法也常被用于输入以 0 开头等类似于邮政编码的数据。

② 先将该数值所在的单元格设置为"文本"格式后再输入该数值。

以上两种方法虽可以显示 15 位以上的数值，但它们的作用都是将该数值转变成文本格式，所以此时的"数值"已不同于经常使用的数值。

（2）输入负数

一般情况下输入负数可通过添加负号"-"来进行标识，如可以直接输入"-8"，但在 WPS 表格中，还可以通过将数值置于小括号"()"中来表示负数，如输入"(8)"时，也表示-8。

（3）输入日期和时间

通常 WPS 表格中采用的日期格式为"年-月-日"或"年/月/日"，可以输入"2023-10-8"或"2023/10/8"来表示同一天，即 2023 年 10 月 8 日。

与日常生活中相同，WPS 表格中的时间格式不仅要用":"隔开，而且也分 12 小时制（默认状态）和 24 小时制。在输入 12 小时制的时间时，需要在时间的后面空一格再输入字母 am（或 AM）来表示上午，或输入 pm（或 PM）来表示下午。

（4）输入分数

输入分数时，为了和 WPS 表格中日期型数据的分隔符相区分，需要在输入分数之前先输入一个零和一个空格作为分数标志。如输入"0 1/5"，显示"1/5"，它的值为 0.2。

4. 限制数据录入

为了防止在单元格中输入无效数据，可以限制数据的录入。用户使用"有效性"功能，即可实现该操作。其中，在"数据有效性"对话框的"设置"选项卡中，可以设置允许输入"整数""小数""序列""日期""时间""文本长度"等。在"输入信息"选项卡中可以设置选定单元格时显示输入信息等。在"出错警告"选项卡中可以设置输入无效数据时显示出错警告等。

例如，限制只能输入 13 位的"卡号"

单击"数据"选项卡中的"有效性"按钮，打开"数据有效性"对话框，设置参数如图 5-11 所示。

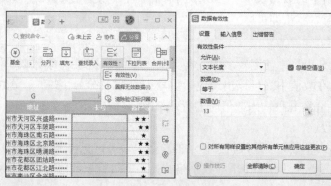

图 5-11　数据有效性

5. 编辑表格数据

（1）修改和删除数据

① 在单元格中修改或删除：双击需修改或删除数据的单元格，在单元格中定位光标，修改或删除数据，然后按【Enter】键完成操作。

② 选择单元格修改或删除：当需要对某个单元格中的全部数据进行修改或删除时，只需

选择该单元格，然后重新输入正确的数据，也可在选择单元格后按【Delete】键删除所有数据，然后输入需要的数据，再按【Enter】键完成修改。

③ 在编辑栏中修改或删除：选择单元格，将鼠标指针移到编辑栏中并单击，将光标定位到编辑栏中，修改或删除数据后按【Enter】键完成操作。

（2）移动或复制数据

① 通过"剪贴板"组移动或复制数据：选择需移动或复制数据的单元格，在"开始"选项卡中单击"剪切"按钮或"复制"按钮，选择目标单元格，单击"粘贴"按钮。

② 通过右键快捷菜单移动或复制数据：选择需移动或复制数据的单元格，右击，在弹出的快捷菜单中选择"剪切"或"复制"命令；选择目标单元格，然后右击，在弹出的快捷菜单中选择"粘贴"命令，即可完成数据的移动或复制。

③ 通过快捷键移动或复制数据：选择需移动或复制数据的单元格，按【Ctrl+X】组合键或【Ctrl+C】组合键，选择目标单元格，然后按【Ctrl+V】组合键。

（3）查找和替换数据

在"开始"选项卡中单击"查找"下拉按钮，在打开的下拉菜单中选择"查找"选项，打开"查找"对话框。在其中单击相应选项卡，输入查找和替换内容，并进行替换，如图 5-12 所示。

图 5-12　查找和替换

5.2.5　数据格式设置

1. 设置字体格式

① 通过字体组设置：选择要设置的单元格，在"开始"选项卡的"字体"下拉列表框和"字号"下拉列表框中可设置表格数据的字体和字号，单击"加粗"按钮、"倾斜"按钮、"下划线"按钮和"字体颜色"按钮，可为表格中的数据设置加粗、倾斜、下划线和颜色效果。

② 通过"字体"选项卡设置：选择要设置的单元格，右击，在弹出的快捷菜单中选择"设置单元格格式"命令，打开"设置单元格格式"对话框，单击"字体"选项卡，在其中可以设置单元格中数据的字体、字形、字号、下划线、特殊效果和颜色等。

2. 设置对齐方式

① 通过"对齐方式"组设置：选择要设置的单元格，在"开始"选项卡中单击"文本左

对齐"按钮、"居中"按钮、"文本右对齐"按钮等，可快速为选择的单元格设置相应的对齐方式。

② 通过"设置单元格格式"对话框设置：选择需要设置对齐方式的单元格或单元格区域，单击"开始"中的"单元格格式"对话框启动器按钮，打开"单元格格式"对话框，单击"对齐"选项卡，可以设置单元格中数据的水平和垂直对齐方式、文字的排列方向和文本控制等。

3. 设置数字格式

选择要设置的单元格，在"开始"选项卡中单击数字格式下拉列表框右侧的下拉按钮，在打开的下拉列表中可以选择一种数字格式。此外，单击"会计数字格式"按钮、"百分比样式"按钮、"千位分隔样式"按钮、"增加小数位数"按钮和"减少小数位数"按钮等，可快速将数据转换为会计数字格式、百分比、千位分隔符等格式，如图 5-13 所示。

图 5-13　数字格式设置

5.2.6　单元格格式设置

1. 设置单元格边框

① 通过"字体"组设置：选择要设置的单元格后，在"开始"选项卡中单击"边框"下拉按钮，在打开的下拉列表中可选择所需的边框线样式，在"绘制边框"栏的"线条颜色"和"线型"子选项中可选择边框的线型和颜色。

② 通过"边框"选项卡设置：选择需要设置边框的单元格，打开"设置单元格格式"对话框，单击"边框"选项卡，在其中可设置各种粗细、样式或颜色的边框。

2. 设置单元格填充颜色

① 通过字体组设置：选择要设置的单元格后，在"开始"选项卡中单击"填充颜色"按钮右侧的下拉按钮，在打开的下拉列表中可选择所需的填充颜色。

② 通过"填充"选项卡设置：选择需要设置的单元格，打开"设置单元格格式"对话框，单击"填充"选项卡，在其中可设置填充的颜色和图案样式。

3. 使用条件格式

选择要设置条件格式的单元格区域，选择需要进行样式设置单元格区域。在"开始"选项卡中单击"条件格式"按钮，在打开的下拉列表中选择所需选项，如图 5-14 所示。

4. 套用表格格式

WPS 表格预设了三种表格样式，包括浅色系、中色系和深色系。用户只需要选择表格区域后，在"开始"选项卡中单击"表格样式"下拉按钮，从列表中选择合适的样式。弹出"套用表格样式"对话框，直接单击"确定"按钮，即可为表格套用所选样式。

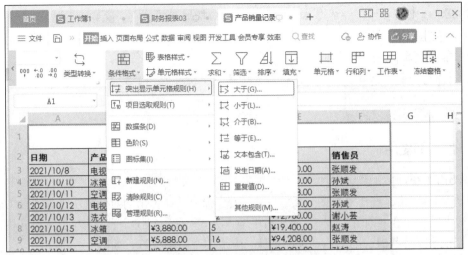

图 5-14　条件格式选择

5.3　公式与函数

5.3.1　公式的概念

在 WPS 表格中，公式就是以 "=" 开始的一组运算等式，其由等号、函数、括号、单元格引用、常量、运算符等构成，结构如图 5-15 所示。

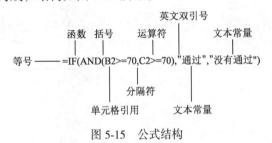

图 5-15　公式结构

其中的表达式又由运算符和运算数组成，运算符包括算术运算符、比较运算符、文本运算符、引用运算符等，运算数则可以是常量、单元格引用、单元格区域引用及函数等。

在 WPS 表格中，常用的数据类型主要包括数值型、文本型和逻辑型三种类型，其中数值型是表示大小的一个值，文本型表示一个名称或提示信息，逻辑型表示真或者假。

WPS 表格中的常量包括数字或文本等各类数据，主要可分为数值型常量、文本型常量和逻辑型常量。数值型常量可以是整数、小数、百分数，不能带千分位和货币符号。文本型常量是用英文双引号（"）引起来的若干字符，但其中不能包含英文双引号。逻辑型常量只有两个值：TRUE 和 FALSE，表示真和假。

运算符是 WPS 表格公式中的基本元素，它是指对公式中的元素进行特定类型的运算。WPS 表格中的运算符主要包括算术运算符、比较运算符、文本运算符和引用运算符。

公式中的运算符主要包括以下几种：

① 算术运算符：用于完成基本的数字运算，包括加、减、乘、除和百分比等。

② 比较运算符：用于比较数据的大小，包括=、<>、>、<、>=、<=等，执行比较运算返回的结果只能是逻辑值 TRUE 或 FALSE。

③ 文本运算符：表示使用&连接符号连接多个字符形成一个文本。

④ 引用运算符：主要用于在工作表中引用单元格。公式中的引用运算符共有三个，包括冒号（:）、单个空格、逗号（,）。

5.3.2 公式的使用

【例 5-1】统计员工奖金。

启动 WPS 表格，选择"文件"菜单→"打开"命令，在弹出的对话框中选择"员工奖金计算.et"数据文件，在"总计"列 E3 单元格中输入公式=B3+C3+D3，鼠标指向 E3 单元格，当鼠标指针变成十字形状时，向下拖动鼠标指针，完成奖金总额计算，如图 5-16 所示。

	E3			fx	=B3+C3+D3	
	A	B	C	D		E
1			员工每月固定奖金表			
2	姓名	固定奖金	工作年限奖	其他津贴		总计
3	陈东升	4000	1576	577		6153
4	章培昆	2000	1599	160		3759
5	陈勋奇	3000	1557	267		4824
6	陈艾玲	1500	1571	891		3962
7	李明轩	1500	1575	794		3869
8	梁家树	1500	1591	677		3768
9	张恨水	1500	1571	377		3448
10	耀东	1500	1564	584		3648

图 5-16 例 5-1 效果图

5.3.3 单元格的引用

1. 单元格引用类型

① 相对引用：相对引用是指输入公式时直接通过单元格地址来引用单元格。相对引用单元格后，如果复制或剪切公式到其他单元格，那么公式中引用的单元格地址会根据复制或剪切的位置而发生相应改变。

② 绝对引用：绝对引用是指无论引用单元格的公式位置如何改变，所引用的单元格均不会发生变化。绝对引用的形式是在单元格的行列号前加上符号"$"。

③ 混合引用：混合引用包含了相对引用和绝对引用。混合引用有两种形式：一种是行绝对、列相对，如"B$2"表示行不发生变化，但是列会随着新的位置发生变化；另一种是行相对、列绝对，如"$B2"表示列保持不变，但是行会随着新的位置而发生变化。

2. 同一工作簿不同工作表的单元格引用

在同一工作簿中引用不同工作表中的内容，需要在单元格或单元格区域前标注工作表名称，表示引用该工作表中该单元格或单元格区域的值，如图 5-17 所示。

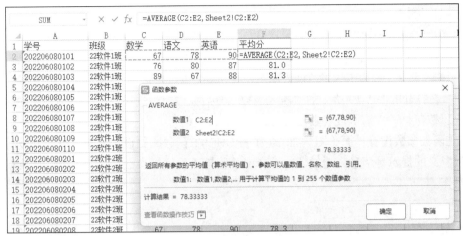

图 5-17　选择单元格区域

3. 不同工作簿不同工作表的单元格引用

在 WPS 表格中不仅可以引用同一工作簿中的内容，还可以引用不同工作簿中的内容，为了操作方便，可将引用工作簿和被引用工作同时打开，如图 5-18 所示。

	A	B	C
	fx	=[销售统计.et]Sheet1!B3+Sheet1!C3+Sheet1!D3	
1	日用品销售第一季度销售总额		
2	产品名称	总计	
3	白糖	12719.64	
4	冰糖	14167.73	
5	红糖	17892.33	
6	牙膏	5883.22	
7	湿纸巾	9567.04	
8	零食	7746.66	
9	洗发水	10554.76	
10	沐浴露	20688.12	
11	护肤品	9224.45	
12	卫生纸	9204.74	
13	香皂	9223.21	

图 5-18　引用不同工作簿不同工资表中单元格

5.3.4　函数的使用

函数是由 WPS 表格预先定义好的特殊公式，如 SUM 函数表示求和、AVERAGE 函数表示求平均等。函数通过参数来接收要计算的数据并返回计算结果，如函数表达式 SUM(A3:E10)表示求 A3 到 E10 区域中所有数据的和，其中 A3:E10 就是 SUM 函数的参数。函数的输入格式如下：

函数名(参数 1,参数 2,…)

其中，参数的个数和类别由该函数的功能和性质决定，各参数之间用逗号分隔。

WPS 表格为用户提供了丰富的内置函数，按照功能可分为统计函数、数学与三角函数、逻辑函数、日期与时间函数、文本函数、财务函数、查找与引用函数、数据库函数、信息函数等12 种类型。

1. 函数的插入

（1）通过"插入函数"按钮 fx 输入

① 选择要输入函数的单元格（或将光标定位到该单元格内容中要输入函数的位置）。

② 单击"公式"选项卡中的"插入函数"按钮 fx（也可直接单击编辑栏左侧的"插入函数"按钮 fx），在打开的图 5-19 所示的"插入函数"对话框中通过选择或搜索找到相应的函数，单击"确定"按钮，进入该函数参数设置界面。

③ 在函数参数设置界面（图 5-20 即为 PRODCUT 函数参数设置界面）可借助设置界面中关于参数意义的提示等信息，通过鼠标选择或手工输入设置好参数，单击"确定"按钮完成函数输入操作。

图 5-19 "插入函数"对话框

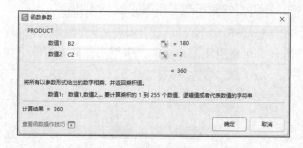

图 5-20 SUM 函数参数设置界面

（2）通过"公式"选项卡输入

在插入函数时如果已经知道函数所在的类别，就可以直接单击选项卡中对应的类别按钮快速查找该函数。具体操作如下：

① 打开"公式"选项卡，在图 5-21 所示的功能按钮中单击与函数类型相对应的按钮。

② 在弹出的下拉列表中选择要插入的函数名称后直接进入函数参数设置界面，在参数设置完成后单击"确定"按钮完成操作。

图 5-21 "公式"选项卡中的函数相关命令按钮

在图 5-21 显示的功能区按钮中还可以看到一个"便捷公式"按钮 ，通过该按钮可打开选择常用的函数。

2. 常用函数介绍

为了方便使用，WPS 表格中的函数名称往往已经描述了该函数的功能，以下的常用函数便充分体现了这一点。

（1）SUM 函数

使用格式：SUM(number1,number2,…)

函数功能：计算所有参数的总和。

参数说明：number1,number2,…均代表需要参与求和的数据，可以是具体的数值、单元格或单元格区域的引用等。参数最多可以有 255 个。

函数示例：SUM(7,A3,D5:D7)用来计算三部分数据的总和，这三部分数据依次为：整数 7、A3 单元格中的值、D5～D7 区域中所有单元格中的值。

（2）SUMIF 函数

使用格式：`SUMIF(range,criteria,sum_range)`

函数功能：计算符合指定条件的所有单元格的数值和。

参数说明：range 为一个单元格区域，函数功能中判断指定条件是否符合就是基于这个单元格区域来判断的；criteria 为一个条件表达式，表示函数功能中提到的指定条件，在输入时该参数一般要用双引号括起来；sum_range 也为一个单元格区域，代表想要求和的值所在的单元格区域。

函数示例：SUMIF(A2:A7,"=男",D2:D7) 用来计算图 5-22 所示的男生住宿费总和。示例中的第二个参数出现了用等号 "=" 构成的条件表达式"=男"，此时的等号 "=" 也可以省略。即示例中的公式也可写为 SUMIF(A2:A7,"男",D2:D7)。

A	B	C	D	E	F
姓名	性别	伙食费	住宿费	交通费	其他
王勇明	男	1050	800	200	300
李志强	男	1200	850	250	350
康兰兰	女	700	900	450	400
刘卫国	男	1150	850	300	280
张建峰	男	1100	800	280	300
赵丽君	女	800	800	400	500

图 5-22　SUMIF 函数示例数据

（3）INT 函数

使用格式：`INT(number)`

函数功能：将数值向下取整为最接近的整数，并返回该整数作为结果。

参数说明：number 为要取整的数值或该数值所在的单元格名称。

函数示例：INT(3.5)将对 3.5 进行向下取整，结果为 3。又如，INT(-3.5)将对-3.5 进行向下取整，结果为-4。

（4）MOD 函数

使用格式：`MOD(number,divisor)`

函数功能：计算两数相除后的余数。

参数说明：number 为函数功能中提到的两数相除时的被除数或被除数所在的单元格名称；divisor 为函数功能中提到的两数相除时的除数或除数所在的单元格名称。

函数示例：MOD(9,4)用于求 9 除以 4 的余数，结果为 1。

（5）ROUND 函数

使用格式：`ROUND(number,num_digits)`

函数功能：将指定的数值按指定位数进行四舍五入，并返回舍入后的数值作为结果。

参数说明：number 为函数功能中提到的要四舍五入的数值或该数值所在的单元格名称。divisor 为执行四舍五入时舍入的位数或该位数值所在的单元格名称。该参数可以是正数、负数和零，当此参数为正数 x 时，将舍入到小数点后 x 位；为零时，将舍入为最接近的整数；为负数时，将舍入到小数点前且从个位为第 0 位开始的第|x|位。

函数示例：ROUND(3.14159,4)用于将 3.14159 四舍五入到小数点后 4 位小数,结果为 3.1416；而 ROUND(123456.123,-2)则是将 123456.123 四舍五入到百位后的值，结果为 123500。

（6）MAX 或 MIN 函数

使用格式：`MAX(number1,number2,...)`或 `MIN(number1,number2,...)`

函数功能：计算所有参数中的最大值或最小值。

参数说明：number1,number2,…均代表需要参与求最大值的数据，这些参数可以是具体的数值、单元格或单元格区域的引用等，且最多可以有 255 个。

（7）COUNT 函数

使用格式：`COUNT(value1,value2,…)`

函数功能：统计某个单元格区域中内容为数字的单元格个数。

参数说明：value1,value2,…均代表需要参与数字统计的数据，这些参数可以是具体的数值、单元格或单元格区域的引用等，且最多可以有 255 个，但 COUNT 函数统计时只对这些参数中是数字类型的参数进行计数。

函数示例：COUNT(7,2.3,A2,B3:F7)用来在四部分数据中统计数字的个数，这四部分数据包括整数 7、小数 2.3、单元格 A2 中的数据、单元格区域 B3:F7 中的所有数据，虽然不知道 A2 单元格和 B3:F7 区域中的数据，但可以肯定的是结果应该为大于等于 2 的整数。

（8）COUNTIF 函数

使用格式：`COUNTIF(range,criteria)`

函数功能：统计某个单元格区域中符合指定条件的单元格数目。

参数说明：range 为一个单元格区域的引用，代表函数功能中提到的要统计的单元格区域；criteria 为一个条件表达式，表示函数功能中提到的指定条件，在输入函数时该参数一般要用双引号括起来。

（9）IF 函数

使用格式：`IF(logical_test,value_if_true,value_if_false)`

函数功能：根据对指定条件的真假判断结果，返回相应的值。如果指定条件为真，则函数结果为第二个参数的值，否则函数结果为第三个参数的值。

参数说明：logical_test 为一个逻辑判断表达式，它只有“真”或“假”两种判断结果，它用来表示函数功能中的指定条件；value_if_true 为一个表达式，它的结果在函数功能中代表指定条件为真时的取值，如果此参数忽略则默认为是 0；value_if_false 为一个表达式，它的结果在函数功能中代表指定条件为假时的取值，如果此参数忽略则默认为是 0。

函数示例：图 5-23 中 D2 单元格的公式“=IF(B2>=10,1000,500)”表示，工龄大于等于 10 年的职工奖励 1000，否则奖励 500。如果奖励规则变为：工龄小于 10 年的职工奖励 500，小于 15 年的奖励 1000，15 以上且包含 15 年的奖励 2000，则 D2 中的公式将变为“=IF(B2<10,500,IF(B2<15,1000,2000))”，且计算结果将变为 2000。

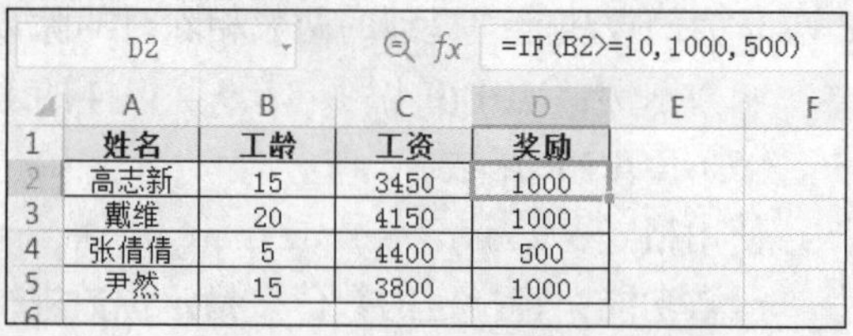

	A	B	C	D	E	F
1	姓名	工龄	工资	奖励		
2	高志新	15	3450	1000		
3	戴维	20	4150	1000		
4	张倩倩	5	4400	500		
5	尹然	15	3800	1000		
6						

图 5-23　if 函数使用

5.3.5　快速计算与自动求和

1. 快速计算

选择需要计算单元格之和或单元格平均值的区域，在 WPS 表格工作界面的状态栏中将可以直接查看计算结果，包括平均值、单元格个数、总和等，效果如图 5-24 所示。

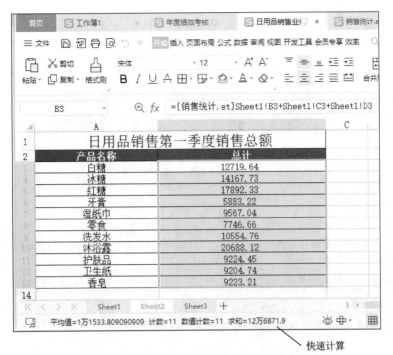

图 5-24　快速求和功能

2. 自动求和

选择需要求和的单元格，在"公式"选项卡中单击"自动求和"按钮，此时，即可在当前单元格中插入求和函数 SUM，同时 WPS 将自动识别函数参数，单击编辑栏中的"输入"按钮或按【Enter】键，完成求和的计算，效果如图 5-25 所示。

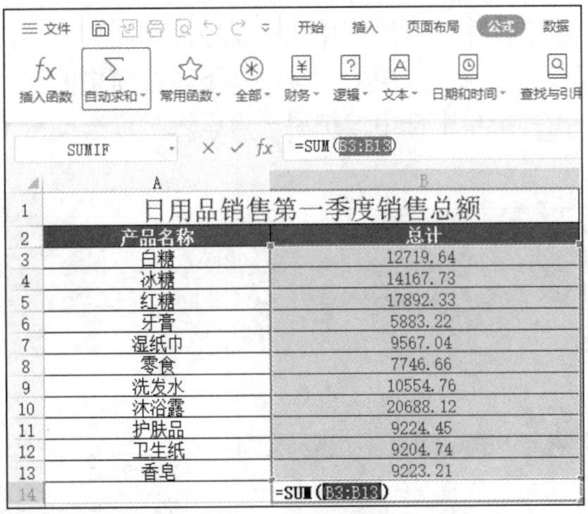

图 5-25　自动求和

5.3.6　公式出错信息

在 WPS 表格中输入公式或函数时，在了解需求的基础上，还需要按照 WPS 表格规定好的规则进行输入。但在计算过程比较复杂等情况下，输入的公式出错在所难免。可以根据 WPS 表格给出的出错信息来区分公式中出现的问题，以方便进一步更正，具体见表 5-1。

表 5-1　WPS 表格公式出错信息一览表

出错信息	说　　明
#####	出现该错误的原因一般为单元格列宽太窄以致无法全部显示或容纳该单元格中的内容或单元格中包含了负的日期或时间。可通过调整列宽和检查是否存在较小日期与较大日期之间的减法运算等方法进行修改
#DIV/0!	一般在公式中出现了除数为零或空白单元格的除法运算时出现该错误
#VALUE!	公式中出现了不符合规则的数据类型或参数时一般会出现该错误，如公式中用一个人的姓名除以年龄的情况等
#NAME?	公式中如出现了 WPS 表格无法识别的文本时会出现该错误，如函数名称拼写错误时
#NUM!	当公式或函数中包含无效数值时一般会出现此错误，如公式 "=DATE(-30,5,6)" 中用-30 表示的年份信息是无效的
#N/A	当在公式或函数中引用了一个不包含所需数据的单元格时会出现该错误，此出错信息常会出现在使用查找函数的过程中，如果查找的表格中没有预期要查找的数据时就会出现
#REF!	当单元格引用无效时会出现该错误，如将当前工作表中的公式复制到其他表格但公式中所引用的单元格数据没有同时复制过去时就会出现
#NULL!	该错误一般出现的原因是使用了单元格区域引用的交集运算符（即空格）但实际不存在相交的区域

在 WPS 表格中，除了注意以上事项之外，还需要注意输入法切换、多重括号时括号的位置以及输入公式时公式所在的单元格格式等问题。

5.4　数据管理

5.4.1　数据排序

1. 快速排序

如果只对某一列进行简单排序，可以使用快速排序法来完成。将鼠标光标定位到要排序列中的任意单元格，单击"数据"选项卡中的"排序"下拉按钮中的"升序"按钮或"降序"按钮，此时将打开提示框，在其中单击选中"扩展选定区域"单选按钮（见图 5-26），然后单击"排序"按钮即可。

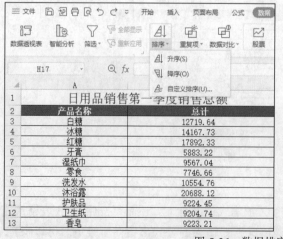
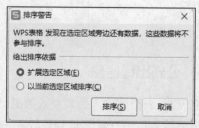

图 5-26　数据排序

2．组合排序

选择单元格，单击"数据"选项卡中的"排序"按钮，打开"排序"对话框，在"主要关键字"下拉列表框和"次序"下拉列表框中选择所需选项，设置完成后单击"确定"按钮即可，如图 5-27 所示。

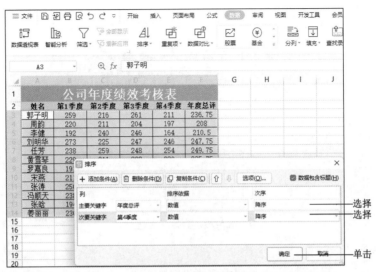

图 5-27　数据排序

5.4.2　数据筛选

1．自动筛选

选择需要进行自动筛选的单元格区域，单击"数据"选项卡中的"筛选"按钮，此时各列表头右侧将出现一个下拉按钮。单击下拉按钮，在打开的下拉列表中选择需要筛选的选项或取消选择不需要显示的数据，如图 5-28 所示。

图 5-28　自动筛选

2．自定义筛选

自定义筛选一般适用于数据类型列，使用时选择要自动筛选的数据列，单击数据列右侧的

"筛选"按钮。在弹出的下拉框中选择"数字筛选",选择筛选方式,在弹出对话框中输入筛选条件,如图 5-29 所示。

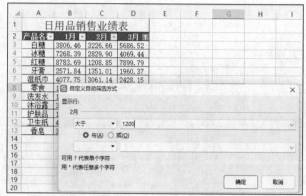

图 5-29 自定义筛选

3. 高级筛选

选择表格空白区域,根据表格数据内容输入筛选条件,例如,筛选日用品 1 月、2 月、3 月销售情况分别大于 1000 元、2000 元、1500 元的商品,在 F3～H4 区域输入图 5-30 所示的内容;将鼠标光标定位到筛选区域中的任意单元格或者选择筛选区域,单击"数据"选项卡中的"筛选"按钮,下拉按钮中选择"高级筛选" 高级筛选(A)…,弹出"高级筛选"对话框,选择需要进行筛选的列表区域和条件区域,如图 5-30 所示。

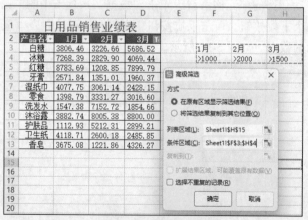

图 5-30 高级筛选

5.4.3 分类汇总

在创建分类汇总之前,应先对需分类汇总的数据进行排序,然后选择排序后的任意单元格,单击"数据"选项卡中的"分类汇总"按钮,打开"分类汇总"对话框,在其中对"分类字段""汇总方式""选定汇总项"等进行设置,如图 5-31 所示。

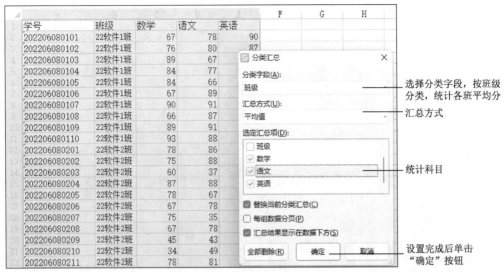

图 5-31 分类汇总

 5.5 使用图表分析数据

在使用数据统计和分析工具对数据进行分析的同时，WPS 表格中还提供了丰富的图表功能，通过将数据以图表的方式形象地表现出来，还可以利用图表的双向联动等特点通过增加或更改数据源更改图表，使数据之间的差异及规律更加清晰易懂。

5.5.1 图表的概念

图表是 WPS 表格中常被用来表现数据关系的图形工具，WPS 表格中大约包含有 11 种内部的图表类型，每种图表类型中又有很多子类型，还可以通过自定义图表形式满足用户的各种需求。

① 数据系列：图表中的相关数据点，代表着表格中的行、列。图表中每一个数据系列都具有不同的颜色和图案，且各个数据系列的含义将通过图例体现出现。在图表中，可以绘制一个或多个数据系列。

② 坐标轴：度量参考线，X 轴为水平轴，通常表示分类，Y 轴为垂直坐标轴，通常表示数据。

③ 图表标题：图表名称，一般自动与坐标轴或图表顶部居中对齐。

④ 数据标签：为数据标记附加信息的标签，通常代表表格中某单元格的数据点或值。

⑤ 图例：表示图表的数据系列，通常有多少数据系列，就有多少图例色块，其颜色或图案与数据系列相对应。

5.5.2 图表的建立与设置

1. 创建图表

图表是根据 WPS 表格表格数据生成的，因此在插入图表前，需要先编辑表格中的数据。然后选择数据区域，在"插入"选项卡中单击"全部图表"按钮，在弹出的"图表"对话框选择合适的图表类型，如图 5-32 和图 5-33 所示。

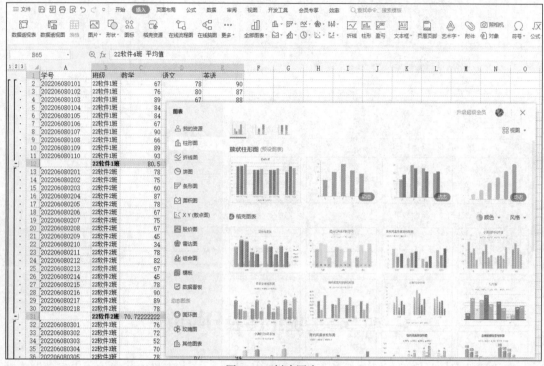

图 5-32　创建图表

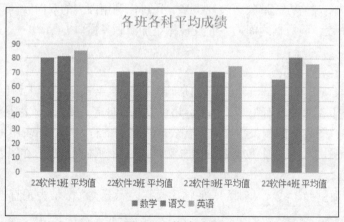

图 5-33　统计图表

2. 设置图表

选择图表，将鼠标指针移动到图表中，按住鼠标左键不放可拖动调整其位置；将鼠标指针移动到图表四角上，按住鼠标左键不放可拖动调整图表的大小。

选择不同的图表类型，图表中的组成部分也会不同，对于不需要的部分，可将其删除。其方法为：选择不需要的图表部分，按【Backspace】键或【Delete】键。

5.5.3　图表的编辑

1. 编辑图表数据

在"图表工具"选项卡中单击"选择数据"按钮，打开"编辑数据源"对话框，在其中可重新选择和设置数据。

2. 设置图表位置

在"图表工具"选项卡中单击"移动图表"按钮，打开"移动图表"对话框，单击选中"新工作表"单选按钮，即可将图表移动到新工作表中。

3. 更改图表类型

选择图表，在"图表工具"选项卡中单击"更改图表类型"按钮，在打开的"更改图表类型"对话框中重新选择所需图表类型。

4. 设置图表样式

选择图表，选择"图表工具"选项卡，在图表样式列表框中选择所需样式。

5. 设置图表布局

选择要更改布局的图表，在"图表工具"选项卡的"快速布局"下拉按钮列表中选择合适的图表布局。

6. 编辑图表元素

选择图表，单击图表右侧"图表元素"按钮，在弹出的"图表元素"对话框中可对图表内的元素进行选择添加，如图 5-34 所示；在窗口的右侧"属性"窗格可对图表中的元素进行编辑修改，如图 5-35 所示。

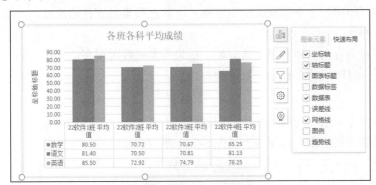

图 5-34　图表添减内容

图 5-35　图表属性栏

 5.6　工作表的打印与输出

在工作表制作完成后，可通过打印将其以纸质的形式呈现出来，方便用户阅读。在 WPS 表格中要想对已有的表格设置合适的打印格式，通常需要了解以下内容。

5.6.1　设置打印页面

设置打印页面主要是用来对打印的文档进行版面设置，合理的打印页面设置不仅可以打印出满意的效果，还能在节省版面材料的同时提高打印质量。

WPS 表格中主要通过"页面设置"对话框来进行打印页面的设置操作，打开该对话框的具体操作步骤为：打开"页面布局"选项卡，单击该选项卡中的"页面设置"对话框启动器按钮即可。进入"页面设置"对话框后主要从四方面对打印页面进行设置。

1. 设置页面

设置页面操作主要是对工作表的缩放比例、打印方向等进行设置。主要通过"页面设置"对话框的"页面"选项卡（见图 5-36）来完成。

（1）设置打印页面的方向

打印页面的方向主要有横向和纵向两个，可通过选择"页面"选项卡中"方向"区域的"纵向"或"横向"按钮来设置相应的方向，其中纵向表示打印后以打印纸的窄边作为顶端，即高度大于宽度，横向则相反。

（2）设置打印时的缩放比例

当打印的区域大小和纸张大小不一致时，为了适应纸张大小，可以通过将打印区域进行缩放，按照要求和操作习惯单击"缩放"区域下两个单选按钮中的一个，并在按钮右侧的编辑框中输入相应的缩放参数即可设置缩放比例。

（3）设置纸张大小

在实际操作中，主要是根据打印纸的大小来设置打印机中的纸张大小，操作时在"纸张大小"下拉列表中选择对应的纸张即可。

（4）设置打印质量

打印质量主要用来调整打印的分辨率，分辨率越高，打印效果就越好，根据打印机的配置不同，可供选择的打印分辨率不同。当然，打印分辨率也不是越大越好，分辨率设置越大越会缩短打印机的寿命。通过在"打印质量"下拉列表框中选择对应的选项来设置打印质量。

（5）设置打印时的起始页码

默认情况时打印的起始页面为自动，即从第 1 页开始，如果需要更改时可在"起始页码"编辑框中输入想要修改的页码，打印机将自动从该页开始打印。

2. 设置页边距

页边距是指在打印后打印内容的边界与打印纸边沿间的距离，分为上、下、左和右边距，主要通过"页面设置"对话框的"页边距"选项卡（见图 5-37）来设置。

图 5-36 "页面"选项卡

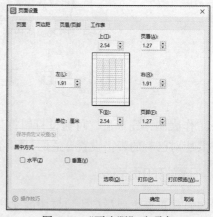

图 5-37 "页边距"选项卡

"上"、"下"、"左"和"右"文本框分别用来设置上、下、左和右边距，分别输入要设置的值即可；"页眉""页脚"文本框则用来设置页眉和页脚的位置。

"居中方式"区域用来设置打印内容是否在页边距以内的区域居中及如何居中，通过一个都不选中或选中其中的复选框来设置相应的居中方式。

3. 设置页眉/页脚

页眉或页脚是指在打印后位于打印内容顶端或底端的内容，用于标明打印内容的标题、当前的页码或总共的页数等信息。页眉和页脚不是实际工作表数据的一部分，设置的页眉和页脚不会显示在工作簿的普通视图中，但可以打印出来。主要通过"页面设置"对话框的"页眉/页脚"选项卡（见图5-38）来设置页眉和页脚。

（1）设置预置页眉或页脚格式

WPS表格中提供了多种预置的页眉或页脚格式方便用户使用，设置时可单击"页眉"或"页脚"下拉列表框，从弹出的下拉列表选项中选择想要的预置格式。

（2）自定义页眉或页脚格式

通常人们更希望按照自己的要求设置页眉或页脚格式，操作时先需要单击"自定义页眉"或"自定义页脚"按钮，在弹出"页眉"（见图5-39）或"页脚"对话框中设计合适的页眉或页脚。

图5-38　"页眉/页脚"选项卡

图5-39　"页眉"对话框

在"页眉"或"页脚"对话框中设计页眉或页脚可通过手工输入或使用该对话框中间的一排命令按钮两种方式，最终设计好的页眉或页脚将显示在"左"、"中"或"右"编辑框中，分别代表页眉或页脚是左对齐、居中对齐还是右对齐。只需在设计之前将鼠标定位到这三个编辑框中的对应编辑框就可以进行后续操作。其中对话框中按钮的功能从左到右依次为：

"格式文本"按钮 A：单击该按钮将弹出"字体"对话框，用来设置字体效果。

"插入页码"按钮：单击该按钮将在所编辑的页眉或页脚中插入当前页码。

"插入页数"按钮：单击该按钮将在所编辑的页眉或页脚中插入总页数。

"插入日期"按钮：单击该按钮将在所编辑的页眉或页脚中插入当前的系统日期。

"插入时间"按钮：单击该按钮将在所编辑的页眉或页脚中插入当前的系统时间。

"插入文件路径"按钮：单击该按钮将在所编辑的页眉或页脚中插入当前文件的绝对路径。

"插入文件名"按钮：单击该按钮将在所编辑的页眉或页脚中插入当前文件的文件名。

"插入数据表名称"按钮：单击该按钮将在所编辑的页眉或页脚中插入当前的工作表名称。

"插入图片"按钮⬚：单击该按钮将弹出"插入图片"对话框，从中可以选择相应的图片并将该图片插入到所编辑的页眉或页脚中。

"设置图片格式"按钮：在所编辑的页眉或页脚中插入图片后，此按钮将处于激活状态，单击该按钮可对插入的图片格式进行设置。

4. 设置打印区域

默认状态下，WPS 表格会自动根据当前工作表中的内容选择有内容的区域作为打印区域，如果希望只打印某指定区域内的数据，可通过"页面设置"对话框的"工作表"选项卡（见图 5-40）来设置。

（1）设置打印区域

在"打印区域"编辑框中手工输入或通过区域选择按钮⬚ 设置需要打印的单元格区域引用即可。

（2）设置打印标题

当打印的内容较多时将分成多页打印，如果需要在每页的顶端都显示行标题或列标题时，可在"顶端标题行"和"左端标题列"编辑框中手工输入或通过区域选择按钮⬚ 来设置需要显示的标题行或列。

图 5-40 "工作表"选项卡

也可通过选中对话框中的其他复选框或单选按钮设置对应的打印效果，操作简单在此不做详细介绍。

5.6.2 打印工作表

在打印工作表时，除了设置打印页面还需要对当前设置结果进行预览以及对打印区域进行合理的分页控制等操作。

1. 插入分页符

在打印内容较多时，WPS 表格将自动在合适的位置插入分页符实现打印时的分页效果。如果不想让 WPS 表格自动分页，可通过插入分页符的方式实现由用户来指定打印时的分页位置。具体操作步骤如下：

单击要插入分页符的单元格，再打开功能区的"页面布局"选项卡，单击"插入分页符"按钮⬚ 插入分页符，在弹出的下拉菜单中选择"插入分页符"选项，可以看到在当前单元格的左上角出现了两条呈十字形的虚线，这就是分页符，打印时遇到分页符将自动分页。

要移动分页符时，可切换到分页预览视图，选择"视图"选项卡单击"分页预览"按钮⬚，用户可通过鼠标单击并拖动的方式调整分页符，在该视图中将鼠标移动到分页符附近，当光标变为图 5-41 所示的形状时单击鼠标并拖动即可移动该分页符。

如果要删除分页符，只要单击分页符下一行或下一列中的任一单元格，再单击"页面布局"选项卡中的"分隔符"下拉按钮⬚，在弹出的下拉菜单中选择"删除分页符"选项即可。

当插入的分页符都不需要时，可通过单击"页面布局"选项卡中的"分隔符"下拉按钮⬚，在弹出的下拉菜单中选择"重设所有分页符"选项来恢复到默认状态。

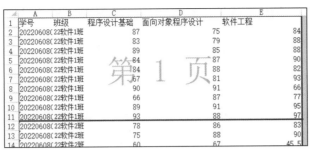

图 5-41 移动分页符示例

2. 打印预览

若要查看当前设置下的打印效果，可通过打印预览功能进行查看，具体操作步骤如下：

单击"文件"菜单→"打印"→"打印预览"命令，在窗口的右侧即可看到预览效果，还可通过右下角的"显示比例"控件调整最佳的查看比例。

3. 打印当前工作表

页面设置好后就可以打印输出，打印当前工作表的操作如下：

单击"文件"菜单→"打印"命令，在弹出的"打印"对话框中可设置打印的份数、要使用的打印机、打印的工作表范围和页码范围等。按提示设置完成后单击对话框中的"打印"按钮，即可显示图 5-42 所示的"打印进程"对话框，在该对话框退出后即可查看打印好的文件。

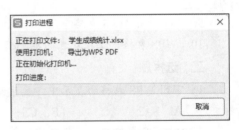

图 5-42 "打印进程"对话框

小 结

本章主要介绍了以下内容：

打开 WPS 表格 2022 后，如何新建工作簿：WPS 表格时有多种方式建立工作簿，可以从模板建立，也可以建立线上表格，默认空白工作簿带有一张工作表。WPS 表格界面窗口的各栏功能，如在编辑栏中编辑单元格，使用公式、函数对单元格中的数据进行处理。

本章介绍了工作簿操作、工作表操作、表格编辑排版、公式与函数、数据分析处理、图表制作、表格页面设置及打印等多种类型的操作功能。

① 工作簿的创建、编辑、安全设置、保存等基本操作。

② 工作表的创建、复制、移动、编辑修改、安全保护等基本操作。

③ 单元格编辑修改、数据格式设置、单元格格式的设置、工作表的整体排版及美化。

④ 公式的使用、函数的使用、公式中地址的引用。

⑤ 数据的排序、筛选及分类汇总。

⑥ 数据分析及数据图表的创建、编辑。

⑦ 工作表页眉页脚设置与打印。

习　题

一、填空题

1. 在 WPS 表格中，向单元格中输入公式时，输入的第一个符号是_____。

2. 在 WPS 表格中，_____函数可以用来查找一组数中的最小数。

3. WPS 表格公式复制时，为使公式中的范围不随新位置而变化必须使用_____地址。

4. 在 WPS 表格中，需要返回一组参数的最大值，则应该使用函数_____。

5. PS 表格工作簿的扩展名为_____。

6. 在 WPS 表格中，单元格引用位置使用_____方式表示。

7. WPS 表格中第四列第三行单元格使用标号表示为_____。

8. 在 WPS 表格中某工作表的 C2 中输入"=4+3*2"，按【Enter】键后该单元格内容为_____。

9. Sheet1 是 WPS 表格中的一个默认的_____。

10. WPS 表格中正在处理的单元格称为_____单元格，其外部有一个黑色的方框。

二、选择题

1. 下列 WPS 表格的表示中，属于绝对地址引用的是（　　　）。

　A. $A2　　　　　B. C$　　　　　C. E8　　　　　D. G9

2. 在 WPS 表格中，一般工作文件的默认文件扩展名为（　　　）。

　A. .doc　　　　　B. .et　　　　　C. .xls　　　　　D. .ppt

3. WPS 表格中引用绝对单元格，需在工作表地址前加上（　　）符号。

　A. 什么都不用加　B. $　　　　　C. @　　　　　D. #

4. 下面中属于算术运算符的是（　　　）。

　A. + * >　　　　B. = / +　　　　C. + * &　　　　D. * / +

5. 设 C1 单元格中的数据为"广东省广州市"，则下列公式取值为 FLASE 的是（　　　）。

　A. =LEFT（RIGHT（C1，3），2）="广州"

　B. =MID（C1，4，2）="广州

　C. =MID(A1,FIND("广",C1),2)="广州"

　D. =RIGHT(LEFT(C1,5),3)="广州市"

6. WPS 表格中，函数（　　）计算选定单元格区域内数据的总和。

　A. AVERAGE　　B. SUM　　　　C. MAX　　　　D. COUNT

7. 工作表数据的图形表示方法称为（　　　）。

　A. 图形　　　　　B. 表格　　　　C. 图表　　　　D. 表单

8. 在 WPS 表格中，各运算符号的优先级由高到低的顺序为（　　　）。

　A. 算术运算符、比较运算符、字符串连接符

　B. 算术运算符、字符串连接符、比较运算符

　C. 比较运算符、字符串连接符、算术运算符

　D. 字符串连接符、算术运算符、比较运算符

9. WPS 属于（　　）公司的产品。

A. 华为　　B. 腾讯　　C. 金山　　D. 阿里巴巴

10. WPS 表格新建工作簿，默认有（　　）张工作表。

A. 3　　B. 1　　C. 5　　D. 0

三、上机操作题

制作学生成绩表，操作过程如下：

1. 打开 WPS，新建空白工作簿，输入图 5-43 所示的学生成绩。

	A	B	C	D	E	F	G	H	I	J	K
1	软件工程专业学生成绩表										
2	序号	学号	姓名	C语言	Java语言	数据库	软件工程	软件需求分析	设计模式	平均分	评级
3	1	2020011001	张明	90	80	74	89	81	88		
4	2	2020011002	李丽	55	65	87	75	91	60		
5	3	2020011003	赵春梅	65	75	63	78	77	68		
6	4	2020011004	柳月	87	86	74	72	60	86		
7	5	2020011005	张春菊	68	90	91	98	99	68		
8	6	2020011006	熊思思	69	66	72	61	65	70		
9	7	2020011007	沈青	89	75	83	68	65	60		
10	8	2020011008	何梦	72	68	63	65	60	62		
11	9	2020011009	于梦溪	65	78	63	78	56	87		
12	10	2020011010	张潇	76	65	57	88	65	65		
13	11	2020011011	王丽	44	66	98	98	46	48		
14	12	2020011012	李春花	56	55	99	56	88	87		
15	13	2020011013	钱小样	38	58	65	87	8	52		
16	14	2020011014	孙涯	90	98	66	88	65	63		
17	15	2020011015	孟亮	98	45	87	49	48	65		
18	16	2020011016	周萌	65	68	45	65	58	98		
19	17	2020011017	王丽君	48	38	55	66	32	65		
20	18	2020011018	邓宇	68	69	60	36	63	35		
21	19	2020011019	陈慧	56	78	98	78	95	25		
22	20	2020011020	林郡	68	98	67	52	93	98		
23	21	2020011021	张丽丽	79	56	50	69	52	77		

图 5-43　学生成绩表

2. 将表头“软件工程专业学生成绩表”从 A1 至 K1 进行居中合并。

3. 将列标题 A2 至 K2 设置背景色“橙色，着色 4，浅色 60%”。

4. 将成绩分值区域设置条件格式，低于 60 分，字体加粗、红色、斜体。

5. 使用 AVERAGE 函数求平均分。

6. 使用 IF 函数根据平均分对学生成绩进行分级：≥90 分为优；≥80 分为良；≥70 分为中；≥60 分为差；低于 60 分不及格。

最终完成效果如图 5-44 所示。

	A	B	C	D	E	F	G	H	I	J	K
1	软件工程专业学生成绩表										
2	序号	学号	姓名	C语言	Java语言	数据库	软件工程	软件需求分析	设计模式	平均分	评级
3	1	2020011001	张明	90	80	74	89	81	88	84	良
4	2	2020011002	李丽	***55***	65	87	75	91	60	72	中
5	3	2020011003	赵春梅	65	75	63	78	77	68	71	中
6	4	2020011004	柳月	87	86	74	72	60	86	78	中
7	5	2020011005	张春菊	68	90	91	98	99	68	86	良
8	6	2020011006	熊思思	69	66	72	61	65	70	67	差
9	7	2020011007	沈青	89	75	83	68	65	60	73	中
10	8	2020011008	何梦	72	68	63	65	60	62	65	差
11	9	2020011009	于梦溪	65	78	63	78	***56***	87	71	中
12	10	2020011010	张潇	76	65	***57***	88	65	65	69	差
13	11	2020011011	王丽	***44***	66	98	98	***46***	***48***	67	差
14	12	2020011012	李春花	***56***	***55***	99	***56***	88	87	74	中
15	13	2020011013	钱小样	***38***	***58***	65	87	***8***	***52***	***51***	不及格
16	14	2020011014	孙涯	90	98	66	88	65	63	78	中
17	15	2020011015	孟亮	98	***45***	87	***49***	***48***	65	65	差
18	16	2020011016	周萌	65	68	***45***	65	***58***	98	67	差
19	17	2020011017	王丽君	***48***	***38***	***55***	66	***32***	65	***51***	不及格
20	18	2020011018	邓宇	68	69	60	***36***	63	***35***	***55***	不及格
21	19	2020011019	陈慧	***56***	78	98	78	95	***25***	72	中
22	20	2020011020	林郡	68	98	67	***52***	93	98	79	中
23	21	2020011021	张丽丽	79	***56***	***50***	69	***52***	77	64	差

图 5-44　学生成绩表完成效果

第6章 WPS演示文稿制作

在日常工作中，人们经常需要将工作成果、学术成果、会议报告、教学内容、产品介绍、广告宣传等以演示文稿的方式进行展示。WPS Office 软件的 WPS 演示文稿是金山办公软件有限公司出品的演示文稿制作工具，也是该公司办公自动化软件 WPS Office 的组件之一。WPS 演示文稿以"功能区"的形式增强了可操作性，幻灯片的切换效果和动画运行起来更加流畅和丰富，而且 WPS 演示文稿与微软公司的 PowerPoint 有很好的兼容性，使得 WPS 演示文稿成为各行业中最为流行的演示文稿制作软件之一。

利用 WPS 演示文稿，可以制作包含文本、图形、照片、视频、动画等多种元素的演示文稿。本章主要介绍 WPS 演示文稿的常用术语、工作界面、基本操作，演示文稿的制作、放映以及编辑技巧。

6.1 WPS 演示文稿

6.1.1 WPS 演示文稿的功能与主要特点

WPS 演示文稿可用于设计制作广告宣传、产品演示、教学课件展示、报告及演讲内容展示等的电子幻灯片，制作的演示文稿可以通过投影机或者计算机显示屏播放。利用 WPS Office 演示文稿，不但可以创建演示文稿，还可以在互联网上召开面对面会议、远程会议或在 Web 上给观众展示演示文稿。随着办公自动化的普及，WPS 演示文稿已经成为日常办公中使用的基本软件。

WPS 演示文稿的主要特点如下：

① 可以方便、灵活地创作包括文字、图片、声音、动画和视频等多种元素组成的演示文稿，然后由投影设备或计算机演示出来，使播放的幻灯片变得丰富多彩、生动活泼。

② 在教育实践或其他需要展示的场合中，可以用来制作各种幻灯片，然后通过大屏幕投影仪或多媒体教学系统在教室中播放，以增强教学效果、提高效益。

③ 演示文稿可以通过打印机打印在纸上予以保存，或直接打印在透明胶片上用于投影仪播放。

6.1.2 WPS 演示文稿的启动与退出

1. 启动方式

WPS 演示文稿常用的启动方式有两种：常规启动和快捷方式启动。

单击"首页"标签，单击"新建"→"新建演示"→"以[白色]为背景色新建空白演示"，或者选择"文件"菜单→"新建"→"新建"→"新建演示"→"以[白色]为背景色新建空白演示"命令。除了新建空白演示文稿，还可以用 WPS 提供的各种模板创建演示文稿。

2. 退出方式

单击"文件"菜单→"退出"命令，或者单击窗口右上角的"关闭"按钮×。

6.1.3　WPS 演示文稿的工作界面

下面介绍 WPS 演示文稿的工作界面。

从前面的章节，大家都了解到在 Windows 系统下基本的工作环境就是工作窗口，这个窗口有基本相似的结构，只是不同的应用软件的窗口界面有所变化。图 6-1 就是一个 WPS 演示文稿的工作窗口界面，下面分别介绍各部分的功能。

图 6-1　WPS 演示文稿界面

1. 快速访问工具栏

位于窗口左上角，默认情况下有"保存""撤销""恢复""打印"等按钮，单击下拉按钮可以实现"自定义快速访问工具栏"，扩充快速访问的功能。

2. 选项卡和功能区

位于窗口标签栏下面，默认情况下有"文件"菜单和"开始""插入""设计""切换""动画""放映""审阅""视图""开发工具"等选项卡。在演示文稿实际制作过程每个选项卡对应着各自被选中后的功能区，每个功能区对应着复杂的应用功能。下面分别介绍它们的功能。

（1）"文件"菜单

主要用于处理文件的"新建""打开""保存""另存为""输出为 PDF""输出为图片"等功能。

（2）"开始"选项卡

"开始"选项卡被划分为剪贴板、放映（当页开始或从头开始）、版式（新建幻灯片、版式、

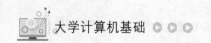

重置、节）、字体、段落、设置形状格式、演示工具、查找、替换等几个选项组。

（3）"插入"选项卡

用于插入"新建幻灯片""表格""图片""形状""图标""智能图形""图表""在线流程图""在线脑图""批注""文本框""页眉页脚""艺术字""对象""附件""幻灯片编号""日期和时间""符号""公式""音频""视频""屏幕录制""超链接""动作""资源夹""教学工具"等。

（4）"设计"选项卡

包含"智能美化""版式选择""更多设计""统一字体""配色方案""单页美化""背景""编辑母版""版式""重置""导入模板""本文模板""页面设置""幻灯片大小""演示工具"等。

（5）"切换"选项卡

包含"预览效果""切换方式""效果选项""速度""声音""自动换片方式""应用到全部"等。

（6）"动画"选项卡

设置幻灯片放映时动画效果，还包含了"智能动画""动画模板""动画窗格""删除动画"等。

（7）"放映"选项卡

设定幻灯片放映方式，包括"从头开始""当页开始""自定义放映""会议""放映设置""隐藏幻灯片""排练计时""演讲备注"等。

（8）"审阅"选项卡

"审阅"选项卡功能基本上与 WPS Word 的审阅功能相似，此处不再重复。

（9）"视图"选项卡

第一部分功能区分为"普通视图""幻灯片浏览""备注页""阅读视图"四个视图，分别以不同形式显示幻灯片。"幻灯片母版"视图主要定义三种母版模式。"幻灯片母版"是幻灯片层次结构中的顶层幻灯片，用于存储有关演示文稿的主题和幻灯片版式的信息，包括背景、颜色、字体、效果、占位符大小和位置。此外还有"讲义母版"和"备注母版"。

3. 标签栏

显示正在操作的演示文稿文件名及 WPS 演示文稿应用程序名。

4. 幻灯片和大纲选项

幻灯片和大纲选项介绍详见 6.1.4 节。

5. 工作区

工作区是制作幻灯片的工作区域，在普通视图下使用 WPS 演示文稿的各种功能在此区域制作、编辑幻灯片。

6. 状态栏

显示幻灯片当前的状态。

7. 视图切换按钮

在普通视图、幻灯片浏览、阅读视图、幻灯片放映几个视图之间切换。

6.1.4　幻灯片视图

视图方式是以什么样的方法观察当前的幻灯片。WPS 演示文稿有六种视图方式，包括普通视图、幻灯片浏览视图、备注页和阅读视图、母版视图。通过"视图"选项卡可以呈现各种视图方式。

1. 普通视图

普通视图是主要的幻灯片编辑环境，也是应用最多的视图，可用于设计或编辑演示文稿。该视图有选项卡和窗格，分别为"幻灯片"和"大纲"选项卡，以及幻灯片窗格和备注窗格。

（1）"幻灯片"和"大纲"选项卡

如图 6-2 所示，在左侧工作区显示所有幻灯片缩略图列表，并且一旦选中左面的缩略图，右边的幻灯片窗格就可以显示该幻灯片的大图，可以很方便地观看设计或编辑的效果，可以重新排列、添加或删除幻灯片。"大纲"选项卡与"幻灯片"选项卡紧邻，主要用于方便组织和开发演示文稿中的内容，如输入演示文稿中的所有文本，然后重新排列项目符号、段落和幻灯片等。

图 6-2　选择"幻灯片"选项卡的普通视图

（2）幻灯片窗格

如图 6-2 所示，位于工作窗口的右侧，是当前幻灯片的大视图，可以在当前幻灯片中进行幻灯片设计、制作、编辑等，包括添加文本、插入图片、表格、智能图形、图表、图形对象、文本框、音频视频、动画、超链接等。

（3）备注窗格

在此处添加与每个幻灯片内容相关的备注，它主要是用于对该张幻灯片添加一些说明性文字，在演示时并不对观众放映，但可供讲演者对该幻灯片细节了解的重要参考，也可以将备注内容打印出来供讲演者或听课者参考。

（4）"大纲"选项卡

在左侧任务窗格显示所有幻灯片的文本大纲，可以很方便地组织和开发演示文稿中的内容。

2. 幻灯片浏览视图

如图 6-3 所示，在"视图"选项卡中单击"幻灯片浏览"按钮，将会在整个窗口显示很多的幻灯片缩略图，以便作者从整体上浏览所有幻灯片的基本情况。在这个环境中，作者可以轻松地对演示文稿的顺序进行组织和排列，进行幻灯片的添加、删除和移动、添加节、排序及选择切换动画等。如果要想修改，最好在普通视图中进行编辑。

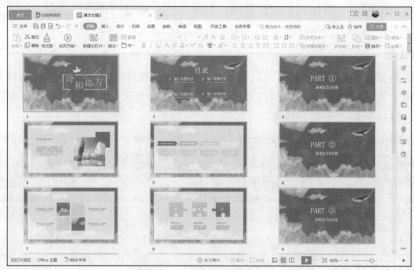

图 6-3　幻灯片浏览视图

3. 备注页视图

如图 6-4 所示，在"视图"选项卡中单击"备注页"按钮就进入到备注页视图，可以查看、编辑备注页，以及编辑演讲者备注的打印外观。

图 6-4　备注页视图说明

4. 阅读视图

当选中"阅读视图"时，计算机屏幕显示放映幻灯片的效果，但是此时连接的幻灯机并不同步放映该幻灯片。要想修改"阅读视图"下的幻灯片，也要通过视图切换按钮切换到普通视图才能实现。

5. 母版视图

图 6-5 是 "母版视图" 的工作界面。其主要作用就是对与演示文稿关联的每个幻灯片、备注页或讲义的式样进行全局定制和修改。在母版中存储了演示文稿的主要信息，如背景、颜色、字体、效果、占位符大小和位置等。母版视图的应用将在 6.3.2 设置幻灯片母版一节中详细介绍。

图 6-5　幻灯片母版视图

 ## 6.2　WPS 演示文稿的基本编辑操作

学习使用 WPS 演示文稿的核心，就是要熟练地利用这个演示文稿制作软件工具，充分发挥制作者的设计和创作能力，制作出既能表达出文稿创作者演示内容，又充满美感、引人入胜的一组幻灯片，最后以适当的方式在投影仪上放映给观众，达到吸引观众视觉、听觉和注意力的目的，从而实现良好的展示效果，这要通过使用 WPS 演示文稿的良好的编辑功能实现。

6.2.1　演示文稿的创建、打开、保存、关闭

要想制作一个好的演示文稿，必须非常熟悉 WPS 演示文稿的一些基本操作，如演示文稿的创建、打开、保存、关闭与放映等。这些基本操作与 WPS Word 有许多类似之处，操作的方法如下：

1. 演示文稿的创建

启动 WPS 演示文稿后，有两种方法创建演示文稿。

（1）利用 "空白演示文稿" 创建演示文稿

每次启动 WPS 演示文稿，系统都会创建一个空白演示文稿的空白幻灯片。如果是新建文件，单击 "文件" 菜单→ "新建" → "新建演示" 按钮，选择 "以[白色]为背景新建空白演示"，就可以新建一个空白的第一张幻灯片。

这种方法的特点是，作者可以充分发挥自己的特长，在幻灯片上充分展示自己的风格，不受WPS 演示文稿模板风格的限制，并且可以灵活地运用各种技术和技巧，使幻灯片更加丰富多彩。

新的演示文稿创建完成后，可以通过 "开始" 选项卡 "版式" 下拉菜单选择合适的版式，

版式确定后，被编辑的幻灯片出现"占位符"（见图 6-6），单击占位符即可生成该占位符确定的元素对象，如表格、图表等。

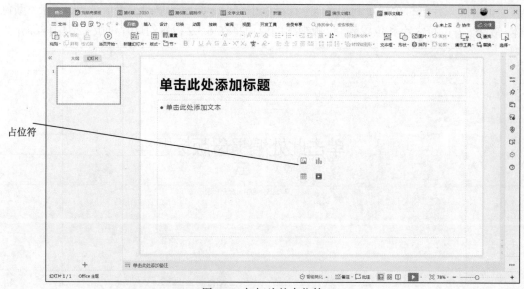

图 6-6　幻灯片的占位符

（2）利用"模板"创建演示文稿

单击"文件"菜单→"新建"→"新建演示"命令，在提供的各种模板中选择自己喜欢的模板按钮（大多数模板需要注册会员才能使用），即可创建演示文稿，如图 6-7 所示。

图 6-7　利用"样本模板"创建演示文稿

实际上，模板的使用是针对整个演示文稿的，并不是针对一张幻灯片。当选中某个模板，将创建一组幻灯片成为一个演示文稿，每一张幻灯片的风格是不一样的，主题也是不一样的。

此外，在"设计"选项卡下面 WPS 演示文稿已经有一组主题风格各异的幻灯片模板可供选择，在其中选择自己喜欢的风格，可以快速地创建有主题特征的幻灯片。

2. 打开演示文稿

单击"文件"菜单→"打开"命令，在"打开文件"对话框（见图 6-8）中按文件所在的路径查找并选择已有文稿，并单击"打开"按钮，就可以打开已有的演示文稿。还有一种方法就是通过"计算机"或者"资源管理器"窗口找到需要打开的演示文稿文件，双击该文件即可打开。

图 6-8　"打开文件"对话框

3. 演示文稿的保存和关闭

单击"文件"菜单→"保存"命令，可以对正在编辑的演示文稿进行保存。对于新建的演示文稿进行第一次保存时，会弹出"另存文件"对话框，为文件起一个文件名就可以实现对文件的保存。WPS 演示文稿的保存文件类型是.dps，但是也可以保存成 PowerPoint 的.pptx 格式。

还有一种称为"另存为"的文件保存方式。当用户需要将编辑或修改好的演示文稿以另一个新文件名保存，或者要对文件做另外的备份就要用到该方法。单击"文件"菜单→"另存为"命令，系统会弹出"另存文件"对话框，给文件另起一个文件名或者改变保存位置，就可以实现不覆盖原文件而同时保存一个新文件。

演示文稿的关闭可以用以下几个方法：

① 直接单击 WPS 演示文稿窗口右上角的"关闭"按钮×。

② 单击"文件"菜单中的"退出"命令。

【例 6-1】制作一个简单的演示文稿，作为新同学"王晓光"自我介绍的演示文稿。其由两张幻灯片组成，第一张由"自我介绍"的标题和介绍内容组成；第二张格式与第一张相同，但是内容不一样，它的标题是"我的特长"，然后是特长内容介绍。

操作步骤：

（1）创建空白演示文稿

① 启动 WPS 演示文稿后，选择"文件"菜单→"新建"→"新建演示"→"以[白色]为背

景新建空白演示", 则建立图 6-1 所示的空白演示文稿。

② 单击"开始"选项卡的"版式"按钮, 选择一个合适的版式, 如图 6-9 所示。可以看到该幻灯片有两个虚线线框, 即两个占位符。第一个占位符提示"单击此处添加标题", 可以单击这个占位符, 输入幻灯片标题。下面一个大的虚线框是另一个占位符, 但这个占位符可以输入几个方面的内容, 第 1 部分"单击此处添加文本", 可以通过单击在这个地方输入想添加的文本内容。另外, 为了丰富幻灯片内容, 还可以单击占位符内的图标位置插入表格、图表、图片、视频等。

图 6-9 选择一个合适的版式

（2）输入文稿内容

第一张幻灯标题是: "自我介绍"。标题下面的内容是: "我叫王晓光, 高中毕业于广州第 XX 中学, 现就读于 XX 大学计算机学院…", 并将文件保存在你的文件夹 WPS 网盘上。完成的结果如图 6-10 所示。这样一个最简单的幻灯片就做好了。但是, 这样的效果显然是不尽如人意的, 因为只有一张"白纸"加上一个简单的题目和内容构成, 比较简陋, 因此需要做一些美化和修饰。

图 6-10 输入文稿后的效果

（3）添主题

选择"设计"选项卡的"设计方案"下拉列表，在列表中选"黑板风家长会"设计方案，使幻灯片更有特色，如图 6-11 所示，效果显然比原来更吸引人。然后再回到"开始"选项卡，调整标题和内容的字体、字号等参数。

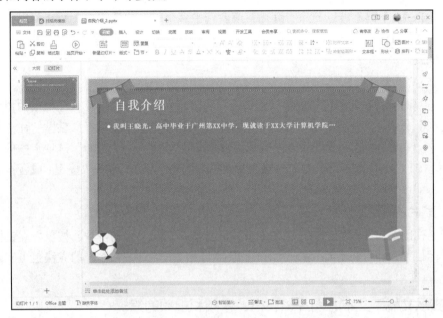

图 6-11　加上"主题"后的效果

（4）新建第二张幻灯片

选择"开始"→"新建幻灯片"→"新建"命令，在母版版式或配套模板中选一个，生成第二张幻灯片，接着按需要输入相关内容。完成后，保存文件。

从这样一个简单的演示文稿制作的过程就可以看出 WPS 演示文稿是一个非常好用的软件，能够很方便快捷地制作出丰富多彩的幻灯片。当然，如果要做出更加复杂、更加绚丽的演示文稿，还需要进一步的学习和练习。

6.2.2　在演示文稿中插入、删除、复制和移动幻灯片

一个完整的演示文稿由多张幻灯片组成，选择一张或多张幻灯片是常规的操作。在普通视图的幻灯片浏览视图，若想选中某一张幻灯片，单击就可以实现。若想选中连续多张幻灯片，可以按住【Shift】键，然后再用鼠标选取多个幻灯片的头尾两张幻灯片。如果选择多张幻灯片，但是它们不是连续选定的，那就按住【Ctrl】键，然后再用鼠标间隔选取多个幻灯片即可。有时需要对文稿的某个幻灯片进行插入、删除、复制和移动的操作，操作方法如下：

1. 幻灯片的插入操作

在普通视图下，WPS 演示文稿对插入幻灯片的操作不是用"插入"选项卡，而是在"开始"选项卡中单击 "新建幻灯片"按钮，选中合适的幻灯片主题或者母版，执行完毕就在当前幻灯片下面插入一张幻灯片，或者在工作区左侧的"幻灯片"选项卡右击幻灯片，弹出快捷菜单，选中"新建幻灯片"或者"复制幻灯片"命令即可实现幻灯片的插入和复制。还有一种方法，

在"幻灯片"标签选中时，将鼠标指针对准要复制的幻灯片，下端右侧会出现一个小的"+"标记，单击该标记即可新建或者复制幻灯片。

2. 幻灯片的删除操作

在普通视图下，在任务窗格选中"幻灯片"标签，在下面的幻灯片列表中选中要删除的幻灯片，按【Delete】键就可以删除幻灯片；或者选中多个幻灯片后，右击并在弹出的快捷菜单中，选择"删除幻灯片"命令就可以将选中的幻灯片删除。如果删除错误，可以按左上角的"撤销"按钮恢复。

3. 幻灯片的复制操作

在普通视图下，在任务窗格选中"幻灯片"标签，右击某张幻灯片，在弹出的快捷菜单中选择"复制"命令，切换到目标位置，右击并在弹出的快捷菜单中选择"粘贴"命令即可完成复制幻灯片。或者在幻灯片列表中选中要复制的幻灯片，再单击"开始"选项卡中的"复制"按钮（或者按【Ctrl+C】组合键），选中要复制的目标位置，单击"粘贴"按钮（或者按【Ctrl+V】组合键），即可复制一张新的幻灯片。

4. 幻灯片的移动操作

在普通视图下，在任务窗格选中"幻灯片"标签，选择某张幻灯片，按鼠标左键同时拖动鼠标到目标位置，即可将幻灯片移动到目标位置。用"剪切""粘贴"的方法也可实现幻灯片的移动。

6.2.3 演示文稿中文本、图片、表格、音频和视频的编辑

制作一个演示文稿，需要进行文本输入和修改，格式的确定等编辑操作，为了使幻灯片形式和内容多样化，还要通过插入各种对象（包括剪贴画、智能图形、图片、图表、艺术字、表格、音频、视频等）来丰富演示文稿的内容和表现形式，因此学会 WPS 演示文稿的编辑功能是很重要的。

1. 文本格式的编辑

与文本格式编辑相关的操作主要通过"开始"选项卡的字体和段落选项组完成，如图 6-12 所示。

图 6-12　与文本格式编辑相关的功能区

字体选项组：先选中要编辑的文本，可以直接按选项组中的按钮，实现对文本字体选择，如"宋体""黑体"等，可以通过下拉按钮选择字体的大小，还可以对文本字体加粗、倾斜、加下划线、阴影线、删除线、控制字符间距、改变字体颜色等。更精确的文本编辑，可以单击"字体"对话框启动器按钮，打开"字体"对话框，如图 6-13 所示，对选中字体的各项参数和字符间距进行修改。

段落选项组：主要是对选中的文本对象进行段落的设置。包括对选中文本添加项目符号列表、添加编号、降低或提高列表级别、文本对齐方式（左对齐、居中对齐、右对齐、两端对齐、分散对齐等）、分栏操作。更加精确的段落编辑可以单击"段落"对话框启动器按钮，打开"段

落"对话框，如图 6-14 所示，对段落的各项参数和中文版式进行设置。

图 6-13　"字体"对话框　　　　　　　　　　图 6-14　"段落"对话框

2. 图片的编辑

"插入"选项卡中的图片插入命令按钮用于实现图像处理，可以有四种图片处理方式：本地
图片、分页插图、手机图片/拍照和资源夹图片，如图 6-15 所示。将光标放在需要插入图片的
位置，可将相应来源的图片插入到指定位置。插入图片后，双击该图片可以启动"图片编辑"
选项卡，对该图片进行大小、背景、颜色等艺术效果的编辑，如图 6-16 所示。

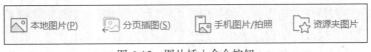

图 6-15　图片插入命令按钮

图 6-16　对图片进行编辑

3. 表格的编辑

在"插入"选项卡中单击"表格"按钮，有两种插入表格的方式。

第一种：在"表格"下拉菜单中选择"插入表格"命令，选定好表格行列数，如图 6-17 所示，单击"确定"按钮即可生成表格。

第二种：在"表格"下拉菜单中用鼠标选择表格模板，即可生成相应行数、列数的表格，如图 6-18 所示。

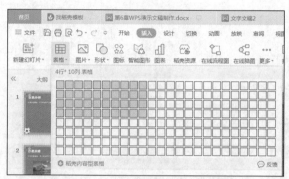

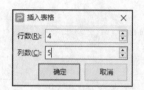

图 6-17 "插入表格"对话框

图 6-18 用"插入表格"下拉菜单

4. 音频和视频的编辑

插入和编辑音频的操作：

在"插入"选项卡中，单击"音频"下拉按钮后，可以看到有四个选项："嵌入音频""链接到音频""嵌入背景音乐""链接背景音乐"。选中想插入的音频文件，就可以将该文件插入到当前幻灯片，并且在幻灯片上有一个扬声器和播放器图标，可以在演示幻灯片时播放，也可以按下播放按钮进行音效测试。选中插入的扬声器，可以启动"音频工具"选项卡，可以调整音频播放时的效果。比如，播放时的音量大小，是否在播放时有淡入淡出效果，放映时幻灯片是否隐藏扬声器，是否循环播放直到幻灯片播放停止，是否播完返回开头等，如图 6-19 所示。

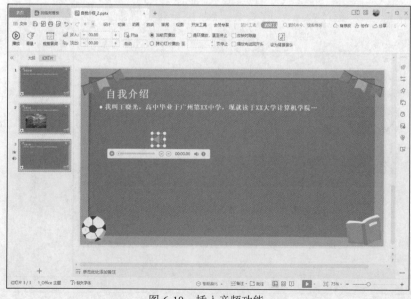

图 6-19 插入音频功能

插入和编辑视频的操作：

在"插入"选项卡中，单击"视频"下拉按钮，可以看到有三个选项："嵌入视频""链接到视频""开场动画视频"。选中想插入的视频文件，就可以将该文件插入到当前幻灯片，如图 6-20 所示。文件插入到当前幻灯片后，在幻灯片上有一个黑色显示屏和播放器的图标，可以在演示幻灯片时播放，也可以按下播放按钮进行视频效果测试。选中插入的显示屏，可以启动"视频工具"选项卡，可以调整显示器的大小、颜色、视频式样、效果等。

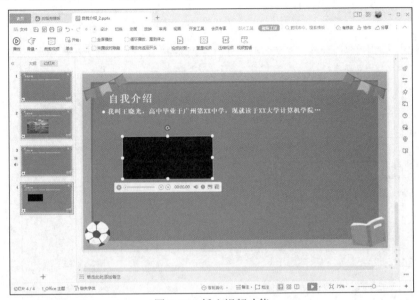

图 6-20　插入视频功能

5. 对其他元素的编辑

除了上述文本、图像、表格、音频和视频几种元素的编辑之外，还有几种常见的元素是在制作演示文稿中经常遇到的，主要有以下几种：

（1）图形的形状

在"插入"选项卡单击"形状"按钮即可在多种形状的图形中挑选合适的插入到当前幻灯片中，用法与 WPS 文字的一样。

（2）插入智能图形

为了增强幻灯片的视觉效果和说服力，WPS 演示文稿提供了智能图形功能，它方便作者将某些信息和观点以视觉的形式表现出来，如插入一些工作流程图、图形列表等。WPS 文字也有这个功能，但是由于幻灯片是通过投影机打在屏幕上的，视觉冲击力更强，因此使用智能图形会收到更佳的效果。

在"插入"选项卡下有智能图形功能，如图 6-21 所示，可以在这些图形中选择自己需要插入到当前幻灯片，然后再组织、编辑这些图形，可以使得幻灯更加美观和富于表现力。

（3）插入图表

在"插入"选项卡中还有"图表"功能，这个功能可以在当前幻灯片光标位置插入与 Excel表格相关联构成的图形，包括柱形图、折线图、饼图等，如图 6-22 所示。可以根据已有的 Excel表格方便地生成各类图表，实现数据的可视化，使得数量关系的表达更加直观、简洁。

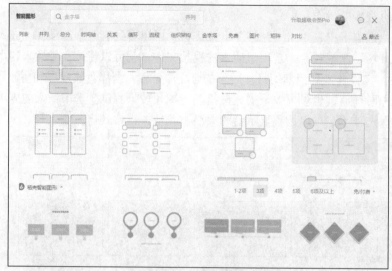

图 6-21　智能图形

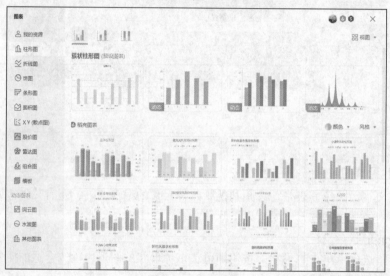

图 6-22　插入图表

（4）插入艺术字

在"插入"选项卡下有"艺术字"，当单击"艺术字"下拉按钮时，会显示多种艺术字以供选项，如图 6-23 所示。选择其中一种字体，即在当前幻灯片中出现艺术字的占位符。"请在此放输入文字"编辑框显示了艺术字的效果，编辑修改该部分内容就可以达到插入艺术字的效果。如果还要进一步修改效果，可以选中该艺术字，右击，在弹出的快捷菜单中选择"设置形状格式"命令，对插入的艺术字进行更加细致的设置。

（5）插入页眉与页脚

在"插入"选项卡中单击"页眉页脚"按钮，弹出图 6-24 所示的对话框，选中"日期和时间""幻灯片编号""页脚"等就会在幻灯片的下方加入相应的内容。如果单击"全部应用"按钮，则作用于演示文稿的全部幻灯片；如果单击"应用"按钮，则设定只作用于当前幻灯片。

（6）插入公式

在"插入"选项卡中单击"公式"下拉按钮，可以选择"公式编辑器"，利用公式编辑器对公式进行编辑，也可以选对应的公式进行编辑，如图 6-25 所示。

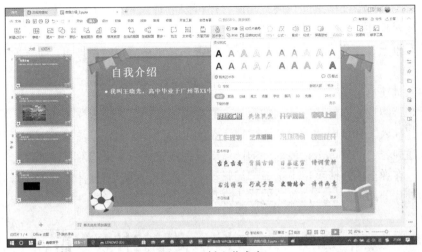

图 6-23　插入艺术字

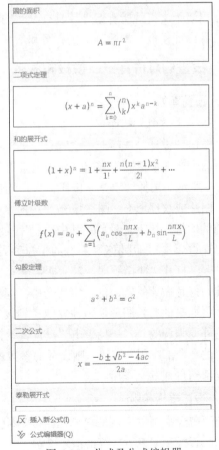

图 6-24　"页眉和页脚"对话框　　　　图 6-25　公式及公式编辑器

（7）插入超链接

WPS 演示文稿中的超链接与 WPS 文字中相似，主要是将文档中的文字或图形与其他位置相关信息链接起来。有了超链接，就可以在不同的幻灯片之间实现跳转，还可以在幻灯片与其他 Office 文档或 HTML 文档之间切换，超链接还可以指向 Internet 上的站点。

超链接的对象往往是一段文字、图形或其他对象，在幻灯片放映时如果将鼠标指针移到设有超链接的对象上，鼠标指针就会变成"手"的形状，单击该超链接即可启动超链接并将链接对象打开。

（8）插入批注

批注就是审阅者在幻灯片上插入的附注，它会以浅蓝色呈现在批注框内，但不会影响演示文稿。单击"插入"选项中的"批注"按钮，在当前幻灯片上出现批注框，审阅者可以在批注框内输入批注内容，然后单击批注框外的区域即可完成输入。如果想对批注修改，可以选中该批注，右击，在弹出的快捷菜单中选择"编辑批注"命令，可以对批注内容进行修改。应该注意的是，幻灯片上添加的批注在放映幻灯片时是不会出现的。

6.3 WPS 演示文稿的外观设置

使用演示文稿的所有幻灯片具有统一的外观是 WPS 演示文稿的一大特色。控制幻灯片外观的方法有设计模板、母版、配色方案和幻灯片版式。

6.3.1 设置幻灯片背景、模板和版式

1. 设置背景

对于一个空白文档而言，设置背景比较简单。操作步骤是：单击"设计"选项卡→"背景"下拉按钮→"选择背景"命令，在窗口右侧弹出"对象属性"任务窗格，如图 6-26 所示。选择"填充"按钮，选择纯色填充、渐变填充、图片或纹理填充、图案填充等几种方式之一，可以为当前的幻灯片填上背景色。其中"图片或纹理填充"方式可以通过单击"图片填充"右侧的下拉列表框，选择"本地文件"，打开"选择纹理"对话框将已有的图形文件导入当前幻灯片做背景，切记一定要选中"隐藏背景图形"复选框将原来的背景图形隐藏掉才能达到效果。

另外要强调的是，一旦单击"设置背景格式"对话框右下角的"全部应用"按钮，则设置的参数就会对演示文稿的全部幻灯片发生作用。

2. 设置模板和版式

前面曾经提到过模板是 WPS 演示文稿已经预先定义好格式、版式和配色方案等的演示文稿。

WPS 演示文稿的模板有两类：WPS 演示模板文件

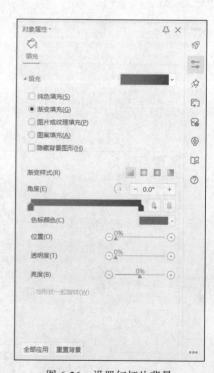

图 6-26 设置幻灯片背景

(*.dpt)、PowerPoint97-2003 模板文件(*.pot)。自己的模板建立需要通过演示文稿的设计，内容包括版式、主题颜色、主题字体、主题效果和背景式样等，然后另存为*.dpt（见图 6-27）或者*.pot 格式就可以将模板保存好，以后新建演示文稿调用该模板即可。

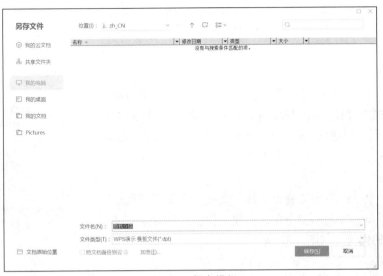

图 6-27　保存模板

版式的设计：对正在编辑的幻灯片，选择"开始"选项卡→"版式"下拉菜单，可以看到图 6-28 所示的各种可选版式，包括推荐排版和母版版式。

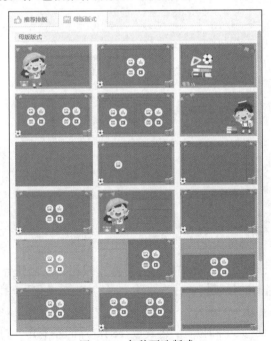

图 6-28　各种可选版式

另外，还可以通过"设计"选项卡对主题、颜色、字体、效果、背景式样等进行设置，使得幻灯片模板设计得更加丰富多彩。

6.3.2　设置幻灯片母版

前面在讲 WPS 演示文稿的工作界面和视图时提到过母版的概念,对它已经有了一些基本的了解。幻灯片母版是存储演示文稿主题和版式信息的主幻灯片,包括幻灯片的背景、颜色、字体、效果、占位符大小及位置等。在制作演示文稿时,经常需要在每一张幻灯片中显示同一个对象,比如公司的 Logo、学校的名称等,这就需要用幻灯片母版来实现。这里通过一个实例来说明母版的用法。

【例 6-2】利用母版对演示文稿添加广州理工学院的 Logo。

要求:创建一个空白文档,并获得广州理工学院的 Logo(见图 6-29),利用母版将该 Logo 加入演示文稿制作时所有的幻灯片中。

操作步骤:

① 创建一个空白演示文稿,选择"文件"菜单→"新建"→"新建演示"→"以[白色]为背景新建空白演示"命令,完成空白演示文稿的创建,如图 6-30 所示。

图 6-29　广州理工学院 Logo

图 6-30　创建空白演示文稿

② 切换到"视图"选项卡,单击"幻灯片母版"按钮,左侧任务窗格是当前演示文稿所有母版的列表,右侧是当前的母版模式,选中第一张幻灯片,如图 6-31 所示。

③ 选择"插入"选项卡→"图片"→"本地图片"命令,将广州理工学院的 Logo 插入到当前幻灯片,调整好 Logo 的大小和位置,将其放在幻灯片的左上角,同时调整两个虚线框的占位符位置和大小,使幻灯片看起来更协调,如图 6-32 所示。

图 6-31 幻灯片母版编辑环境

图 6-32 给幻灯片母版左上角添加广州理工学院 Logo

④ 可以看到,左侧的幻灯片母版列表的左上角都被粘贴了广州理工学院的 Logo。回到"幻灯片母版"选项卡,单击"关闭母版视图"按钮,回到演示文稿设计界面。

⑤ 回到演示文稿设计界面后,在当前的幻灯片左上角已经有了广州理工学院的 Logo,并且在"开始"选项卡→"新建幻灯片"→"新建"→"母版版式"下拉菜单中,可以看到所有可选的幻灯片主题左上角都有了广州理工学院的 Logo。因此,下面所有新建的幻灯片将会自动在左上角加上 Logo,完成了任务的要求。

每创建一个演示文稿，当选择"视图"→"幻灯片母版"工作界面时，实际上在左侧浏览器列表中对应着第一张的母版和下面一系列的版式，也就是说一张母版对应着一组版式。当你对第一张的母版主题修改，其他所有的版式主题都被修改，所以一定要注意"幻灯片母版"选项卡底下第一张母版主题的确定。

6.4 WPS演示文稿动画和切换效果的设置

WPS演示文稿除了能对演示文稿当中的对象进行静态编辑之外，还可以根据用户的应用及创意需要对这些对象进行动态效果的设置。合理的动态效果设置能够使演示文稿的播放效果更加生动。在WPS演示文稿中分别有"动画"和"切换"两个选项卡实现动态效果的设置。

动画效果是WPS演示文稿针对某一张幻灯片内所包含的对象预先设置好的一整套动态效果的集合。通过它用户可以对幻灯片当中的对象进行预设的动画设置。

切换效果是指某张幻灯片进入或退出屏幕时的特殊效果，使得两张幻灯片之间切换过渡更加自然。

6.4.1 幻灯片动画效果设置

动画效果是指在幻灯片的放映过程中，幻灯片上的各种对象以一定的次序及方式进入到画面中产生的动态效果。可以将演示文稿中的各种对象，包括文本、图片、形状、表格、智能图形等在放映过程中赋予动态的视觉效果，一般有进入、退出、大小变化、颜色变化、移动等效果。

WPS演示文稿有四大类动画效果：

① 进入效果：对象以什么方式进入视图。

② 退出效果：对象以什么方式离开视图。

③ 强调效果：以特殊的动态方式动作吸引注意，如沿着中心旋转的动态形式可以吸引观众。

④ 动作路径：使对象沿着特定的路径移动，达到特殊的对象移动效果。

⑤ 绘制自定义路径：使对象按照演示文稿作者绘制的路径移动。

操作步骤：

① 选中需要添加动画效果的对象，单击"动画"选项卡，如图6-33所示。

图6-33　动画效果设置

② 在"动画"选项卡中选择图6-33中黑色框所示的各种动画效果。

③ 如果黑色框中提供的动画效果不能满足要求，可以单击黑色框右下角的下拉按钮，打开"更多效果"进行选择，如图6-34所示。

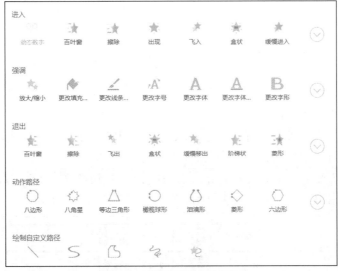

图 6-34　动画"更多效果"

6.4.2　幻灯片切换效果设置

幻灯片的切换效果是指播放某张幻灯片时进入或退出屏幕时的特殊视觉效果，可以使前后两张幻灯片之间过渡得比较自然。还可以通过控制幻灯片切换的速度、添加声音、动作等，使得两张放映的幻灯片之间切换时的效果更加引人入胜。

幻灯片"切换"选项卡对应切换效果如图 6-35 所示。

图 6-35　设置幻灯片切换效果

 ## 6.5　WPS 演示文稿放映和发行

6.5.1　放映方式的设置

演示文稿完成后必须放映才能实现它的演示功能，才能够将前面讲过的动画、切换、音频、视频等效果完整体现出来。

常用的几种幻灯片放映控制方法有：

在幻灯片"放映"选项卡中，可以单击"从头开始"或者"当页开始"按钮，如图 6-36 所示。

图 6-36　幻灯片"放映"选项卡

单击"从头开始"按钮,幻灯片一定从第一张开始放映;单击"当页开始"按钮,幻灯片从选定的当前幻灯片开始放映。

单击"自定义放映"按钮,可以自己定义幻灯片放映的方式,如只在当前演示文稿的所有幻灯片中选择若干张来放映,并不放映全部幻灯片。

另外,还可以在状态栏下方右侧单击"幻灯片放映"按钮来放映当前幻灯片(见图 6-37),单击"播放"下拉按钮,可选择"从头开始"或者从"当页开始"放映。

图 6-37　状态栏上的幻灯片放映按钮

放映幻灯片的结束有三种方式:第一种,从头到尾放完所有的幻灯片,放到最后一张之后屏幕变黑,在上方提示"放映结束,单击鼠标退出",单击后可以退出放映;第二种,按【Esc】键退出幻灯片放映;第三种,在正在放映的幻灯片中右击,在弹出的快捷菜单中选择"结束放映"命令即可退出放映。

在放映幻灯片时,为了对某些问题进行特殊说明,往往需要用笔书写或者用荧光笔强调某些内容,或者用"激光笔"做某些内容的特定指向。在正在播放的幻灯片中右击,在弹出的快捷菜单中选择"墨迹画笔"可以用"圆珠笔"、"水彩笔"或者"荧光笔"在屏幕上呈现"笔"做标注或说明。选择"演示焦点"可以用红色、绿色或者紫色激光笔对幻灯片的某些内容进行指向。

选择"放映"选项卡→"放映设置"→"放映设置"命令,弹出"设置放映方式"对话框,如图 6-38 所示。讲演者可以根据需要设置"放映类型""放映选项""放映幻灯片""换片方式"等。

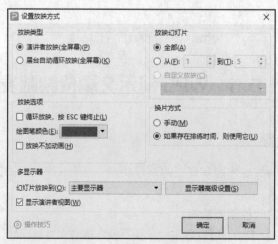

图 6-38　"设置放映方式"对话框

"放映类型"是单选按钮，设定是由讲演者放映还是在展台自动循环放映。

"放映选项"是复选框，设定是否"循环放映，按 ESC 键终止""放映不加动画"，以及设定绘图笔和激光笔的颜色。

"放映幻灯片"是单选框，设定是放映全部幻灯片，还是从其中某一张幻灯片开始到某一张幻灯片结束，或者用户自定义放映。

"换片方式"设定是手动换片还是按排练时间确定换片。另外，在多显示器下，还可以选定用哪个显示器显示幻灯片。

6.5.2　排练计时

演示文稿放映的过程首先要有好的文稿，还要有好的讲演者。实际上讲演者为了达到最佳效果，往往要预先排练，并且让每张幻灯片按照排练好的时间段放映，这就要用到"排练计时"。当单击"放映"选项卡→"排练计时"（可选择"排练全部"或者"排练当前页"）按钮后，可以按讲演者需要的速度把幻灯片放一遍，放到幻灯片末尾时，单击"是"按钮，确定排练的时间。设置好排练时间后，幻灯片就会按照排练确定的时间自动放映。如果做了单击鼠标的操作，则鼠标动作优先。

6.5.3　演示文稿的打包和打印

1. 打包幻灯片，在其他计算机中放映

演示文稿设计制作完成后，有些对象如音频和视频以链接的形式插入到幻灯片中，当更换设备播放时，如果链接的文件不存在，相关的内容将无法播放。为了防止这种情况出现，可以将演示文稿打包。

操作步骤：

① 在幻灯片主界面单击"文件"菜单→"文件打包"→"将演示文档打包成文件夹"或者"将演示文档打包成压缩文件"命令，如图 6-39 所示。

② 弹出图 6-40 所示的对话框，将打包文件保存在指定的文件夹中即可。

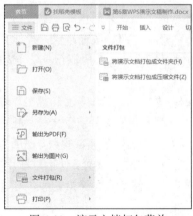

图 6-39　演示文档打包菜单

图 6-40　"演示文件打包"对话框

2. 打印演示文稿

选择"文件"菜单→"打印"→"打印"命令，弹出"打印"对话框，可以根据需要设置

179

打印方式。需要设置的参数有：

① 打印机设置：一般采用默认打印机设置，但是可以选择"反片打印"、"打印到文件"或者"双面打印"。

② 打印范围：选择"全部"打印、"当前幻灯片"打印或者"选定幻灯片"打印。还可以输入幻灯片编号指定打印范围。

③ 根据打印内容，可以选择打印幻灯片、讲义、备注页和大纲视图。

④ 确定打印份数，在打印之前最好预览一下打印效果。

"打印"对话框如图 6-41 所示。

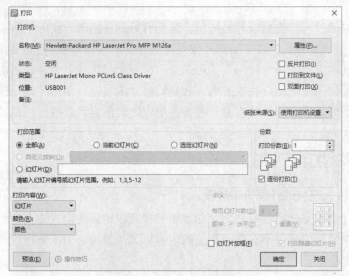

图 6-41 "打印"对话框

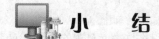 小 结

随着多媒体设备的广泛普及和应用，人们需要将自己的工作成果制作成演示文稿，向受众阐述观点、传递信息。公司会议、报告演讲、商业宣传、产品介绍、教育培训、投标竞标等都需要用到演示文稿，因此演示文稿的设计制作已经成为办公室人员必备的职场技能。WPS 演示文稿是 WPS Office 套件中最重要的办公软件之一。

制作一个好的演示文稿，首先要对 WPS 演示文稿的基本功能、工作界面和视图环境有所了解，还要熟悉基本的编辑操作，如创建、打开、保存和关闭文档，在设计演示文稿过程中对幻灯片进行插入、删除、复制和移动，对幻灯片中的文本、图片、表格、音频、视频等进行编辑。

为了丰富和美化演示文稿的展示性，可以对演示文稿的外观进行设置，包括幻灯片的背景、模板和版式，还可以设置幻灯片母版以便按照设计者的要求存储演示文稿主题和幻灯片版式信息，包括背景、颜色、字体、效果、占位符大小和位置等。

演示文稿的展示是以一张张幻灯片播放的形式呈现的。为了丰富播放的效果，WPS 演示文稿为幻灯片中各对象提供了动画效果，可以更好地抓住观众的视觉焦点，显示幻灯片中各对象之间的层次关系。切换效果设置决定播放时幻灯片之间以怎样的方式切换，丰富前后两张幻灯片之间转换时的动态效果。

在不同的场合，演示文稿需要设置不同的放映方式。主要的放映类型包括演讲者放映和展台自动循环放映两种方式。在放映时，还可以根据预先排练的计时设定，以便播放演示文稿时能够按时完成。

如果演示文稿中对象如音频或视频以链接的形式插入到幻灯片中，如果更换设备播放时链接的文件不存在，则相关的内容将无法播放。演示文稿打包可以避免这种情况的出现。演示文稿可以以幻灯片、讲义、备注页和大纲视图等方式打印出不同内容。

习　　题

一、选择题

1. 在 WPS 演示文稿中，当新建一个演示文稿时，演示文稿标题栏中显示的默认名为（　　）。

    A. Untitle_1 　　　　 B. 演示文稿 1 　　　 C. 文档 1 　　　　　　 D. office_1

2. 下列操作中，不能退出 WPS 演示文稿的操作是（　　）。

    A. 单击"文件"菜单中的"退出"命令

    B. 单击右上角的"×"按钮

    C. 按【Alt+F4】组合键

    D. 双击控制菜单

3. 演示文稿中每张幻灯片都是基于某种（　　）创建的，它预定义了新建幻灯片的各种占位符布局情况。

    A. 视图 　　　　　　 B. 母版 　　　　　　 C. 模板 　　　　　　 D. 版式

4. 在 WPS 演示文稿中，为了在切换幻灯片时添加声音，可以使用（　　）选项卡中的"声音"命令。

    A. 插入 　　　　　　 B. 设计 　　　　　　 C. 切换 　　　　　　 D. 幻灯片放映

5. 在幻灯片浏览视图中，可使用（　　）键+拖动来复制选定的幻灯片。

    A.【Ctrl】 　　　　 B.【Alt】 　　　　 C.【Shift】 　　　　 D.【Tab】

6. 使用（　　）选项卡中的"背景样式"命令可以改变幻灯片的背景。

    A. 设计 　　　　　　 B. 视图 　　　　　　 C. 切换 　　　　　　 D. 幻灯片放映

7. 对于演示文稿中不准备放映的幻灯片可以用（　　）选项卡中的"隐藏幻灯片"命令隐藏。

    A. 设计 　　　　　　 B. 视图 　　　　　　 C. 放映 　　　　　　 D. 切换

二、上机操作题

1. 用 WPS 演示文稿软件制作一组幻灯片介绍本人的基本情况，在制作过程中要熟练掌握 WPS 演示文稿的创建、打开、保存，掌握向幻灯片中添加图片、艺术字、表格、图表的方法。

2. 对一个完成的 WPS 演示文稿的不同对象设置动画效果和幻灯片放映的切换效果。

第7章 计算机网络基础与Internet应用

网络是计算机发展到一定时期的产物。最初的计算机就像海上的孤岛一样，互相之间没有连接，人们只能通过存储介质进行数据的传送与使用。后来需要共享的数据量变得庞大起来，而移动存储器的容量并不能与之相适应，加上越来越多的应用需要分布的计算机之间进行通信，海量信息的快速检索，推进了计算机网络的发展。

计算机网络从20世纪60年代开始发展至今，已形成从小型的局域网到全球性的大型广域网的规模，对现代人类的生产、经济、生活等各方面都产生了巨大的影响。在当今的信息社会中，人们不断地依靠网络来处理生活和工作上的事务，常见应用包括硬件资源共享、分布式系统计算、Web服务、文件上传下载、BBS、论坛、即时通信、游戏、博客、视频点播、电子商务、网上银行、无纸化办公、电子政务、远程办公等。

7.1 计算机网络概述

7.1.1 网络发展史

计算机网络的发展经历了远程联机、计算机互连、体系结构形成、局域网盛行、因特网繁荣和移动互联网/物联网兴起等六个主要阶段，如图7-1所示。

图7-1 计算机网络的发展路径

1. 远程联机

1946年在美国宾夕法尼亚大学诞生了世界上第一台通用计算机。在巨型机时代，计算机被掌握在发达国家的顶级研究机构或IBM等极少数计算机生产商手中。在那个年代，无论是计算机还是计算机的使用人员，数量都非常少。

随着大型机的出现，计算机开始进入少数大型公司；与此同时，计算机的使用者逐渐增加。虽然大型机的价格相比巨型机下降了不少，但一家公司通常也只有配备一两台的能力。因此，便出现了使用者数量远远多过计算机数量的情况。为解决这一问题，研究人员设计了图7-2（a）所示的远程联机系统。该系统由以下部件构成：

① 大型机。多个人共用这一台计算机，所有任务均由它完成。

② 终端。仅包含输入设备和输出设备，没有计算和存储功能。早期由电传打字机担当，后来发展为键盘和显示器。

③ Modem。中文名称为"调制解调器"，负责数字信号和模拟信号之间的转换。之所以需要 Modem，是因为大型机和终端产生的均为数字信号，而承载数据的传输媒介是公用电话网，其上只能传输模拟信号。

④ 多重线路控制器。使主机（大型机）能够接收多个终端的控制命令，并向特定终端返回结果。

这种面向终端的通信系统，目的是让多个用户共享一台计算机，这同由多台计算机互连构成的计算机网络有着本质的区别，所以称为远程联机系统（或称远程信息处理系统）。

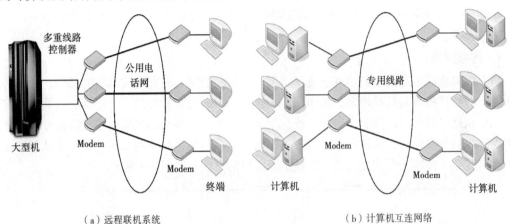

（a）远程联机系统　　　　　　　　　　　　（b）计算机互连网络

图 7-2　计算机网络发展的前两个阶段

2. 计算机互连

集成电路技术的出现和发展，促成了中小型机的诞生。随着计算机价格的不断下降，单个政府部门、公司和学校内部开始拥有越来越多的计算机。无论这些计算机的使用者是否在同一个机构，它们之间或多或少都会有共享资料和交换信息的需求。对于一些跨地域的大公司来说，资料和信息可能需要从一个城市传送到另一个城市，它们很自然地想到了使用计算机来实现信息的快速传送。为此，研究人员在远程联机系统的基础之上设计了图 7-2（b）所示的计算机互连系统。该系统与远程联机系统的主要区别在于：

① 互连对象不再是终端，而是有计算和存储能力的计算机。

② 在这个阶段计算机网络拥有了专用的通信线路。

1969 年 12 月，由美国国防部远景规划局（Defense Advanced Research Project Agency，DARPA）研究开发的 ARPANET 投入运行，标志着计算机网络的兴起。ARPANET 是分组交换网，它在概念、结构和设计方面都为今天的计算机网络奠定了基础。

3. 体系结构形成

计算机网络是一个复杂的系统，相互通信的两台计算机必须高度协调工作。在设计了专门的通信线路和通信设备、实现计算机互连后，网络设计者着手研究能够保障计算机通信准确性和有效性的软件体系结构。之所以要设计网络软件的体系结构，是因为如果将网络通信的完整功能涵盖于单个软件当中，那么该软件不仅难以设计和实现，而且在运行过程中一旦出错将很难定位错误的源头。为此，早在设计 ARPANET 时，研究人员就提出了分层解决复杂通信问题的方法。"分层"可以将庞大而复杂的问题转化为若干较小的局部问题，而这些较小的局部问题则比较易于研究和处理。

1974 年，IBM 公司率先公布了它研究的系统网络体系结构（system network architecture，SNA），其他一些公司也相继推出自己独有、与其他公司互不兼容的体系结构。使用同一种体系结构的网络产品，它们之间的通信非常简单；反之，不同体系结构产品之间的互连却很难完成。然而，全球经济的发展使得不同网络体系结构的用户迫切要求能够相互交换信息。为此，国际标准化组织（International Standard Organization，ISO）于 1977 年成立了专门机构着手研究不同体系结构的计算机网络互连问题，并于 1984 年正式颁布了开放系统互连参考模型（open system interconnection/reference model，OSI/RM），试图使之成为各种计算机在全世界范围内互连的标准框架。

4. 局域网盛行

超大规模集成电路技术的出现造就了微型计算机，公司、研究机构、政府部门、学校等单位所拥有的计算机数量日益增多。20 世纪 80 年代以后，已经发展到一个楼栋、一间办公室甚至是一个家庭内部都可能拥有多台计算机。于是，便出现了将局部区域内的计算机互连起来，以实现资源共享和信息交换的需求。实现这一功能的网络就是局域网，而且经历了从总线（共享）到集线器（共享）再到交换机（交换）等阶段的发展，如图 7-3 所示。

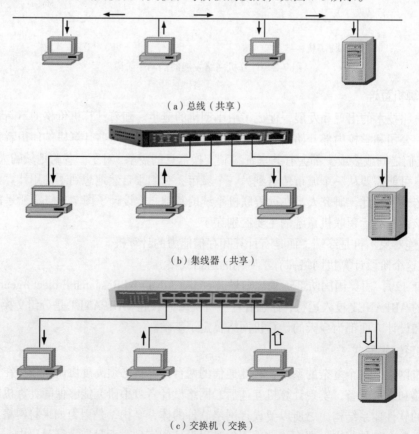

（a）总线（共享）

（b）集线器（共享）

（c）交换机（交换）

图 7-3　局域网的 3 个阶段

局域网最初主要应用于各种组织（包括企事业单位和政府部门）内部实现资源共享（包括共享硬件资源、软件资源和数据资源），典型的应用有各种管理信息系统。现在，局域网更是可以应用于人们工作、学习、生活和娱乐的各个方面。例如：

① 信息共享。各个用户自行从因特网下载感兴趣的信息，并在局域网内共享。

② 局域网游戏。多名用户在局域网内的计算机上联网玩游戏。

③ 局域网聊天。在局域网范围内，使用类似 QQ 的聊天软件进行即时交流（功能非常简单，仅限文字聊天）。

④ 其他应用包括 E-mail、电子公告牌 BBS（类似论坛）等。

局域网技术中发展最迅速的是以太网，它历经多年的发展，速度从早期的 10 Mbit/s，提高到后来的 100 Mbit/s 和 1 Gbit/s，再到今天的 400 Gbit/s 以上；其主要硬件（网卡、网线、交换机等）的成本也在不断下降。

5. 因特网繁荣

自 20 世纪 80 年代以来，在网络领域最引人注目的就是起源于美国的因特网（Internet）的飞速发展。现在，因特网已经发展成为世界上最大的国际性计算机互联网，并且影响到人们工作、学习和生活的各个方面。随着社会科技、文化和经济的发展，人们对信息资源的开发和使用越来越重视，因特网已经成为一个覆盖全球的信息海洋。

因特网之所以能够呈现爆炸式发展，主要有两个原因：

① 网络访问速度越来越快，有效改善了人们的上网体验。网速的提高主要得益于技术的发展和经济的繁荣。

② 网络应用越来越丰富，吸引人们更多地使用网络。图 7-4 给出了在因特网发展历程中起过重大作用的一些网络应用。

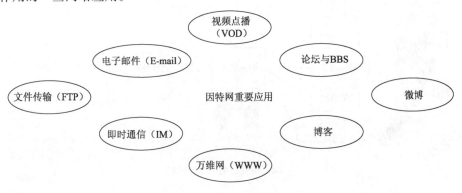

图 7-4　因特网重要应用

6. 移动互联网/物联网兴起

（1）移动互联网

移动互联网（Mobile Internet，MI）是将移动通信和互联网两者结合起来，使之成为一体，是指互联网的技术、平台、商业模式和应用与移动通信技术相结合并实践的活动的总称。4G 时代的开启以及移动终端设备的凸显为移动互联网的发展注入了巨大的能量。

移动互联网是互联网的延伸，也是互联网的发展方向。从技术层面看，它是以宽带 IP 技术为核心，可以同时提供语音、数据、多媒体等业务的开放式基础电信网络；从终端层面看，它是用户使用智能手机、上网本、笔记本式计算机、平板电脑、智能本等移动终端，通过移动网络获取移动通信网络服务和互联网服务。

2022 年以来，智能手机的处理器由单核发展为四核甚至八核，且单个核心的时钟频率已经超过了 4.0 GHz。智能手机不仅成为名副其实的微型 PC，而且大有取而代之之势。另一方面，5G、IEEE 802.20 等宽带移动接入技术的发展，又使得现在的移动应用几乎可以像传统互联网应用那样使用和依赖网络。此外，智能手机的专属性、身份标识能力和 GPS 定位功能等又为构建和开发新型移动互联网应用提供了可能。

在我国互联网的发展过程中，PC 互联网已日趋饱和，移动互联网却呈现井喷式发展。中国互联网信息中心 2023 年 3 月发布的《中国互联网络发展状况统计报告》数据显示，截至 2022 年 12 月，中国手机网民超过 10.67 亿，较 2021 年 12 月增长 3 549 万，互联网普及率达 75.6%。伴随着移动终端价格的下降及 Wi-Fi 的广泛铺设，移动网民呈现爆发趋势。

（2）物联网

物联网（the internet of things，IoT）是当今计算机网络发展的另一大趋势，它是在互联网的基础上通过射频识别（radio frequency identification，RFID）、红外感应器、全球定位系统、激光扫描器等信息传感设备，按照约定的协议，把物品与互联网连接起来进行信息交换和通信，以实现智能化识别、定位、跟踪、监控和管理的一种网络。

① 物联网的基本模型。物联网就是"物物相连的互联网"，是无线传感器网络的进一步延伸。物联网的核心和基础仍是互联网，用户端延伸和扩展到了任何物品，终端采集物品的声、光、热、电、力学、化学、生物、位置等信息，基本模型如图 7-5 所示。

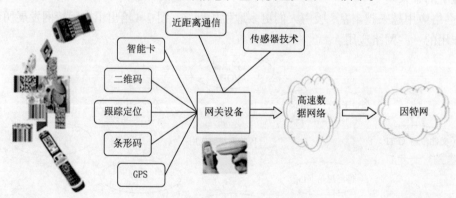

图 7-5　物联网的基本模型

② 物联网的应用。物联网是现代信息技术发展到一定阶段后出现的一种聚合性应用与技术提升，它将各种感知技术、现代网络技术和人工智能与自动化技术聚合与集成应用，使人与物智慧对话，创造出一个智慧的世界。

物联网的应用领域十分广泛，如智能家居、智能农业、智能物流、智能交通、智能安防、智能电网、智能环保、智能医疗和智能工业等。智能家居应用如图 7-6 所示。

③ 物联网的体系结构。物联网的体系结构由感知层、传输层和应用层构成，如图 7-7 所示。

感知层相当于物联网的皮肤和五官，负责识别物体和采集信息，使用的设备包括二维码标签与识读器、RFID 标签与读写器、摄像头、GPS 和各种传感器等。传输层相当于物联网的身体，负责传递感知层获取的信息，用到的网络包括移动通信网络（3G/4G/5G）、无线局域网、互联网、广电网络和各种专用网络。应用层相当于物联网的大脑，负责对采集和接收到的海量信息进行有效处理，以更好地支持决策和行动。应用层是物联网与各行各业专业技术的深度融合，设计的应用必须与行业需求紧密结合。

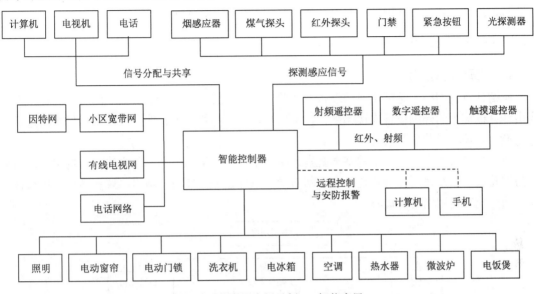

图 7-6　物联网应用示例——智能家居

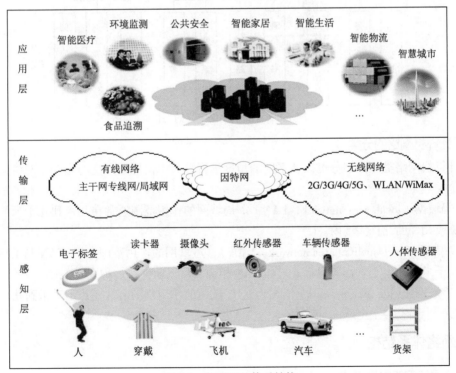

图 7-7　物联网的体系结构

　　总之，人们利用计算机进行资源共享和信息交换的需求，是促使计算机网络产生和发展的原始推动力；而在移动互联网和物联网等网络技术日新月异的今天，一种反向的趋势正在呈现，

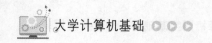

那就是网络技术的进步反过来引领人们产生更多需求。这样的趋势也在信息技术的其他分支领域同步出现，因为技术的发展着实过快，已然超越了人们的想象空间。

另外，网络技术的发展也有赖于计算机基础硬件技术的进步。例如，局域网的盛行与个人计算机的出现、移动互联网的兴起与智能手机的出现都是密不可分的。

7.1.2 网络的定义和分类

1. 计算机网络的定义

所谓计算机网络，是利用通信设备和线路将地理位置分散的、功能独立的自主计算机系统或由计算机控制的外围设备连接起来，在网络操作系统的控制下，按照约定的通信协议进行信息交换，实现资源共享的系统。

图 7-8 反映了上述定义中的基本要素，有利于理解网络的概念。网络体系结构定义网络划分为哪几层，以及每层的功能是什么。网络操作系统是工作环境，网络协议和网络应用软件才是使用户能够使用网络的核心。

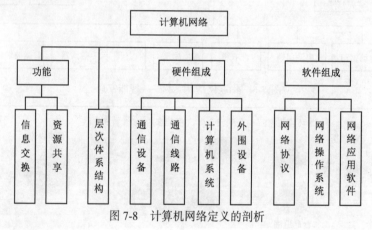

图 7-8　计算机网络定义的剖析

2. 计算机网络的分类

对计算机网络类型的划分可以从不同的角度进行，其中使用最广泛的是按照网络的作用范围来划分。

① 局域网（local area network，LAN）。局域网的作用范围通常在几米到几千米，一般安装在一栋或相邻的几栋大楼内。

② 城域网（metropolitan area network，MAN）。城域网的作用范围介于 WAN 与 LAN 之间，一般为几千米到几十千米，其运行方式与 LAN 相似，可以认为是一种大型 LAN。

③ 广域网（wide area network，WAN）。广域网的作用范围通常在几十千米到几千千米，可以遍布一个国家甚至全球。

7.1.3 网络体系结构

1. 分层的网络体系结构

计算机网络的软件由网络操作系统、网络协议和网络应用软件组成，其中网络协议和网络应用软件是核心部件，网络操作系统则为两者提供工作环境。比开发具体的网络协议或网络应用软件更重要的，是设计网络软件的体系结构。研究人员提出了分层解决复杂通信问题的方法。

分层的好处包括：

① 易于实现和维护。整个复杂系统被分割为若干相对简单的子系统。

② 结构上可以分割。各层都可以采用最合适的技术来实现。

③ 各层之间相互独立。某一层只需要知道它的下一层提供了哪些服务接口。

④ 灵活性好。当任何一层发生变化时，只要层与层之间的结构关系保持不变，则这一层以上或以下各层都不受影响。

2. OSI/RM 与 TCP/IP

自 1974 年 IBM 公司公布其系统网络体系结构（SNA）以来，许多公司相继推出了自己的网络体系结构。由于各公司体系结构的内涵不尽相同，因此不同公司的网络产品之间很难实现互通。为此，国际标准化组织 ISO 提出了 OSI/RM。但 OSI/RM 标准却几乎没有得到实际应用。这是因为 20 世纪 80 年代中期至 90 年代初，正是因特网迅速扩大其覆盖范围的黄金时期，而因特网使用其自有的 TCP/IP 体系结构。

图 7-9（a）和 7-9（b）分别展示了 OSI/RM 的七层体系结构和 TCP/IP 的四层体系结构。OSI/RM 的概念清楚、理论完整，但复杂而不实用；TCP/IP 实际上只规定了应用层、传输层和网际层的内容。因此，学习计算机网络时通常采用折中的五层体系结构，如图 7-9（c）所示。

（a）OSI/RM 体系结构　　　　（b）TCP/IP 体系结构　　　　（c）五层体系结构

图 7-9　计算机网络体系结构

五层体系结构中各层的主要功能如下：

① 应用层。决定具体的通信内容，如浏览器获取网页，QQ 传输文字、音频和视频等多媒体消息，网络游戏同步各个玩家的位置、状态、行动等信息。

② 传输层。一个功能是区分不同的网络应用软件；另一个功能是负责传输控制，包括可靠传输、流量控制和拥塞控制。

③ 网络层。为计算机设计和分配地址，选择合适的路由并防止发生网络阻塞，使数据能够正确地送达目的地。

④ 数据链路层。完成数据被转换为比特流之前的准备工作，以及差错检测。

⑤ 物理层。透明地发送和识别比特流。

3. 数据在各层之间的传递过程

假设主机 1 的应用进程 AP₁ 向主机 2 的应用进程 AP₂ 传送数据，AP₁ 先将数据交给应用层，然后传输层、网络层、数据链路层逐层向下传递，而且每一层都要加上本层的控制信息（首部），最后在物理层通过物理传输媒体传送比特流。

当一串的比特流离开主机 1 经过物理媒体传送到目的站主机 2 时，就从主机 2 的物理层依次向上传递到应用层，每一层根据控制信息进行必要的操作，然后将剥去控制信息后的数据单元交给上一层，最后应用层将 AP₁ 发送的数据交给目的站的应用进程 AP₂，如图 7-10 所示。

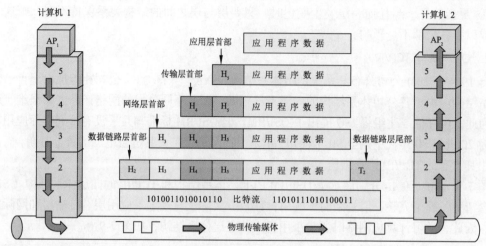

图 7-10　数据在各层之间的传递过程

4. TCP/IP 体系结构

TCP/IP 体系结构有四层，路由器在转发分组时只用到网际层而没有使用传输层和应用层，如图 7-11 所示。

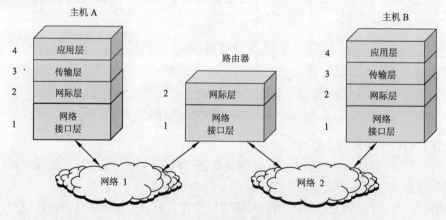

图 7-11　TCP/IP 体系结构

7.1.4　网络的硬件组成

在了解网络的硬件组成之前，请思考以下问题：

① 需要哪些设备才能上网？

② 在家里和在学校（或公司）上网有何区别？

③ 是否听说过交换机和路由器？它们起什么作用？又有何区别？

一般来说，计算机网络硬件包括以下三大类：

① 计算机及其外围设备。计算机是联网的主体；比较典型的外围设备是打印机，可以借助计算机或直接将其连入网络，使其供多台计算机共享。

② 传输介质。网络中发送方与接收方之间的物理通路，俗称"网线"。

③ 网络连接设备。主要作用是连接计算机和其他网络设备，并通过控制数据的发送、接收或转发来完成计算机之间的数据通信。

1. 计算机及外围设备

（1）服务器（server）

服务器是资源子网的核心部件，是为网络上的其他计算机提供服务的功能强大的计算机。根据服务器在网络中的作用不同，服务器通常分为文件服务器、打印服务器、通信服务器、数据库服务器、WWW 服务器、E-mail 服务器等。

① 文件服务器。为网络上的客户机（工作站）提供充足的共享磁盘空间，存储和管理各种数据文件和应用程序，供网络用户共享使用，接收客户机的各种数据处理、文件访问请求，装入并运行网络操作系统的主要模块。

② 打印服务器。为客户机提供网络共享打印服务，为用户建立打印队列，集中管理各客户机提交的打印作业，使网络用户能够共享网络打印机。

③ 通信服务器。负责本地网络与其他网络、主机系统或远程工作站的通信，实现网络互连。通常，网桥、路由器、网关都属于通信服务器。

④ 数据库服务器。提供数据库检索、更新等服务。

⑤ WWW（world wide web）服务器。为网络上的其他用户提供 WWW 信息发布与浏览服务。

⑥ E-mail 服务器。为网络上的其他用户提供电子邮件服务。

（2）客户机（client）

与服务器对应，客户机使用服务器提供的各种服务，如文件服务、数据库服务、打印服务和通信服务等。每台客户机都可以在自己的操作系统下（如 Windows、UNIX、Linux 等）使用服务器资源，好像这些资源就在客户机中一样。

（3）对等机（peers）

对等机同时具有服务器和客户机的双重功能，它既提供网络服务，又能共享其他服务器或对等机提供的服务。

2. 传输介质

计算机网络中的传输介质分为有线介质和无线介质两大类。有线介质包括双绞线、同轴电缆和光纤，无线介质则有红外线、微波和激光等。

（1）双绞线

双绞线是最廉价又易于使用的一种传输介质。顾名思义，双绞线由按规则螺旋结构排列的两根绝缘线组成。一对线可以用作一条通信链路，将每对线绞合在一起可以使它们之间的电磁干扰最小。双绞线可分为屏蔽双绞线（shield twisted pair，STP）和非屏蔽双绞线（unshield twisted pair，UTP）两种类型。STP 是在一对绝缘的铜线外包上一层作屏蔽用的网状金属线，最外层再包一层具有保护性的聚氯乙烯塑料。UTP 则没有作屏蔽用的网状金属线，如图 7-12 所示。

在局域网中，最常用的 UTP 是 3 类、5 类和超 5 类线，其数据传输速率分别可达 10 Mbit/s、

100 Mbit/s 和 1 000 Mbit/s。单段双绞线的传输距离不超过 100 m。

（2）同轴电缆

同轴电缆曾是局域网中应用最为广泛的传输介质。20 世纪 90 年代中期起，同轴电缆的地位逐渐被双绞线所取代。现在，同轴电缆被广泛应用于公用有线电视系统（community antenna television，CATV）中。

如图 7-13 所示，同轴电缆的最里层是内部导体（内芯，既可以是单股实心线也可以是绞合线），外包一层绝缘材料，外面再套一层金属线编织网屏蔽层，最外面是其保护作用的塑料外套。

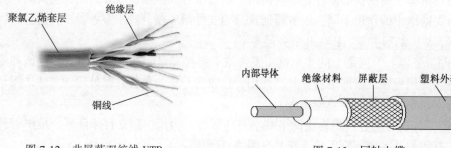

图 7-12　非屏蔽双绞线 UTP

图 7-13　同轴电缆

基带同轴电缆的数字传输率最高可达 10 Mbit/s；宽带同轴电缆在传输模拟信号时，频率范围可达 300～400 MHz，因此可以被划分为若干子频带，在 CATV 中子频带对应于电视台的电视频道。同轴电缆的最大传输距离可达几十千米，但用于数字传输时通常被限制在 1 km 内。

（3）光纤

光纤是光导纤维的简称，通常由透明的石英玻璃拉成细丝，主要由纤芯和包层构成双层通信圆柱体。纤芯很细，其直径只有 8～100 μm。光纤通信就是利用光纤传递光脉冲进行通信，有光脉冲相当于 1，没有光脉冲相当于 0。相对于纤芯，包层拥有较低的折射率。当光线从高折射率媒体射向低折射率媒体时，其折射角会大于入射角，如图 7-14 所示。因此，如果入射角足够大，就会出现全反射，即光线碰到包层时会完全折射回纤芯。

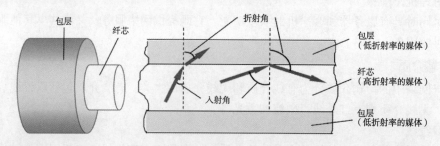

图 7-14　光线在光纤中的折射和全反射

光纤的数据传输速率可达每秒几千兆比特，传输距离达几十千米。

光纤分为单模光纤（single mode fiber）和多模光纤（multi mode fiber）两类。单模光纤的频带宽、传输损耗小，但价格昂贵，主要用于做长距离通信中的主干线。多模光纤频带较窄、传输衰减大，但价格便宜，常用于中短距离的数据传输网络和局域网中。

（4）微波

微波是使用最早，也是应用最多的无线介质。它的频率范围为 2～40 GHz，既可传输模拟信号又可传输数字信号。微波的频率很高，因而可同时传输大量信息。又由于微波能穿透电离层而不反射到地面，所以只能使微波沿着地球表面由源向目标直接发射。微波易被地表吸收致使其传输损耗很大，每隔几十千米便需要中继。微波对环境干扰虽不很敏感，但易于受障碍物的影响，其收发器必须安装在建筑物的外面，最好在建筑物的顶部。虽然微波具有很强的方向性，但仍不及红外线和激光，所以存在安全性和保密性问题，容易被窃听和干扰。

（5）卫星通信

为了增加微波的传输距离，应提高微波收发器或中继器的高度。当微波中继站被放在人造卫星上时，便形成了卫星通信系统。所以，卫星通信是一种特殊的微波中继系统，用卫星上的中继站接收从地面发出的信号，加以放大后再发回地面。一个同步卫星可以覆盖地球 1/3 以上的表面，利用 3 个相距 120° 的卫星便可以覆盖整个地球表面。在卫星上安装多个转发器，它们以一个频率段（5.925～6.425 GHz）接收从地面发来的信号，再用另一频率段（3.7～4.2 GHz）向地面送回信号。每一卫星信道的容量相当于 100 000 条音频线路。当通信距离很远时，租用一条卫星音频信道远比租用一条地面音频信道便宜。卫星通信的优点是容量大、距离远，缺点是传播延时大。从发送站通过卫星转发到接收站的传播时间需要 250～300 ms，这个传播延时和两个站点间的距离无关，而地面电缆传播延时约为 5 μs/km。

（6）蓝牙

蓝牙是一种支持设备短距离通信（一般 10 m 内）的无线电技术，能在包括移动电话、PDA、无线耳机、笔记本式计算机等众多设备之间进行无线信息交换。蓝牙工作在全球通用的 2.4 GHz ISM（即工业、科学、医学）频段，其数据传输速率为 1 Mbit/s。

（7）红外线

利用红外线传输信号类似于家用电器的红外线遥控，在发送端设有红外线发送器，接收端有红外线接收器。发送器和接收器可任意安装在室内或室外，但需要使它们在视线范围内，即发送器和接收器彼此都能看到对方，中间不允许有障碍物。红外线信道具有一定的带宽和距离限制，当光束传输距离为 100 kbit/s 时，其通信距离可达 16 km，1.5 Mbit/s 的传输速率时通信距离降为 1.6 km。此外，红外线具有很强的方向性，难以窃听、插入数据和进行干扰，安全性好。但雨、雾和障碍物等环境干扰都会影响红外线的传输。

（8）激光

利用激光传输信号时必须配备一对激光收发器，它们在安装时也同样需要使其处在视线范围内。激光通信与红外线通信一样是全数字的，不能传输模拟信号。激光也具有高度的方向性，难以窃听、插入数据和进行干扰，但同样易受环境影响。激光通信与红外线通信的不同之处在于，激光硬件会因发出少量射线而污染环境。

3. 网络连接设备

网络连接设备是计算机网络的核心部件，用于连接计算机或其他网络设备，并通过控制数据的发送、接收或转发来完成计算机之间的数据通信。常用的网络连接设备有网卡、交换机和路由器三类。其中，网卡是计算机连入网络的接入设备；交换机工作在局域网中，它将网内的多台计算机互连并使它们能够共用一个出口访问外部网络，相当于邮政系统中的收发室或收发员；路由器将多个网络互连，负责接收数据、选择合适的传输路径以及将数据转发给下一个路由器，相当于邮政系统中的邮局。

（1）网卡

站点（计算机）与网络（网线）需要通过一个接口来连接。这个接口就是网络适配器（network adapter），俗称网卡。它除了作为网络站点连接入网的物理接口外，还控制数据帧的发送和接收（相当于物理层和数据链路层协议功能）。这个接口以前是一块独立的网卡，现在则被集成在主板上，如图 7-15 所示。

（a）独立网卡　　　　　　　　　　　　　（b）集成网卡

图 7-15　计算机使用的网卡

（2）交换机与校园网结构

假如在学生宿舍或者在家里，家用路由器上有一根网线连接到墙壁的网络接口上，墙壁接口后仍然是一根网线。那么，这根网线的另一头又会连接到哪里？

网线的另一头通往楼栋弱电间某个机柜内的一台交换机上。图 7-16（a）展示的是交换机柜，图 7-16（b）是机柜中的交换机，图 7-16（c）则是家用无线路由器。

（a）交换机柜　　　　　　（b）交换机　　　　　　（c）家用无线路由器

图 7-16　常用交换机

① 交换机。交换机的功能是将多台计算机互连在一起，这样做有两个目的：一是使各计算机之间能相互通信；二是使它们可以共用一个出口访问外部网络。交换机有多个网络接口，每个网络接口可以连接一台设备。交换机的接口可分为两类：一类是内部接口，用于将计算机接入网络；另一类是对外接口，用于与其他网络设备建立连接。

学生宿舍和家庭广泛使用的路由器，从本质上来讲其实是带有基本路由功能的交换机，它的接口类别是固定的。一个标有 WAN 字样的接口是对外接口，连接到房间的墙壁接口；其余若干内部接口一般共同拥有 LAN 字样，用于连接房间里的计算机。

② 校园网结构。校园网就是由许多台交换机，将分散在不同地理位置的计算机互连而形成的局域网。一般来说，校园网中的交换机有层次之分。对于拥有多个校区的学校来说，宿舍里的计算机连接到学校宽带出口的路径是：宿舍计算机→宿舍路由器→楼栋交换机→校区交换机→中央交换机→企业宽带。

图 7-17 描绘了校园网交换机的层次结构。

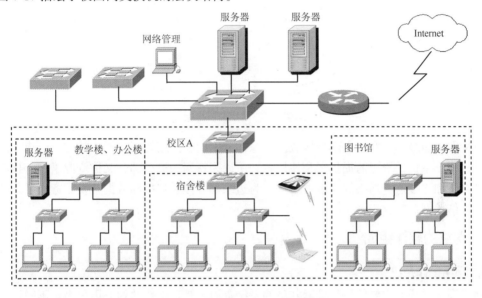

图 7-17 校园网交换机的层次结构

（3）路由器与因特网数据传输

① 路由器。通过交换机，学生宿舍里的计算机能够成功连接到学校的宽带出口。那么，学校的宽带出口所连接的又是什么设备？当使用宽带接入因特网时，多个用户的宽带出口会连接到一个专用的接入设备上。而在这个设备的后面，则是另一种更加重要的网络互连设备——路由器。运营商级别的路由器如图 7-18 所示。

图 7-18 运营商级别的路由器

② 因特网的数据传输过程。在因特网中，数据传输包含三个过程：数据通过局域网或直接发给路由器；经过多步选路，到达目的路由器；目的路由器发给目标主机。图 7-19 描述了因特网的结构及其数据传输过程（假设从南昌访问位于北京的服务器）。

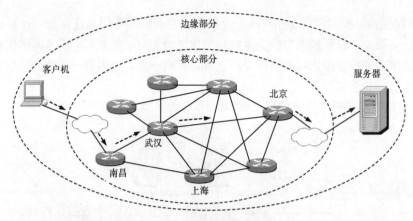

图 7-19　因特网及数据传输过程

因特网由边缘部分和核心部分构成。边缘部分由所有连接在因特网上的主机组成，用来进行资源共享。主机是资源的提供者和使用者，所以因特网的边缘部分又称资源子网。核心部分由大量网络和连接这些网络的路由器组成，为边缘部分提供连接和数据转发服务，所以核心部分又称通信子网。

7.1.5　网络的软件组成

1. 网络操作系统

网络操作系统的主要任务是管理共享的系统资源，管理工作站的应用程序对不同资源的访问，通过提供高效而可靠的网络通信环境和多种网络服务功能，使用户能方便、快捷、有效地共享网络资源。

网络操作系统最主要的作用是处理资源的广泛共享与资源共享的权限这一矛盾。一方面，网络操作系统支持用户对网络资源的操作和使用，支持对整个网络资源的透明管理；另一方面，网络操作系统对网络资源要有一个完善的管理，对各个等级的用户授予不同的操作和使用权限，保证网络数据的有效、可靠、安全使用。

随着计算机网络的发展，网络操作系统的功能日趋完善。网络操作系统不仅具有管理与控制服务器（server）的运作，提供高效、可靠的网络连接和多种网络服务的功能，而且要与工作站（workstation）的操作系统密切协调，让用户能方便地使用各种网络资源。

（1）网络操作系统的基本功能

① 网络文件与目录管理。网络操作系统提供标准的多用户文件管理操作和并发访问功能。网络用户可访问文件服务器上的程序和文件，实现文件和目录的建立、读取、复制、修改、保护和共享等。

② 网络设备管理。互连网络使得设备共享成为现实，特别是那些比较昂贵的设备，如光盘库、大容量磁盘等，与使用本地设备一样方便。

③ 网络用户管理。在一个多服务器的网络里，共享资源一般分布在不同的服务器上，用户注册到一个服务器，一般只能使用该服务器的资源。

④ 网络通信管理。网络操作系统支持主要的网络通信协议，如 TCP/IP、IPX/SPX、NetBEUI 和 AppleTalk 等，提供开放的网络系统接口，允许多种网络通信协议共存，使用户能透明地访

问网络资源。

⑤ 网络服务管理。为用户方便而有效地使用网络资源，网络操作系统提供各种网络服务，如文件和设备共享服务、信息发布服务、打印服务、记账服务、数据库服务等，并允许新的服务不断集成到系统中。Internet 上最为典型的服务有 WWW 服务、电子邮件服务、FTP 服务等。

⑥ 安全管理。网络操作系统提供完备的安全控制措施和访问控制措施，可对用户进行访问权限的设置，保证系统的安全性和提供可靠的保密方式，以控制用户对网络资源的访问。用户能够根据网络操作系统所提供的安全性措施来建立安全性体系，对数据和其他资源实施保护。

⑦ 可靠性管理。网络操作系统提供较强的可靠性措施，最大限度地保证网络系统稳定和可靠运行；提供较强的系统容错功能，保证在网络部件出现故障时仍能维持网络继续工作。通常采取的措施包括 UPS 电源监控保护、热修复、写后读检验、磁盘镜像、磁盘双工、双机热备份、事务跟踪等。

（2）常用的网络操作系统

网络操作系统是网络设计与实施过程中要考虑的关键因素之一。目前，可供选择的网络操作系统多种多样，常见的有 Windows、UNIX、Linux 等。

① Windows 的网络操作系统是一个产品系列。随着 1993 年 Microsoft 公司的 Windows NT 3.1 问世，Microsoft 正式加入网络操作系统的市场角逐。时至今日，Microsoft 公司先后对其 Windows 网络操作系统不断进行改进，陆续推出 Windows NT 3.5、Windows NT 4.0、Windows Server 2000 家族，以及 Windows Server 2003、Windows Server 2008、Windows Server 2022。Windows 系列网络操作系统的最主要特点是友好的界面和丰富的配套应用。

② UNIX 最早是指由美国贝尔实验室发明的一种多用户、多任务的通用操作系统。经过长期的发展和完善，已成长为一种主流的操作系统技术和基于这种技术的产品大家族，其中最为著名有 SGI Irix、IBM AIX、Compaq Tru64 Unix、Hewlett-Packard HP-UX、SCO UnixWare、Sun Solaris 等。UNIX 具有技术成熟、可靠性高、网络和数据库功能强、伸缩性突出和开放性好等特色，可满足各行各业的实际需要，特别能满足企业重要业务的需要，已经成为主要的工作站平台和重要的企业操作平台。

③ Linux 是一个免费的、提供源代码的操作系统。Linux 最早出现在 1992 年，由芬兰赫尔辛基大学的一个大学生 Linus B. Torvolds 首创，后来在全世界各地由成千上万的 Internet 上的自由软件开发者协同开发、不断完善。经过多年的发展，它已经进入了成熟阶段，越来越多的人认识到它的价值，并被广泛应用于从 Internet 服务器到用户桌面、从图形工作站到 PDA 的各种领域。Linux 下有大量的免费应用软件，从系统工具、开发工具、网络应用，到休闲、娱乐、游戏等。更重要的是，它是目前安装在个人计算机上的最可靠、最健壮的操作系统。Linux 作为一个置于公用许可证（General Public License，GPL）保护下的自由软件，任何人都可以免费从分布在全世界各地的网站上下载。目前 Linux 的发行版本种类很多，最主要的代表有 Red Hat Linux、SuSE Linux、Debian GNU/Linux、Ubuntu Linux、Gentoo Linux 和 Slackware Linux 等。国内也有自己的发行版本，如红旗 Linux、蓝点 Linux、中软 Linux 、新华 Linux、中标普华 Linux、统信 UOS、优麒麟 UbuntuKylin、银河麒麟、深度 Deepin 等。

2. 网络协议

（1）网络协议三要素

对等层间通信，通信双方必须遵守事先约定的规则。人们把那些为进行网络中的数据交换而建立的规则、标准或约定统称为网络协议。网络协议不仅要明确规定所交换的数据格式，而且还要对事件发生的次序做出周到的过程说明。一个网络协议由以下三个部分（称网络协议三要素）组成。

① 语义。协议的语义是指对构成协议的协议元素的解释。不同类型的协议元素规定了通信双方所要表达的不同内容。例如，在基本数据链路控制规程中，规定协议元素 SOH（start of head）的语义表示所传输报文的报头开始，协议元素 ETX（end of text）则表示正文结束。

② 语法。语法是用于规定将若干协议元素和数据组合在一起来表达一个更完整的内容时所应遵循的格式，即对所表达的内容的数据结构形式的一种规定。

③ 规则。协议的规则规定了事件的执行顺序。

（2）TCP/IP 协议族

由于 Internet 已经得到了全世界的承认，因此 Internet 所使用的 TCP/IP 体系在计算机网络领域占有特殊重要的地位。在 Internet 所使用的各种协议中，最重要的和最著名的就是两个协议，即 TCP（transmission control protocol，传输控制协议）和 IP（Internet protocol，网际协议）。因此，现在人们经常提到的 TCP/IP 并不一定是指 TCP 和 IP 这两个具体的协议，而往往是表示 Internet 所使用的体系结构或是指整个的 TCP/IP 协议族，如图 7-20 所示。部分协议的功能见表 7-1。

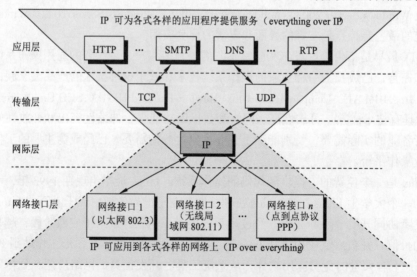

图 7-20　沙漏计时器形状的 TCP/IP 协议族

表 7-1　TCP/IP 部分协议的功能

层次	协议	英文全称	中文含义	功能
应用层	HTTP	hypertext transfer protocol	超文本传输协议	提供 WWW 服务
	SMTP	simple mail transfer protocol	简单电子邮件协议	负责互联网中电子邮件的传递
	FTP	file transfer protocol	文件传输协议	用于交互式文件传输、文件下载

续表

层次	协议	英文全称	中文含义	功　　能
应用层	DNS	domain name system	域名（服务）系统	负责域名到 IP 地址的转换
	TELNET	telnet	远程登录协议	实现远程登录
	NNTP	network news transport protocol	网络新闻传输协议	为用户提供新闻订阅服务
	SNMP	simple network management protocol	简单网络管理协议	负责网络管理
	RTP	real-time transport protocol	实时传输协议	用于多媒体数据流等实时数据传输
传输层	TCP	transport control protocol	传输控制协议	提供可靠的、面向连接的数据传输
	UDP	user datagram protocol	用户数据报协议	提供不可靠的、无连接的、尽最大努力的交付，简单、高效
网际层	IP	internet protocol	网际协议	转发分组、路由选择和拥塞控制

3. 网络应用软件

网络应用软件能够为网络用户提供各种服务，用于提供或获取网络上的共享资源。包括网络浏览软件、即时通信软件、生活娱乐软件等，例如：

① 网络浏览：Edge、360 浏览器、百度浏览器、QQ 浏览器。
② 即时通信：QQ、微信、陌陌。
③ 邮件工具：QQ 邮箱、Outlook、Foxmail、邮箱大师。
④ 互动分享：微博、QQ 空间。
⑤ 文件下载：迅雷、快车、CuteFTP。
⑥ 文件共享：百度云管家、360 云盘。
⑦ 在线播放：迅雷看看、百度视频、QQ 影音。
⑧ 流量管理：360 流量监控、流量统计、上网管家。
⑨ 网络购物：淘宝、快拍二维码、我查查。
⑩ 生活娱乐：携程旅行、58 同城、个人生活助手。
⑪ 杀毒软件：360 杀毒、金山毒霸、瑞星杀毒、卡巴斯基。
⑫ 安全防护：360 安全卫士、腾讯电脑管家、QQ 安全中心。
⑬ 手机安全：360 手机卫士、腾讯手机管家、QQ 手机令牌。

7.1.6　IP 地址及其划分

1. IP 地址及其表示方法

IP 地址是给每一个连接在 Internet 上的主机分配的一个在全世界范围内的 32 位地址，其结构由网络号 net-id 和主机号 host-id 组成，如图 7-21 所示。通过 IP 地址，可以方便地在 Internet 上寻址。先按 IP 地址中的网络号 net-id 找到网络，再按主机号 host-id 找到主机。

图 7-21　IP 地址的组成

在主机或路由器中存放的 IP 地址都是 32 位的二进制代码。为了提高可读性，通常将 32 位的 IP 地址中的每 8 位用其等效的十进制数字表示，并且在这些数字之间加上一个点，称为点分十进制记法。例如，10000000 00001011 00000011 00011111 记作 128.11.3.31，如图 7-22 所示。

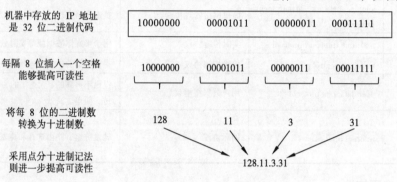

图 7-22　IP 地址的点分十进制表示

2. 传统的 IP 地址分类

IP 地址指出了连接到某个网络上的某个计算机，由 Internet 网络信息中心 INTERNIC 进行分配。为了有利于对 Internet 上的所有主机进行管理，同时考虑到各网络的差异很大，有的网络需要拥有很多主机，而有的网络上的主机则很少，因此 Internet 的 IP 地址分成五类，即 A 类到 E 类，如图 7-23 所示。

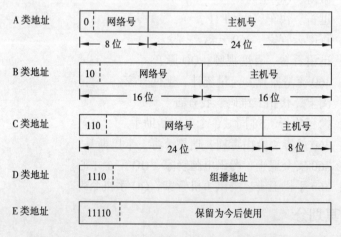

图 7-23　传统分类的 IP 地址中的网络号字段和主机号字段

3. IP 地址的使用范围

一般来讲，全 0 和全 1 不用于表示某个具体的网络和主机，所以由 IP 的表示方法，可以得到 IP 地址的使用范围，见表 7-2。

表 7-2　IP 地址的使用范围

网络类别	最大网络数	第 1 个可用的网络号	最后 1 个可用的网络号	每个网络中的最大主机数
A	126	1	126	16 777 214（$2^{24}-2$）
B	16 382	128.1	191.254	65 534（$2^{16}-2$）
C	2 097 150	192.0.1	223.255.254	254（$2^{8}-2$）

 7.2　使用计算机网络

7.2.1　设置 IP 地址

在绝大多数时候，都不需要自己设置计算机的 IP 地址，这是因为在局域网或电信接入网中有一台地址服务器会自动为计算机分配可用的 IP 地址。不过，在有些情况下（如地址服务器不可用），就不得不手动设置计算机的 IP 地址。在 Windows 10 系统中设置 IP 地址的步骤如下：

① 在任务栏右侧找到有线或无线网络的任务栏图标，右击该图标，弹出图 7-24 所示的快捷菜单。

图 7-24　打开"网络和 Internet"设置

② 选择"打开'网络和 Internet'设置"选项，选择"网络和共享中心"，弹出"网络和共享中心"窗口，如图 7-25 所示。

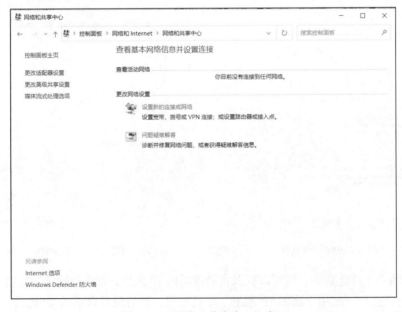

图 7-25　"网络和共享中心"窗口

③ 单击"更改适配器设置"链接，弹出"网络连接"窗口，找到正在使用的网络连接（打了绿色对钩或者显示绿色无线信号的网络连接，本例为 WLAN），右击该连接，弹出快捷菜单，如图 7-26 所示。

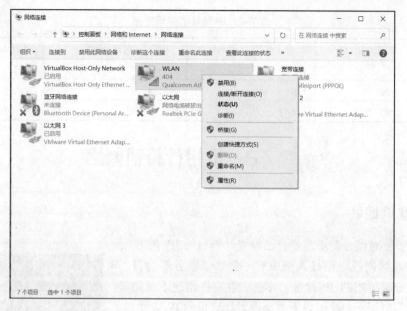

图 7-26 "网络连接"窗口

④ 选择"属性"命令，弹出"WLAN 属性"对话框，如图 7-27 所示。

⑤ 在"此连接使用下列项目"列表框中找到"Internet 协议版本 4（TCP/IPv4）"项目，双击该项目，弹出"Internet 协议版本 4（TCP/IPv4）属性"对话框，如图 7-28 所示。

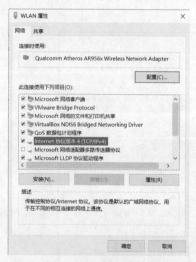

图 7-27 "WLAN 属性"对话框

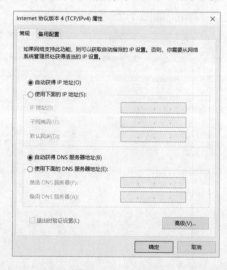

图 7-28 "Internet 协议版本 4（TCP/IPv4）属性"对话框

⑥ 如果网络支持此功能，则可以获取自动指派的 IP 地址，单击"确定"按钮完成 IP 地址的设置。否则，选择"使用下面的 IP 地址"单选按钮，然后设置合适的 IP 地址、子网掩码和默认网关，DNS 服务器的设置根据网段实际要求进行设置。单击"确定"按钮完成 IP 地址的设置，如图 7-29 所示。

以下是在 Windows 10 上测试自动设置的 IP 地址是否有效的步骤：

打开命令提示符。在 Windows 10 中，可以通过单击"开始"按钮并在搜索栏中输入 cmd

来打开命令提示符，弹出"运行"对话框，输入 cmd，单击"确定"按钮，如图 7-30 所示。在命令提示符中，输入 ipconfig 并按【Enter】键，如图 7-31 所示。在显示的结果中，查找"IPv4地址"一行。如果该行显示为"自动获取"，则 Windows 10 已成功自动获取 IP 地址。如果该行显示了一个具体的 IP 地址，则系统未成功自动获取 IP 地址，并且需要重新检查和设置 IP 设置，如图 7-32 所示。

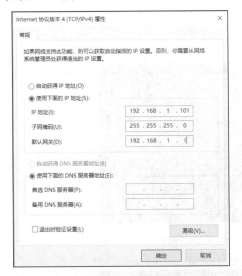

图 7-29　"手工获取 IP 地址"对话框 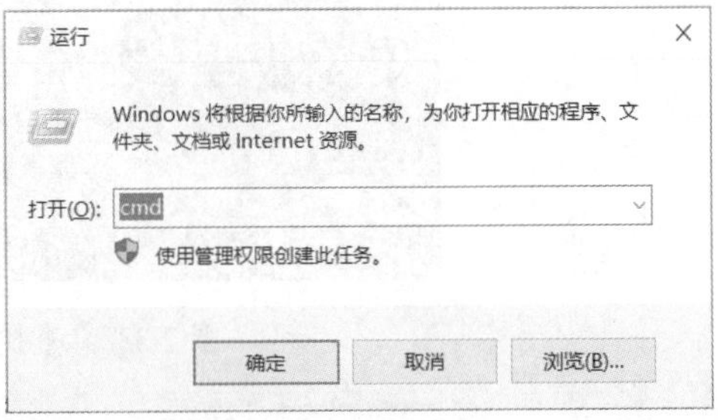　　　　　图 7-30　"运行"对话框

图 7-31　"命令提示符"对话框

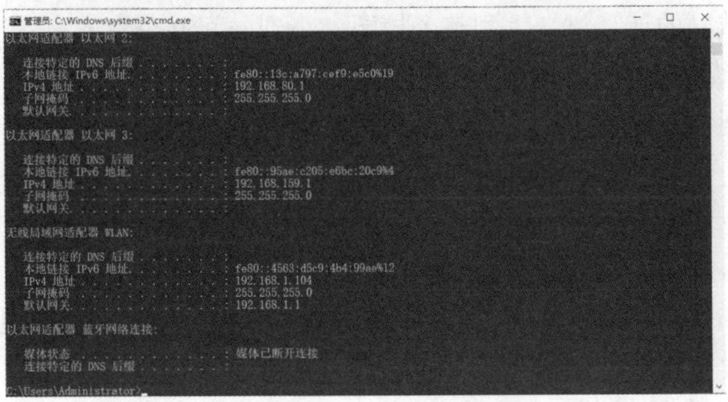

图 7-32　"系统未成功自动获取 IP 地址"对话框

以下是在 Windows 10 上测试手动设置的 IP 地址是否有效的步骤：

打开命令提示符，输入 ipconfig 并按【Enter】键。在显示的结果中，查找"IPv4 地址"、"子网掩码"和"默认网关"一行。确保这些值与手动输入的值匹配，如图 7-33 所示。在命令提示符中，输入 ping 加上要连接的 IP 地址或域名，并按【Enter】键。如果命令提示符显示"回复"，则 Windows 10 系统已经成功与该地址或域名连接，如图 7-34 所示。如果命令提示符显示"请求超时"或"无法到达目标主机"，则 Windows 10 系统未能成功连接到该地址或域名，需要重新检查和设置 IP 地址、子网掩码和默认网关的设置。

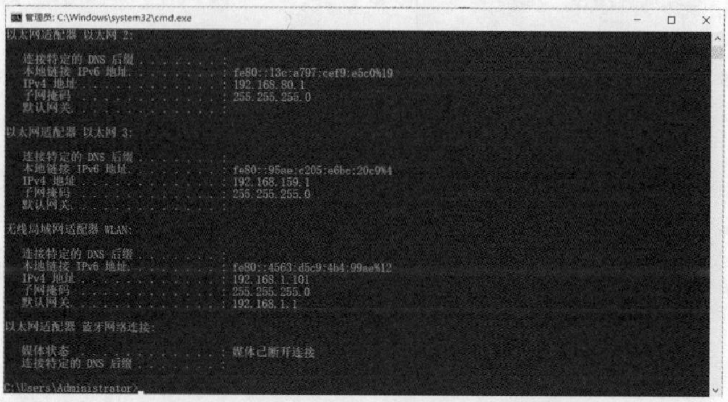

图 7-33 "查找 IPv4 地址"对话框

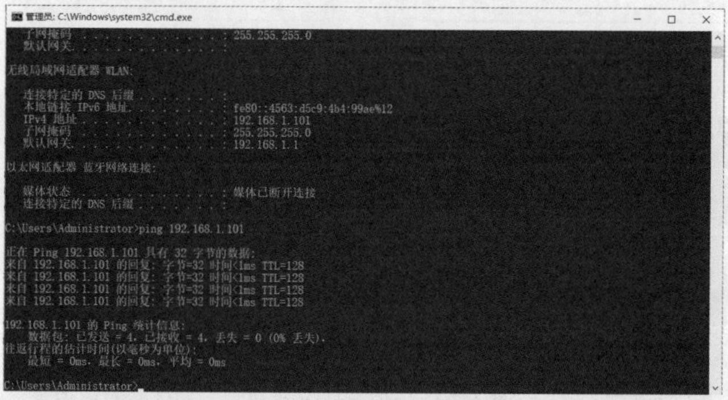

图 7-34 "系统已经成功与该地址连接"对话框

7.2.2 局域网共享

同属于一个局域网的计算机，大到整个校园，小到一间办公室或寝室，它们都可以相互共享文件和外围设备（如打印机）。设想如下场景：甲同学花费数小时下载了一部大小为 13.6 GB 的 1080p 高清学习视频，同寝室的其他同学想把它复制到自己的计算机上以便空闲时观看，问题是寝室里找不出一个能容纳这部学习视频的 U 盘。此时，只要开启"局域网共享"功能，便可以通过局域网将甲同学计算机上的这部学习视频复制到其他同学的计算机上。

下面以 Windows 10 操作系统为例，介绍局域网共享功能的开启和使用。

① 在前一小节的图 7-25 所示的"网络和共享中心"窗口中，单击"更改高级共享设置"，弹出"高级共享设置"窗口，如图 7-35 所示。

② 在"文件和打印机共享"项目下，选择"启用文件和打印机共享"单选按钮。单击"所

有网络",如图 7-36 所示,在"密码保护的共享"项目下,选择"无密码保护共享"单选按钮,单击"保存修改"按钮。

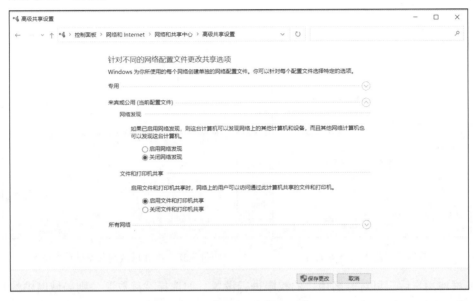

图 7-35　"高级共享设置"窗口

图 7-36　关闭密码保护共享

③ 打开"计算机"窗口,找到要共享的文件夹,右击该文件夹,在弹出的快捷菜单中选择"属性"命令,弹出"属性"窗口,选择"共享"选项卡,随后单击"共享"按钮,如图 7-37 所示。

④ 弹出文件共享对话框,在输入框里输入 Guest,单击"添加"按钮,如图 7-38 所示。

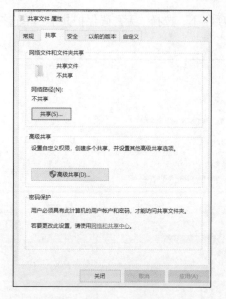

图 7-37　进入共享界面

图 7-38　添加局域网共享的许可账户

⑤ 添加用户后，可对匿名用户的权限进行设置，如选择"读取"，则局域网中的其他计算机只可以获取该文件夹的内容，选择"读取/写入"，则可以获取该文件夹内容，并且可以将东西添加到该文件夹中，实现共享，如图 7-39 所示。

⑥ 单击"共享"按钮，随后单击"完成"按钮。

⑦ 在局域网的其他计算机上，打开"运行"对话框（按【Win+R】组合键）或在"开始"→"Windows 系统"中打开"运行"对话框，输入刚才配置共享的计算机的 IP 地址，如图 7-40 所示。单击"确定"按钮后，便可看到图 7-41 所示的窗口（如在第②步中未选择"无密码保护共享"，需要输入共享文件者给予的账号密码对共享文件进行访问，如图 7-42 所示）。接下来，就可以将所需的资料复制到自己的计算机上了（如有写入权限，则只需将所需要上传的文件复制到该文件夹里，或在该文件夹中新建）。

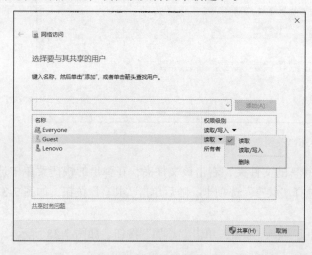

图 7-39　设置访问用户权限

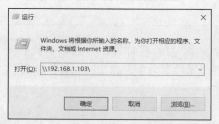

图 7-40　访问共享文件

图 7-41　查看局域网其他计算机的共享文件　　　　　图 7-42　输入账号密码

7.2.3　部署 WLAN 热点

手机上网虽然便利,但无论如何没有笔记本式计算机易操作和多功能。如果有一台带 WLAN 热点功能的智能手机(目前手机均配备了此功能),那么笔记本式计算机就可以借助手机的移动网络上网。当然,手机可以为自己的笔记本式计算机提供上网连接,也可以为周围他人的手机和计算机提供上网连接。此时,手机便充当了无线路由器的角色。需要提醒的是,如此上网将消耗大量的手机上网流量,不得已而为之,不建议长期使用。

下面以安装 Android 13.0 的 Redmi K50 手机为例,介绍 WLAN 热点的设置步骤。

① 在菜单或应用程序中选择"设置",进入"设置"界面,如图 7-43 所示。

② 点击"个人热点",进入"个人热点"设置界面,如图 7-44 所示。

图 7-43　手机的设置界面　　　　　图 7-44　"个人热点"设置界面

③ 点击"WLAN 热点",旁边的按钮由 变成 ,表明便携式 WLAN 热点已经被启动,

如图 7-45 所示。

④ 点击"设置 WLAN 热点",可以查看热点配置信息和修改热点配置,如图 7-46 所示,其中网络名称是 WLAN 热点名称,点击密码输入框中的 ◉ ,能看到设置的密码以免出现错误输入。还可设置安全性、选择 AP 频段以及隐藏热点。

图 7-45　启用个人热点　　　　　　　　图 7-46　设置 WLAN 热点

⑤ 点击"单次流量限额",开启后可选择流量限额大小,如图 7-47 所示。

⑥ 使用"个人热点"时,可以开启"自动关闭热点",在长时间无设备连接时,自动关闭热点。

⑦ 除了通过密码连接、二维码分享之外,还可以通过"USB 网络共享""蓝牙网络共享""以太网络共享"连接热点。

⑧ 点击"已连接设备"可查看已连接设备,出现图 7-48 所示的"已连接设备"界面,可以修改"最大设备连接数"和"黑名单"。

图 7-47　设置流量限额大小　　　　　　图 7-48　设置已连接设备

⑨ 查看笔记本式计算机(或其他手机)的无线网络,找到名为 AndroidAP 的无线网络,连接后输入正确的访问密码,即可使用手机提供的无线网络访问因特网。

其他手机设置热点的方法大同小异,如华为 nova 的设置,依次选择"设置"→"移动网络"→"个人热点"即可。

7.2.4　常用网络命令

1. Ping 命令

Ping 用来检测一帧数据从当前主机传送到目的主机所需要的时间,通过发送一些小的数据包并接收应答信息来确定两台计算机之间的网络是否连通。当网络运行中出现故障时,采用这个实用程序来检测故障和确定故障源是非常有效的。

如果执行 Ping 不成功,则可以认为故障出现在以下几个方面:网线未连通、网络适配器配置不正确、IP 地址不可用等；如果执行 Ping 成功而网络仍无法使用，那么问题很可能出在网络系统的软件配置方面。Ping 成功只能保证当前主机与目的主机间存在一条连通的物理路径。Ping 提供了多个参数，在命令行状态下输入 Ping 即可显示其格式及参数的英文说明，命令格式如下：

```
Ping [-t] [-a] [-n count] [-l size] [-f] [-i TTL] [-v TOS] [-r count] [-s count]
[[-j host-list] | [-k host-list]] [-w timeout] destination-list
```

其中常用参数如下：

-t：使当前主机不断地向目的主机发送数据，直到按【Ctrl+C】组合键中断。

-n count：指定要做多少次 Ping，其中 count 为正整数值。

-l size：发送的数据包的大小。

假设 Ping 某一网络地址，如 www.163.com，显示如下：

```
C:\>Ping www.163.com
Pinging www.cache.split.netease.com[202.108.9.34] with 32 byte
Reply from 202.108.9.34: bytes=32 time=33ms TTL=50
Reply from 202.108.9.34: bytes=32 time=32ms TTL=50
Reply from 202.108.9.34: bytes=32 time=48ms TTL=50
Reply from 202.108.9.34: bytes=32 time=36ms TTL=50
Ping statistics for 202.108.9.34:
Packets: sent=4, Received=4, Lost=0 （0% Loss），
Approximate round trip times in milli-seconds:
Minimum=32ms, Maximum=48ms, Average=37ms
```

按照默认设置，Windows 上运行的 Ping 命令发送四个 ICMP（Internet 控制报文协议）回送请求报文，每个 32 字节数据，如果网络连接正常，能得到四个回送应答（Reply）。Ping 能够以毫秒为单位显示发送请求到返回应答之间的时间量 Time。它的值越小，则表示数据报不必通过太多的路由器且网络连接速度越快。TTL（Time To Live）表示数据报存活周期值。如果出现 Request timed out，则表示此时发送的数据包不能到达目的地，有两种可能原因，一是网络不通；二是网络连通状况不佳。可以使用带参数的 Ping 来确定是哪一种情况。

例如，Ping www.163.com -t -l 1500，不断地向目的主机发送数据，并且包大小设置为 1 500 字节。此时，如果都是显示 Reply timed out，则表示网络之间确实不通；如果不是全部显示 Reply times out，则表示此网站还是通的，只是响应时间长或通信状况不佳。

正常情况下，当使用 Ping 命令来查找问题所在或检验网络运行情况时，如果 Ping 运行正确，就可以相信基本的连通性和配置参数没有问题；如果某些 Ping 命令出现运行故障，它也可以指明到何处去查找问题。下面给出一个典型的检测次序及对应的可能故障：

（1）Ping 127.0.0.1

如果 Ping 不通，表示 TCP/IP 协议的安装或运行存在某些最基本的问题。

（2）Ping 本机 IP

数据报被送到本机所配置的 IP 地址，本机始终应该对该 Ping 命令做出应答，如果没有响应，则表示本地配置或 TCP/IP 安装存在问题。出现此问题时，局域网用户应先断开网络电缆，然后重新发送该命令。如果网线断开后本命令正确，则表示另一台计算机可能配置了相同的 IP 地址。

（3）Ping 局域网内其他 IP

这个命令发出的数据报经过网卡及网络电缆到达其他计算机，再返回。收到回送应答表明本地网络中的网卡和载体运行正确。如果收到 0 个回送应答，那么表示子网掩码不正确，或者网卡配置错误，或者电缆连接有问题。

（4）Ping 网关 IP

这个命令如果应答正确，表示局域网中的网关路由器正在运行并能够做出应答。

（5）Ping 远程 IP

如果收到四个应答，表示成功地使用了默认网关。对于拨号上网用户则表示能够成功地访问 Internet。

（6）Ping Localhost

Localhost 是本地系统的网络保留名，它是 127.0.0.1 的别名，每个计算机都应该能够将该名字转换成该地址。如果没有响应，则表示主机文件（/Windows/host）存在问题。

（7）Ping 域名

例如，使用命令 Ping www.xxx.com，如果出现故障，则表示 DNS 服务器的 IP 地址配置不正确或 DNS 服务器有故障。同时，也可以利用该命令实现域名对 IP 地址的转换功能。

如果上面所列出的所有 Ping 命令都能正常运行，那么计算机就可以进行本地和远程通信。但是，这些命令的成功并不表示所有的网络配置都没有问题，某些子网掩码错误就可能无法用这些方法检测到。

2. Ipconfig 命令

用于显示当前 TCP/IP 配置的设置值。这些信息一般用来检验手动配置的 TCP/IP 设置是否正确。如果计算机和所在的局域网使用了动态主机配置协议（Dynamic Host Configuration Protocol，DHCP），那么这个命令所显示的信息更加实用。Ipconfig 可以让人们了解计算机是否成功地租用到一个 IP 地址。如果租用到，则可以了解它目前分配到的是什么地址及其他设置，了解计算机当前的 IP 地址、子网掩码、DNS 和默认网关，这些都是进行测试和故障分析的必要项目。

Ipconfig 最常用的选项如下：

（1）Ipconfig

当使用不带任何选项参数 Ipconfig 时，那么它为每个已经进行了配置的接口显示 IP 地址、子网掩码和默认网关。

（2）Ipconfig /all

当使用 all 选项时，Ipconfig 将显示 DNS 和 WINS 服务器的配置及所使用的附加信息（如 IP 地址等），并且显示内置于本地网卡中的物理地址（MAC）。如果 IP 地址是从 DHCP 服务器租用的，Ipconfig 将显示 DHCP 服务器的 IP 地址和租用地址预计失效的时间。

（3）Ipconfig /release 和 Ipconfig /renew

这是两个附加选项，只能在向 DHCP 服务器租用 IP 地址的计算机上起作用。如果输入 Ipconfig /release,那么释放所有接口租用的 IP 地址并重新交还给 DHCP 服务器。如果输入 Ipconfig /renew，那么本地计算机便设法与 DHCP 服务器取得联系，并租用一个 IP 地址。大多数情况下网卡将被重新赋予和以前所赋予相同的 IP 地址。

3. Arp 命令

Arp 是一个重要的 TCP/IP 协议，并且用于确定对应 IP 地址的网卡物理地址。使用 Arp 命令，能够查看本地计算机或另一台计算机 Arp 高速缓存中的当前内容。此外，使用 Arp 命令，也可以用人工方式输入静态的网卡物理地址与 IP 地址对，使用这种方式可以为默认网关或本地服务器等主机进行配置操作，有助于减少网络上的信息量。

4. Tracert 命令

如果有网络连通性问题，可以使用 Tracert 命令来检查到达的目标 IP 地址的路径并记录结果。Tracert 命令显示用于将数据包从源计算机传递到目标位置的一组 IP 路由器，以及每个跃点所需的时间。如果数据包不能传递到目标，Tracert 命令将显示成功转发数据包的最后一个路由器。当数据报从源计算机经过多个路由器传送到目的地时，Tracert 命令可以用来跟踪数据报使用的路由（路径）。该命令跟踪的路径是源计算机到目的地的一条路径，不能保证或认为数据报总遵循这个路径。Tracert 是一个运行得比较慢的命令（如果指定的目标地址比较远）。

Tracert 的使用很简单，只需要在 Tracert 后面跟一个 IP 地址或 URL，Tracert 会进行相应的域名转换。Tracert 最常见的用法如下：

```
Tracert IP address [-d]
```

该命令返回到达 IP 地址所经过的路由器列表。通过使用-d 选项，将更快地显示路由器路径，因为 Tracert 不会尝试解析路径中路由器的名称。

Tracert 一般用来检测故障的位置，可以用 Tracert 了解在哪个环节上出了问题，输出结果包含响应时间及设备 IP 地址或名称。

7.3　Internet 及其应用

自 20 世纪 80 年代末期以来，在网络领域最引人注目的就是 Internet 的飞速发展。现在，Internet 已经成为世界上最大的国际性计算机互联网，并且已影响到人们生活的各个方面。Internet 是人类历史发展中的一个里程碑，它不断地向全世界的各个角落延伸和扩散，不断增添新的网络成员，已经成为世界上覆盖面最广、规模最大、信息资源最丰富的计算机信息网络。

7.3.1　Internet 的产生和发展

Internet 的由来可以追溯到 1962 年。当时，美国国防部认为有必要设计出一种分散的指挥系统，当部分指挥点被摧毁后，其他点仍能绕过那些已被摧毁的指挥点而继续保持联系。为了对这一构思进行验证，1969 年，美国国防部国防高级研究计划署（DoD/DARPA）资助建立了一个名为 ARPANET 的网络，把加利福尼亚大学洛杉矶分校、加利福尼亚大学圣芭芭拉分校、斯坦福大学、犹他州州立大学的计算机主机连接起来。位于各个结点的大型计算机采用分组交换技术，通过专门的通信交换机（IMP）和专门的通信线路相互连接，这就是 Internet 的雏形。

1. Internet 发展的三个阶段

（1）第一阶段：从单个网络 ARPANET 向互联网发展的过程

1969 年美国国防部创建的第一个分组交换网 ARPANET 最初只是一个单个的分组交换网，所有要连接在 ARPANET 上的主机都直接与就近的交换结点相连。随着 ARPANET 规模的迅速增长，到 20 世纪 70 年代中期，人们已经认识到不可能使用一个单独的网络来满足所有的通信问题，于是 ARPA 开始研究多种网络互连的技术。1983 年 TCP/IP 协议成为 ARPANET 上的标准协议，ARPANET 也分解成两个网络，一个是进行实验研究用的仍称 ARPANET 的科研网，另一个是军用的计算机网络 MILNET，MILNET 拥有 ARPANET 当时的 113 个结点中的 68 个。

（2）第二阶段：建成三级结构的 Internet

ARPANET 的发展使美国国家科学基金会（National Science Foundation，NSF）认识到计算机网络对科学研究的重要性。因此，从 1985 年起 NSF 就围绕六个大型计算中心建设计算机网络。1986 年，NSF 建立了国家科学基金网 NSFNET。NSFNET 是一个三级计算机网络，分为主干网、地区网和校园网。1991 年，NSF 和美国的其他政府机构开始认识到，Internet 必须扩大其使用范围，不仅仅限于大学和研究机构。随后，世界上的许多公司纷纷接入 Internet，使网络上的通信量急剧增大。Internet 主干网的速率也不断提高，从最初的 56 kbit/s 到 1989 年的 T1 速率（1.544 Mbit/s），发展到 1993 年的 T3 速率（45 Mbit/s）。

（3）第三阶段：形成多级结构的 Internet

从 1993 年开始，由美国政府资助的 NSFNET 逐渐被若干商用的因特网主干网替代，这种主干网称为服务提供者网络（service provider network）。任何人只要向 ISP（internet service provider，因特网服务提供者）交纳规定的费用，就可以通过该 ISP 接入 Internet。考虑到 Internet 商用化后可能会出现很多的 ISP，为了使不同 ISP 经营的网络都能够互通，1994 年开始创建 NAP（network access point，网络接入点）用来交换因特网上流量。从 1994 年起，Internet 逐渐演变成多级结构，如图 7-49 所示。NAP 是最高级的接入点，它主要向不同的 ISP 提供交换设施。

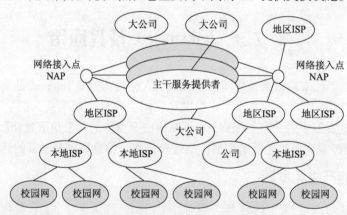

图 7-49　多级结构的因特网

Internet 已经成为世界上规模最大和增长速率最快的计算机网络。表 7-3 是 Interne 上网络数、主机数、用户数和管理机构数发展的简单概括，表 7-4 是在 Internet 上主机数的增长情况。

表 7-3　Internet 的发展情况

年　份	网　络　数	主　机　数	用　户　数	管理机构数
1980	10^1	10^2	10^2	10^0
1990	10^3	10^5	10^6	10^1
2000	10^5	10^7	10^8	10^2

续表

年　份	网　络　数	主　机　数	用　户　数	管理机构数
2005	10^6	10^8	10^9	10^3
2015	10^7	10^9	10^{10}	10^4
2020	10^8	10^{10}	10^{11}	10^5
2022	未公布	未公布	未公布	未公布

表 7-4　Internet 上主机数的增长情况

统　计　时　间	上网主机数	统　计　时　间	上网主机数
1981 年 8 月	213	2002 年 1 月	147 343 723
1984 年 10 月	1 024	2004 年 1 月	233 101 481
1987 年 12 月	28 174	2006 年 1 月	394 991 609
1990 年 10 月	313 000	2008 年 1 月	541 677 360
1993 年 1 月	1 313 000	2010 年 1 月	732 740 444
1996 年 1 月	9 472 000	2012 年 1 月	888 239 420
1998 年 1 月	29 670 000	2013 年 1 月	963 515 988
2000 年 1 月	72 398 092	2014 年 1 月	1 010 251 829
2002 年 1 月	147 343 723	2020 年 1 月	38 010 251 000
2004 年 1 月	233 101 481	2022 年 1 月	未公布

2. Internet 在中国的发展

1994 年 4 月 20 日，我国用 64 kbit/s 专线正式连入因特网，从此正式成为接入因特网的国家。1994 年 5 月中国科学院高能物理研究所设立了我国的第一个万维网服务器，同年 9 月中国公用计算机互联网 CHINANET 正式启动。到目前为止，我国有 10 个国家级的 Internet 主干网络。

① 中国公用计算机互联网（CHINANET）。

② 中国教育和科研计算机网（CERNET）。

③ 中国科学技术网（CSTNET）。

④ 中国网通公用互联网(CNCNET)。

⑤ 中国移动互联网（CMNET）。

⑥ 中国联通计算机互联网（UNINET）。

⑦ 中国国际经济贸易互联网（CIETNET）。

⑧ 中国长城互联网（CGWNET）。

⑨ 中国金桥互联网(CGBNET)。

⑩ 中国铁通互联网（CRNET）。

此外，还有一个由中国科学院、清华大学、北京大学等单位在北京中关村地区建造的为研究因特网新技术的高速网络——中国高速互连研究试验网 NSFnet。

表 7-5 是中国互联网信息中心公布的我国因特网的发展情况。

表 7-5　中国因特网的发展情况

统计时间	上网用户数（万）	cn下注册的域名数（万）	WWW站点数(万)	国际线路总容量（Mbit/s）
1997 年 10 月	62	4 066	1 500	25
1999 年 1 月	210	18 396	5 300	143
2001 年 1 月	2 250	122 099	265 405	2 799
2003 年 1 月	5 910	179 544	371 600	9 380
2005 年 1 月	9 400	430 000	669 000	74 429
2006 年 1 月	11 100	1 096 924	694 200	136 106
2007 年 1 月	13 700	1 803 393	843 000	256 696
2008 年 1 月	21 000	9 000 000	1 500 000	368 927
2009 年 1 月	29 800	13 572 326	2 878 000	640 286
2010 年 1 月	38 400	13 459 133	3 231 838	866 367
2011 年 1 月	45 700	4 350 000	1 910 000	1 098 956
2012 年 1 月	51 300	3 530 000	2 300 000	1 389 529
2013 年 1 月	56 400	7 510 000	2 680 000	1 899 792
2014 年 1 月	61 800	10 830 000	3 200 000	3 406 824
2015 年 1 月	64 900	11 090 000	3 350 000	4 118 663
2016 年 1 月	68 800	16 360 000	4 230 000	5 392 116
2017 年 1 月	73 000	20 610 000	4 820 000	6 640 291
2018 年 1 月	77 200	20 850 000	5 330 000	7 320 180
2019 年 1 月	82 900	21 243 000	5 230 000	8 946570
2020 年 1 月	90 400	22 426 900	4 970 000	8 827 751
2021 年 1 月	98 900	18 970 054	4 430 000	11 511 397
2022 年 1 月	103 200	20 410 139	4 180 000	未公布
2023 年 1 月	106 700	20 101 491	3 780 000	未公布

3. 下一代 Internet

融文本、语音、图形、图像等多媒体传输业务的大量涌现，对网络带宽的要求越来越高。Internet 上的各种应用不断增加，计算机数量与日俱增，原来设计的 32 位 IP 地址空间也几乎用尽。下一代 Internet（next-generation internet，NGI）的特点是更大、更快、更安全、更高的服务质量和更方便的使用。

中国下一代互联网示范工程（China next-generation internet，CNGI）是实施我国下一代互联网发展战略工程，由国家发改委、科技部、国务院信息办、中国科学院、中国工程院、国家自然基金会、工业和信息化部、教育部等八部委联合领导。2001 年，我国教育科研网 CERNET 提出建设全国性下一代中国教育科研网 CERNET2 计划。2003 年 8 月，CERNET2 计划被纳入 CNGI。2004 年 3 月 19 日，CERNET2 实验网开通。CERNET2 主干网于 2004 年 12 月 25 日正式建成开通，于 2005 年 1 月初进入试运行阶段，CERNET2 的传输速率为 2.5～10　Gbit/s，连接北京、上海、广州等 20 个城市的 CERNET2 核心结点，并与国内其他下一代互联网及国际下一代互联网实现高速互连。CERNET2 将支持更高速、更丰富的下一代互联网服务，包括网格计算、视频语音综合通信、高清晰度电视、智能交通、远程教育和远程医疗、环境和地震预测等。

4. 内联网（Intranet）

Internet 的发展大大促进了企业的信息化和经济的全球化。Intranet 是 Internet 技术的发展与建造企事业单位内部的计算机和信息系统的需要相融合的产物，是将 Internet 的构造技术应用于企业内部网络。Intranet 的特点可以简要地归纳为：

① 为满足某个企事业单位自身的需要而建立，为企业服务，其规模和功能应根据单位的经营、管理和发展的需求而确定。

② 基于 Internet 的技术和工具，采用 TCP/IP 协议，是一个开放的系统。

③ 广泛采用 WWW 技术，使企业内部用户可以方便地浏览企业内部的各种信息，它是一个基于 WWW 的企业内部信息系统。

④ 和 Internet 连接，企业用户可以通过 Intranet 访问 Internet 的丰富资源。Intranet 和外部连接的地方，采用防火墙等安全措施，以保护企业内部信息和数据的安全。

⑤ 连接底层的控制网络，管理、优化、监控企业的生产过程。

Intranet 对企业的经营产生了积极的影响。企业可以充分地利用内联网提高工作效率，节省时间，使企业经营管理更加现代化。

Intranet 之后出现了外联网 Extranet，将 Intranet 的范围延伸扩大到企业的外部，如合作伙伴、供应商、交易伙伴、销售商店等。

现在，虚拟专用网（virtual private network，VPN）技术常用于构建 Intranet 和 Extranet，即 Intranet VPN 和 Extranet VPN。

7.3.2　Internet 的主要功能和特点

1. Internet 的主要功能

从功能上说，Internet 的信息服务基本上可以归为三类：共享资源、交流信息、发布和获取信息。

（1）共享资源

人们使用远程登录服务不仅仅是为了使用异地系统的硬件资源，而通常是为了享用异地系统的特殊服务，最典型的就是访问电子公告栏服务 BBS。用户可以登录到 BBS 服务器上，参与各类讨论。远程登录服务 Telnet 使用户可以通过网络来共享计算机资源，如用户可以在家里或在外地通过远程登录服务访问在计算中心或单位的各种服务器，只要其在这些服务器上拥有合法的账户，一旦登录到服务器上，用户就可以执行各种命令，如同坐在服务器的终端前操作一样。和远程登录服务不同，文件传输服务 FTP 允许人们把远地资源取到本地计算机来使用，不管两台计算机之间相距多远，也不管它们上面运行的是什么操作系统。

（2）交流信息

Internet 上交流的方式很多，最常见的应用是电子邮件（E-mail）。与打电话、发传真相比，电子邮件可以说是既便宜又方便，一封电子邮件的费用通常仅仅需花几分钱，而且通常在几分钟内就可以将信息发送到世界的任何角落，只要互联网已经连到那里。另外，互联网提供了很多人们可以进行学术交流的方式和场所。比如，通过网络新闻（USENET），可以参加到有兴趣的小组中和世界各地的同行们进行交流；电子公告牌（BBS）的形式更加灵活，大家都通过同一台 BBS 服务器分享个人感受、交流思想、相互学习、结交朋友。互联网还提供很多实时的、多媒体通信手段，例如，用户可以通过键盘进行实时文字交谈（talk），进行网络寻呼（ICQ）、利用音像系统（话筒、声卡等）在互联网上通话（Internet phone），利用视频系统（摄像头和视频卡等）可以实现桌面会议，还可以收看电视、欣赏音乐等。

（3）发布和获取信息

Internet 作为一种新的信息传播媒体，为人们提供了一种让外界了解自己的窗口。特别是 WWW 应用出现以后，互联网真正变成了一个多媒体的信息发布海洋。网上报刊、网上广播、网上书店、网上画廊、网上图书馆、网上招聘，应有尽有。许多大学、科研机构、政府部门、企业公司、团体个人都在互联网上设立了图文并茂、内容独特、不断更新的 WWW 网站，作为自己对外宣传和联络的窗口。远程教学使人们不需要走进学校就可以接受教育，不受时间、空间的限制；远程医疗使人们可以对疑难病症进行专家会诊，及时抢救病人；电子商务使人们可以通过网络购物、进行证券交易、了解股市行情等。

2. Internet 的主要特点

① 开放性。Internet 不属于任何一个国家、部门、单位、个人，并没有一个专门的管理机构对整个网络进行维护。任何用户或计算机都可以自由接入 Internet，而且没有时间和空间的限制，没有地理上的距离概念，只要遵循规定的网络协议 TCP/IP 即可。

② 资源的丰富性。Internet 中有数以万计的计算机，形成了一个巨大的计算机资源，可以为全球用户提供极其丰富的信息资源，包括自然、社会、科技、教育、政治、历史、商业、金融、卫生、娱乐、气象等。

③ 技术的先进性。Internet 是现代通信技术与信息处理技术的融合，充分利用了各种通信网，如电话网、数据网、综合通信网，并促进了通信技术的发展，如电子邮件、网络可视电话、网络传真、网络视频会议等，增加了人们交流的途径，加快了交流的速度，缩短了人与人之间的距离。

④ 共享性。Internet 用户在网络上可以随时查阅共享的信息和资料。若网络上的主机提供共享数据库，则可供查询的信息更多。

⑤ 平等性。Internet 是"不分等级"的，在网络中没有所谓的最高权力机构，网络的运作是由用户相互协调来决定。每台计算机平等地接入 Internet，所有用户（个人、企业、政府组织）在 Internet 上也是平等的、无等级的，不受用户现实生活中的身份、地位及财富等影响。

⑥ 交互性。Internet 是用户自由平等的信息沟通平台，信息的流动和交互是双向的，信息沟通的双方可以平等地与另一方进行交互，及时获得所需信息。

⑦ 费用的低廉性。Internet 上的许多信息和资源是免费的，即使是付费服务，绝大多数也比传统服务的费用要低廉得多。

⑧ 持续性。Internet 功能强大，使参与的各方获益，人们便会更加积极地推动 Internet 的持续发展。

7.3.3 搜索引擎的使用

搜索引擎是一个可以允许用户通过输入关键词或短语，从全球范围内的网页、图片、视频、音频、新闻等文本信息中筛选出相关信息的应用软件。搜索引擎采用自动化的抓取、索引和检索技术，以更快、更准确地提供网上资源的检索服务。

搜索方式是搜索引擎的一个关键环节，大致可分为四种：全文搜索引擎、元搜索引擎、垂直搜索引擎和目录搜索引擎，它们各有特点并适用于不同的搜索环境。所以，灵活选用搜索方式是提高搜索引擎性能的重要途径。全文搜索引擎是利用爬虫程序抓取互联网上所有相关文章予以索引的搜索方式；元搜索引擎是基于多个搜索引擎结果并对之整合处理的二次搜索方式；垂直搜索引擎是对某一特定行业内数据进行快速检索的一种专业搜索方式；目录搜索引擎是依赖人工收集处理数据并置于分类目录链接下的搜索方式。

1. 搜索引擎的工作原理

搜索引擎的工作原理简单来说可以分为三步：数据采集、建立索引数据库、在索引数据库中搜索排序。

2. 搜索引擎的基本使用

常用搜索引擎有百度、搜狗、必应等。下面以百度为例进行介绍。搜索引擎的基本使用步骤如图 7-50 所示。

图 7-50　百度搜索引擎操作

3. 搜索语法

搜索语法是指在搜索引擎中，使用特定的语法规则组合关键词以精准地搜索所需要的信息。为了让搜索更加简洁、高效、精准，这里简单介绍几个常用搜索语法（以百度搜索为例）。

① intitle：搜索指定标题的内容。例如，"intitle:广州理工学院"，如图 7-51 所示。

注意："intitle:"和后面的关键词之间，不要有空格。搜索的结果里面都包含了广州理工学院。

② site：某个指定网站内的结果。例如，"site:www.jd.com　电视机"，如图 7-52 所示。

注意："site:"后面跟的站点域名不要带 http:// 或 https://。另外，site:和站点名之间，不要带空格，搜索结果里面都是在 www.jd.com 网站里面有关键字"电视机"的结果。

③ -：排除关键词。例如，搜索"猫 -狗"，将不会出现与"狗"相关的结果，如图 7-53 所示。

④ filetype：搜索文件类型。例如，搜索"住房申请书.doc filetype:doc"，将只会显示.doc 文件类型的结果，如图 7-54 所示。

图 7-51 "intitle:广州理工学院"

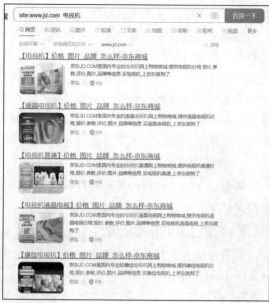

图 7-52 "site:www.jd.com 电视机"

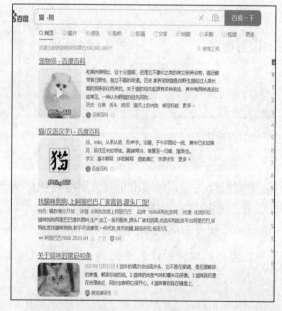

图 7-53 搜索 "猫 -狗"

图 7-54 搜索 "住房申请书.doc filetype:doc"

⑤ inurl：把搜索范围限定在 URL 链接中。例如，搜索"计算机 inurl:gzist"。"计算机"可以出现在网页的任何位置，而 gzist 则必须出现在网页 URL 中，如图 7-55 所示。

注意，"inurl:"语法和后面所跟的关键词，不要有空格。

⑥ +：同时包含多个关键词。例如，搜索"python+java"则会同时出现 python 和 java，如图 7-56 所示。

图 7-55　搜索"计算机 inurl:gzist"

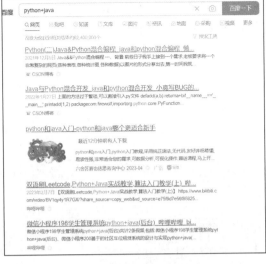

图 7-56　搜索"python+java"

7.3.4　下载工具 BT

　　BT 下载工具是一种软件应用程序，用于下载和共享文件。BT 下载工具使用 BitTorrent 协议，这是一种用于点对点文件共享的协议。BT 下载工具基于种子文件的概念，其中种子文件包含了要下载的文件的元数据信息，如文件大小、名称和哈希值等。用户可以使用 BT 下载工具打开种子文件并连接到其他用户的计算机上，从而共享和下载文件。

　　BT 下载工具通常具有易用性、高效性和灵活性等特点。它们可以通过使用分块下载和多点下载技术来加快下载速度。此外，它们通常具有下载队列、自动种子管理、文件选择、上传和下载速度限制等高级功能。

　　在使用 BT 下载工具时，用户需要谨慎并遵守适用的法律法规和规定，同时采取一些预防措施，如使用防病毒软件和避免下载受感染的种子文件等。

1. BT 下载工具的种类

　　常见的 BT 下载工具有许多种，其中 BitTorrent、uTorrent 和 qBittorrent 是最常见的。BitTorrent 具有高效的分发机制，可以将大文件分割成小块进行下载，从而提高下载速度；具有较高的稳定性和可靠性，可以在网络不稳定的情况下继续下载；用户界面简洁明了，易于使用。BitTorrent 是一个开放的 P2P 协议，因此存在一些潜在的安全风险，如下载到恶意软件或受感染的种子文件。uTorrent 是一款轻量级的 BT 下载工具，下载速度快；用户界面简单明了，易于使用；支持多个操作系统，如 Windows、Mac、Linux 等。但是 uTorrent 为了获得更好的下载效果，用户需要进行额外的设置。qBittorrent 是一款开源免费的 BT 下载工具，无须购买或订阅费用；具有多种功能，如 RSS 订阅、IP 过滤、下载排队等。但是与其他 BT 下载工具相比，qBittorrent 的下载速度可能较慢；用户界面有点过时，不够现代化。

2. BT 下载工具的安装

　　首先，需要从 BitTorrent 官网下载并安装 BitTorrent 软件。下载完成后，双击运行安装程序，按照提示完成安装过程。

① 下载最新版的 BitTorrent 软件安装包，双击运行，安装语言保持默认选择，单击 OK 按钮，如图 7-57（a）所示。

② 单击 I Agree 按钮，按照提示操作，如图 7-57（b）所示。安装完毕会有提示。

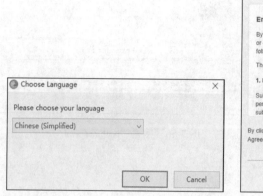

（a）安装语言选择

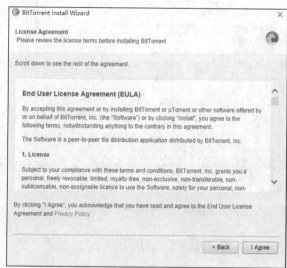

（b）同意安装

图 7-57　BT 下载工具的安装

3. BT 下载工具的使用

（1）BT 下载

用户需要在互联网上搜索所需的种子文件，如在 The Pirate Bay 等 BT 网站上搜索。下载种子文件时需要确保文件来源可信，并避免下载到恶意软件。在 BitTorrent 软件中，选择"文件"→"添加 Torrent"命令，然后选择已下载的种子文件进行添加下载，如图 7-58（a）所示。

当种子文件被打开后，BitTorrent 会自动开始连接其他用户的计算机并下载文件。可以监视下载进度和下载速度，并在下载过程中暂停、恢复或取消下载。

当下载完成后，文件将被保存到选择的本地文件夹中。可以在 BitTorrent 软件中单击"显示在文件夹中"按钮，查看保存的文件。

（2）BT 种子的制作

首先，需要选择要制作种子的文件，这些文件可以是音乐、视频、图像、文档等。在 BT 软件中，选择"文件"→"制作 Torrent"命令，在弹出的对话框中，选择本地要制作种子的文件，并设置共享的文件夹和种子的名称和描述等信息。设置完成后，单击"创建"按钮，BT 软件会生成一个种子文件，将其保存到本地计算机中，如图 7-58（b）所示。

制作 BT 种子需要注意以下问题：确保拥有要制作种子的文件的版权或已获得授权。在设置 Tracker 服务器时，请遵守服务器的规定和要求，不要滥用或恶意使用。不要将种子文件更改或共享给其他人，以免侵犯他人的版权或隐私。在制作 BT 种子时，建议使用最新版本的 BT 软件，以获得更好的性能和安全性。

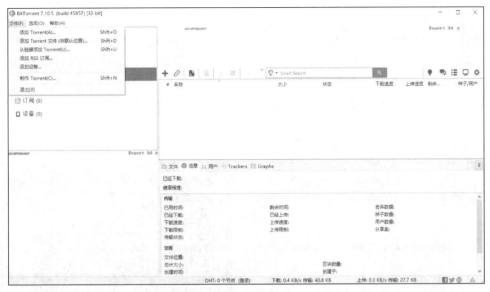

（a）BT 下载

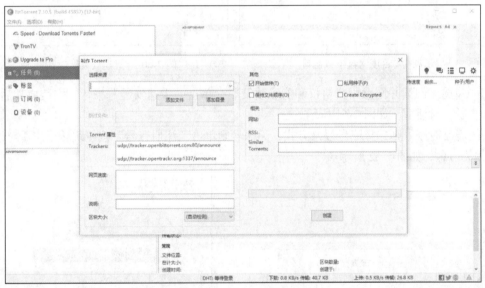

（b）BT 种子的制作

图 7-58　BT 下载工具的使用

7.3.5　网盘的使用

网盘，又称网络 U 盘、网络硬盘，是一种基于互联网的数据存储服务。用户可以将自己的各种文件、文档、图片、视频等上传到网盘中，随时随地通过网页或客户端进行访问、管理、下载或分享。常见的网盘包括百度网盘、腾讯微云、360 云盘、阿里云盘等。通过网盘，用户可以方便地备份和同步数据，也可以与他人共享和协作文件。

下面以 Windows 10 操作系统为例，介绍百度网盘和腾讯微云的使用。

1. 百度网盘

百度网盘（原百度云）是百度推出的一项云存储服务，已覆盖主流 PC 和手机操作系统，包含 Web 版、Windows 版、Mac 版、Android 版、iPhone 版和 iPad 版。PC 端可以直接网页打开，也可以安装百度网盘软件。下面介绍 PC 端操作：

① 搜索"百度网盘"或进入百度网盘官网下载地址，出现图 7-59 所示下载窗口，单击 Windows 选项，下载百度网盘安装包。

② 双击安装包，出现"极速安装"对话框，如图 7-60 所示。

图 7-59　百度网盘下载窗口　　　　　　图 7-60　"极速安装"对话框

③ 勾选"阅读并同意用户协议和隐私政策"，单击"极速安装"按钮，安装成功后出现"登录注册"对话框，如图 7-61 所示。

④ 若已有账号则选择账号登录方式，无账号则单击"注册账号"按钮跳转至注册对话框，填写相关信息，如图 7-62 所示。

图 7-61　"登录注册"对话框　　　　　　图 7-62　注册对话框

⑤ 注册成功后登录网盘，进入百度网盘主面板，如图 7-63 所示。

⑥ 文件的上传：单击"上传"按钮将出现"请选择文件/文件夹"对话框，如图 7-64 所示，选择查找的范围、填写文件名，单击"存入百度网盘"按钮，在传输界面可看到上传进度。

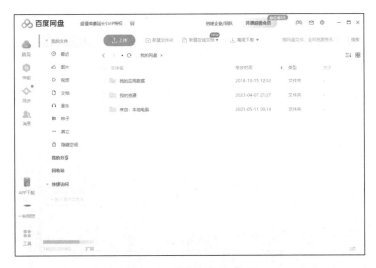

图 7-63　百度网盘主面板

图 7-64　"请选择文件/文件夹"对话框

⑦ 文件的下载：勾选需要下载的文件，单击"下载"按钮，如图 7-65 所示。

⑧ 文件的分享：如图 7-65 所示，勾选需分享的文件，单击"分享"按钮，选择分享的方式，如图 7-66 所示。

图 7-65　文件的下载

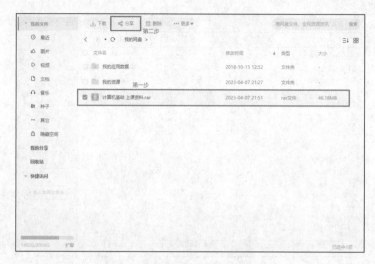

图 7-66　文件的分享

⑨ 保存分享文件：打开百度网盘分享链接，选择要保存的文件，单击"保存到我的百度网盘"按钮，如图 7-67 所示。

图 7-66　选择分享方式

图 7-67　保存分享文件

2. 腾讯微云

腾讯微云是腾讯公司打造的一项智能云服务，用户可以通过微云方便地在手机和 PC 之间同步文件、推送照片和传输数据。PC 端可以直接网页打开，也可以安装百度网盘软件。下面介绍 PC 端操作：

① 搜索"腾讯微云"或进入腾讯微云官网下载地址，出现图 7-68 所示下载窗口，单击"下载 PC 端"下载腾讯微云安装包。

② 双击安装包，出现"安装进度条"窗口，如图 7-69 所示。

图 7-68　腾讯微云下载窗口

图 7-69　"安装进度条"窗口

③ 安装成功后出现登录注册对话框，如图 7-70 所示。

④ 选择 QQ 或微信登录，进入腾讯微云主面板，如图 7-71 所示。

图 7-70　登录注册对话框

图 7-71　腾讯微云主面板

⑤ 文件的上传：单击"上传"按钮，出现"打开"对话框，如图 7-72 所示，选择上传的文件即可上传成功。

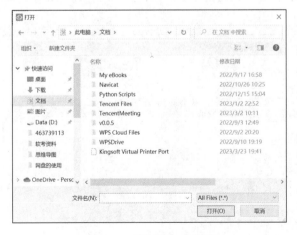

图 7-72　""打开"对话框

⑥ 文件的下载：勾选需要下载的文件，单击"下载"按钮，如图 7-73 所示。

图 7-73　文件的下载

⑦ 文件的分享：勾选需分享的文件，单击"分享"按钮，如图 7-74 所示。

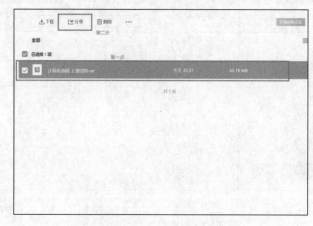

图 7-74　文件的分享

⑧ 保存分享文件：打开腾讯微云分享链接，选择要保存的文件，单击"保存微云"按钮，如图 7-75 所示。

图 7-75　保存分享文件

7.3.6　网络资源

1. 网络资源概述

网络资源主要是指借助网络环境可以利用的各种信息资源的总和，又称网络信息资源。它可以包括文本、图像、音频、视频等多种形式的内容，也可以包括各种应用程序和工具，如搜索引擎、社交媒体、在线购物、电子邮件等。网络信息资源可以由各种机构、组织或个人提供和管理，包括政府机构、教育机构、公司和个人。网络信息资源的利用可以促进信息共享和知识交流，改善个人和社会的生活和工作。

与传统的信息资源相比，网络信息资源在数量、结构、分布和传播的范围、载体形态、内涵传递手段等方面都显示出新的特点。

① 存储数字化，传输网络化。信息资源由纸张上的文字变为磁介质上的电磁信号或者光介质上的光信息，存储的信息密度高、容量大。以数字化形式存在的信息，可以通过信息网络进行远距离传送。传统的信息存储载体为纸张、磁带、磁盘。而在网络时代，信息的存在是以网络为载体，增强了网络信息资源的利用与共享。

② 表现形式多种多样。传统信息资源主要是以文字或图像等形式表现出来的信息。而网络信息资源包罗万象，覆盖了不同学科、不同领域、不同地域、不同语言的信息资源，除了可以是文本和图像以外，还往往包括音频、视频、软件和数据库等多种形式，包含的文献类型从电子报刊、新闻信息、实事报道、文献资料到图形图表、电子地图等，表现形式多种多样。

③ 交互性。与传统的媒介相比，网络信息传播具有交互性。它具有主动性、参与性和操作性，人们自己主动到网上数据库查找所需的信息，网络信息的流动是双向互动的。

④ 信息更新及时、变化加快。由于因特网信息制作技术的发展，可以很快地将信息传播到世界各地，几乎在事件发生的同一时间内，就能快速制作上网。因此，与传统文献相比，网络信息变化更加快捷新颖，而且可根据需要不断扩充。

⑤ 信息源复杂、无序。网络共享性与开放性使得人人都可以在互联网上索取信息和存放信息，由于没有质量控制和管理机制，这些信息没有经过严格编辑和整理，良莠不齐，各种不良和无用的信息大量充斥在网络上，形成了一个纷繁复杂的信息世界。

2. 获取网络资源

要想快速在大海茫茫中获取网络资源，需要遵循以下步骤：

① 找到想要获取的资源，可以通过搜索引擎、网站目录等方式来找到所需资源的网址，如图 7-76 所示，还可利用开放获取资源 HighWire Press、Free Medical Journals 等。

② 访问网址。在浏览器中输入网址，按【Enter】键即可访问。

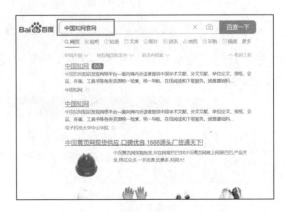

图 7-76　搜索网络资源

常用专利文献检索网站有中国知网（见图 7-77）、国家知识产权局、中国专利信息网、中国知识产权网、CNKI、万方、NSTL、百度专利等。

图 7-77　中国知网

③ 下载资源。如果需要下载文件，可以通过右键快捷菜单"另存为"命令【见图 7-78（a）】或单击下载 PDF 等方式来下载所需文件，如图 7-78（b）所示。

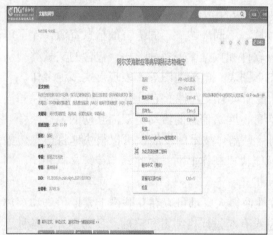

（a）"另存为"方式资料下载　　　　　　　　　　（b）CAJ、PDF 格式资料下载

图 7-78　下载资源

④ 注册或登录。有些网站可能需要注册或登录才能获取资源，需要按照网站提示进行操作，如图 7-79 所示。

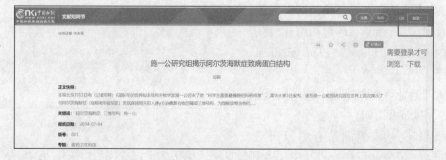

图 7-79　登录

⑤ 付费或免费获取。有些资源可能需要付费才能获取，如电子书、音乐、电影等。付费方式通常包括信用卡支付、支付宝、微信支付等，如图 7-80 所示。而有些资源则是免费提供的，可以直接下载或在线浏览。

图 7-80　会员付费

注意：获取网络资源时，需要保护个人隐私和计算机安全，防止遭受网络钓鱼、病毒、木马程序等攻击。建议安装杀毒软件、防火墙等网络安全软件，同时也要注意网站的信誉和安全性。

7.3.7　文件传输服务

FTP（file transfer protocol，文件传输协议）是 Internet 上广泛使用的文件传输服务，允许互联网上的用户将一台计算机上的文件和程序传送到另一台计算机上，允许从远程的主机上得到自己想要的程序和文件，就像跨国家或地区的全球范围内的复制命令。FTP 提供交互式的访问，允许客户指明文件的类型与格式，并允许文件具有存取权限（如访问文件的用户必须经过授权，并输入有效的密码）。FTP 屏蔽了各种计算机系统的细节，因而适于在异构网络中任意计算机之间传输文件。

FTP 是一种实时的联机服务，工作时首先要登录到对方的计算机上。用户登录后，可以进行与文件搜索和文件传输有关的操作，如改变当前文件夹、列文件目录、设置传输参数、传输文件等。通过 FTP 能够获取远方的文件，也可以将自己的文件复制到远方指定的计算机中。

1. FTP 需要解决的问题

文件传输往往并不简单，因为众多的计算机厂商研制出的文件系统多达数百种，且差别很大。经常遇到的问题是：

① 计算机存储数据的格式不同。

② 文件命名规则不同。

③ 对于相同的功能，操作系统使用的命令不同。

④ 访问控制方法不同。

文件传输协议 FTP 使用 TCP 可靠的传输服务。FTP 的主要功能是减少或消除在不同操作系统下处理文件的不兼容性。

2. FTP 客户服务器模式

FTP 使用客户服务器模式，一个 FTP 服务器进程可同时为多个客户进程提供服务。在进行文件传输时，FTP 的客户和服务器之间要建立两个连接：控制连接和数据连接，如图 7-81 所示。控制连接在整个会话期间一直保持打开，FTP 客户所发出的传送请求通过控制连接发送给控制进程，但控制连接并不用于传输文件，实际用于传输文件的是数据连接。

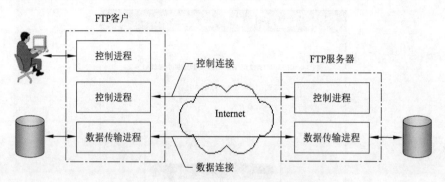

图 7-81　FTP 客户和服务器之间的两个连接

3. FTP 工具

FTP 工具软件很多，最流行的有 FlashFXP、LeapFTP、CuteFTP。其中，FlashFXP 是速度最快的，但是访问某些教育网站不稳定，还有时出现传大文件卡死的现象，但是为了速度，这点小小的不足可以忽略；LeapFTP 是最稳定的，访问所有网站都比较稳定，而且绝对不会卡死，但是速度有所不足；CuteFTP 优点在于功能繁多，速度和稳定性介于前面的二者之间，用户可以按用途和喜好来进行选择。8UFTP 是首款国产简体中文版 FTP 免费工具，是目前 FTP 工具市场上体积最小的，涵盖其他 FTP 的各种功能，支持多线程上传，支持在线解压缩。

 **7.4　网络发展趋势**

7.4.1　下一代网际协议

1. 解决 IPv4 地址枯竭问题

IP 是因特网的核心协议。IPv4 是在 20 世纪 70 年代末期设计的。IPv4 的地址字段长度为 32 bit，意味着其地址空间最多有 2^{32}（大约 40 亿）个。之所以设计这么短的地址字段，是因为因特网原本是美国人发明的供科学研究用的计算机网络。当初没有人想到，这个网络居然会演变到今天供全球网民享用的规模如此庞大的商用网络。

因特网经过几十年的飞速发展，到 2011 年 2 月 IPv4 地址已经耗尽，运营商已经无法再申请到新的 IP 地址块了。尽管先后有划分子网、DHCP 和 NAT 等多种技术用于解决 IPv4 地址空间不足的问题，但解决 IP 地址耗尽的根本措施是采用具有更大地址空间的新版的 IP（即 IPv6）。

所谓 IPv4 地址耗尽，是指分配 IPv4 的机构 ICANN 在 2011 年 2 月 3 日发布了一个公告，宣称最后所剩的五组 IPv4 地址已经分配给了全球五大区域互联网地址管理机构，以后再没有 IPv4 地址可以分配了。因此从这个意义上讲，IPv4 地址已经枯竭了。

IETF 早在 1992 年 6 月就提出要制定下一代的 IP，即 IPng（IP Next Generation）。IPng 现在正式称为 IPv6。1998 年 12 月，IETF 发布了关于 IPv6 的一系列因特网草案标准协议：

RFC2460~2463。到目前为止，IPv6 步入 2.0 阶段，聚焦用户体验保障。

及早开始过渡到 IPv6 的好处是：有更多的时间来规划平滑过渡；有更多的时间培养 IPv6 的专门人才；及早提供 IPv6 服务比较便宜。因此，现在有些 ISP 已经开始进行 IPv6 的过渡。

2. IPv6 的地址空间

为了彻底解决 IP 地址不够用的问题，IPv6 的设计者为 IPv6 地址字段规划了 128 bit 的长度。这意味着，IPv6 地址最多可以达到 2^{128} 个，几乎可以认为是无穷多个。

随着物联网和移动互联网的蓬勃发展，能预见到的是人类社会经济生活中的诸多物品（如各类家用电器、传感器、汽车、书籍、桌椅等）都将连入因特网。虽然 IP 地址的需求量会出现数十倍、将来可能出现成千上万倍的增长，但这样的增长量根本无法与 IPv6 的地址空间相匹配。无论如何，至少从目前能够想象的未来来看，IPv6 地址是不可能用完的。

7.4.2　无线自组网

1. 无线网络的分类

无线网络可以分为两类：一类是有基础设施的无线网络；另一类是无基础设施的无线网络，又称无线自组织网络或多跳网络，简称"无线自组网"。图 7-82 给出了这两类网络的常见结构。

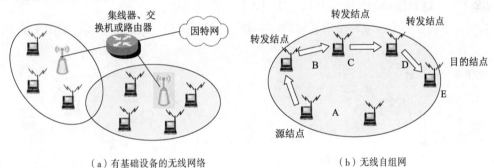

（a）有基础设备的无线网络　　　　　（b）无线自组网

图 7-82　两类无线网络基本结构

2. 有基础设施的无线网络

有基础设施的无线网络将无线终端接入网络，负责接入的设备本身再通过有线介质与其他网络（如校园网、企业网或因特网）相连，从而使无线终端能够与更远端的结点通信。这类无线网络的典型代表有：

① 蜂窝移动通信系统，即手机通信系统，其无线接入设备称为基站。由于早期基站的覆盖范围接近于蜂巢中的一个正六边形单元，故此得名。基站通过无线电波与其覆盖范围内的手机相连，并将通信内容通过有线网络转发出去；与此同时，基站接收来自有线网络的通信并转发给相应的手机。

② 无线局域网（WLAN），在家里、办公室和宿舍中广泛使用。早期的接入设备称为无线接入点（access point，AP），不带路由功能；现在常用的接入设备是无线路由器。无线局域网中的无线终端包括手机、平板电脑、笔记本式计算机和装有无线网卡的台式计算机等。

3. 无线自组网

无线自组网是由一群兼具终端及路由功能的设备，通过无线链路形成的多跳、无中心、临时性自治系统。

（1）无线自组网的主要特点

① 多跳。网络中无线结点的发射功率有限，远距离通信需要依靠其他结点的中继。因此，每个结点既是终端同时又充当"路由器"的角色。

② 无中心。网络中不存在任何控制中心，结点之间相互协作构成网络。

③ 临时性。专为某个特殊目的建立，一般是临时性的。

除此之外，无线自组网中的无线结点具有移动性。新的终端可以随时加入网络，原有终端也可以随时离开网络，这对分组转发提出了更高的要求。

（2）无线自组网的主要应用

无线自组网最初的设计目标是为战场提供可靠的通信环境，因此它在军事领域得到了广泛的应用。随着时间的推移和技术的进步，人们发现民用领域也大有无线自组网的用武之地。

① 临时性工作场合，如会议、庆典、展览。

② 灾难环境中提供通信和监控支持。

③ 野外工作中的通信，如科考、边防站等。

④ 车联网，实现自动跟车、事故预警、智能交通等。

⑤ 家庭无线网络、移动医疗监护系统等。

⑥ 个人区域网络应用，实现 PDA、手机等设备间的通信。

无线自组网在军事领域和民用领域的应用实例（战场通信、临时性会场）如图 7-83 所示。

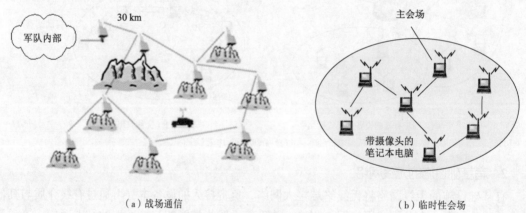

（a）战场通信   （b）临时性会场

图 7-83　无线自组网的应用场景

4. 无线传感器网络

目前，无线自组网最重要的一个应用领域便是无线传感器网络。

无线传感器网络（wireless sensor networks）将大量不同种类的传感器结点组成自治的网络，实现对物理世界动态的、智能的协同感知。

众所周知，传感器早而有之且种类繁多，可感知光照、温度、湿度、声音、加速度、压力、地理位置等环境信息。无线传感器网络的创新之处在于为这些独立的传感器配备通信功能，进而将数量庞大的传感器连成传感器网络，实现通信、中转数据和联合感知环境的功能，海量信息使得提供更加强大和智能的服务成为可能。

无线传感器结点（见图 7-84）集环境感知、信息采集、信息处理、数据收发、组网通信等众多功能于一体，其核心部件包括无线电收发器、微控制器、存储器和电池。

无线传感器网络与一般的无线自组网的区别主要体现在：

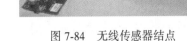

① 传感器网络是集成了监测、控制以及无线通信的网络系统。

② 其结点数目庞大（成千上万），分布密集。

③ 因环境和能量的耗尽，结点容易出现故障。

④ 结点能量、处理能力、存储能力、通信能力有限。

图 7-84　无线传感器结点

⑤ 结点通常固定不动。

图 7-85 所示为无线传感器网络的通用结构，图 7-86 所示为无线传感器网络的应用领域。

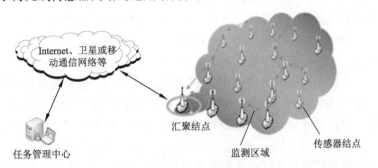

图 7-85　无线传感器网络的通用结构

图 7-86　无线传感器网络的应用领域

7.4.3　移动互联网

1. 移动互联网的概念

移动互联网就是将移动通信和互联网两者结合起来，成为一体。移动互联网的定义可从以下几个层面展开：

① 从技术层面定义，它是以宽带 IP 技术为核心，同时提供语音、数据、多媒体等业务的开放式基础电信网络。

② 从终端和网络层面定义，用户使用手机、上网本、笔记本式计算机、平板电脑、可穿戴设备等移动终端，通过移动通信网络和互联网获取信息和服务。

③ 从服务层面定义，用户不仅能使用传统互联网的内容与应用及传统移动通信网的语音与短信等业务，而且能享受到许多之前从未使用过的服务。

与物联网一样，移动互联网并不是一夜之间出现的新技术，它是许多技术逐步发展、成熟和完善的产物，包括宽带互联网、3G/4G/5G 移动通信、智能手机芯片与操作系统等技术。

2. 移动互联网的四要素

移动互联网包含终端、网络、平台 + 应用和商业四大要素。

（1）终端要素

终端要素须满足便携性、易用性及用户日益增长的计算和存储需求。

目前移动互联网的终端主要有手机、平板电脑、笔记本式计算机（包括上网本、超级本、智能本等各种概念本）等，其中智能手机是最重要的一个类别。

世界上第一款智能手机是 IBM 公司于 1993 年推出的 Simon。它也是世界上第一款使用触摸屏的智能手机，使用 Zaurus 操作系统，只有一款名为 DispatchIt 的第三方应用软件。它为以后的智能手机处理器奠定了基础，有着里程碑式的意义。2008 年 7 月 11 日，苹果公司推出 iPhone 3G。自此，智能手机的发展开启了新的时代，iPhone 成为引领业界的标杆产品。

近年来智能手机的各项相关技术发展迅速，不仅硬件配置越来越高，操作系统和应用软件的功能也越来越强大，大有取代 PC 之势。

① 屏幕技术：智能手机的屏幕越来越大，分辨率越来越高，同时出现了全面屏、曲面屏、折叠屏等新型屏幕。其中，OLED 屏幕已成为主流，提供更高的色彩饱和度和对比度。

② 处理器技术：智能手机的处理器越来越强大，采用了更先进的芯片制造工艺，如 7 nm 和 5 nm 工艺。同时，出现了多核心、AI 加速、GPU 加速等技术，提升了手机的性能和效率。

③ 摄像头技术：智能手机的摄像头也在不断升级，出现了多摄像头、像素更高、光学防抖等技术。同时，AI 算法的应用也增加了摄影的便利性和质量。

④ 电池技术：随着智能手机的各项功能越来越多，对电池的需求也越来越高。因此，手机电池的容量不断提升，同时出现了快充、无线充电等新技术。

⑤ 5G 技术：5G 技术的普及将带来更快的网络速度、更低的延迟和更高的带宽，为智能手机的多媒体、游戏、AR/VR 等应用提供更好的支持。

⑥ 人工智能技术：人工智能的应用让智能手机更加智能化，如语音助手、智能拍照、智能翻译等。同时，人工智能技术也提升了手机的安全性，如面部识别、指纹识别等。

移动终端的发展趋势是：伴随智能手机的进一步发展，将出现越来越多的可穿戴设备。当前，智能眼镜、智能手表等可穿戴设备已初现端倪。未来，可穿戴设备的种类将越来越丰富，人们日常生活中用到的手套、腕带、随身听……都可能套上电子化的光环，成为新的智能移动终端。

（2）网络要素

网络要素须确保覆盖范围和访问速度。

网络要素主要包括两个方面：一是宽带互联网；二是移动通信网络。

在宽带互联网方面，商用光纤主干网的带宽速度在 100 Gbit/s、截至 2023 年 1 月，单波

200 Gbit/s 主干网已经开始建设。而个人光纤接入的带宽速度可以达到几百兆甚至千兆每秒，但具体速度还要根据网络运营商和地理位置等因素而定。不断扩容的网络为复杂的创新性应用提高了有力的带宽保障。

在移动通信网络方面，移动通信网络的速度随着技术的不断发展而不断提高。目前，4G 网络静态传输速率达到 1 Gbit/s，高速移动状态下可以达到 100 Mbit/s。而 5G 网络静态传输速率达到 10 Gbit/s，移动体验速率超 1 Gbit/s，连续广域覆盖和高移动性下，用户体验速率达到 100 Mbit/s。

（3）"平台 + 应用"要素

"平台 + 应用"要素提供基于移动互联网的创新应用。

这里的"平台"是指移动应用发布、分享和下载的资源站，苹果的 App Store 和谷歌的安卓市场是使用最为广泛的平台。除此之外，英特尔、百度、腾讯等均构建了自己的应用平台。

目前移动互联网支持两类应用模式：

① App 模式，即客户机/服务器模式，这是当前移动应用的主流模式。使用此类模式的典型代表包括 QQ、游戏、股票行情等应用。App 模式的应用通常拥有更为强大的功能，但需要下载和安装应用，对 CPU 和存储空间的消耗较大。

② 浏览器模式，如网页邮箱服务、微信提供的基于网页的各种增值服务等。该模式的优点是无须安装应用，且资源消耗相对较小；缺点是功能相对较弱且对网络的依赖性比较强。

从 PC 端网络应用的发展趋势来看，虽然 App 模式是当前移动应用的主流模式，但是在不久的将来移动端的应用模式将会逐渐形成两种模式相抗衡，直至浏览器模式占据主流的趋势。

（4）商业要素

商业要素通过合理的定价等实现多方共赢。

首先，移动运营商的定价策略和消费者的承受能力及使用体验在很大程度上影响着移动互联网的发展。当前中国移动、中国联通和中国电信在基础设施投入上的侧重点各不相同，在用户数量上的差异也十分显著，导致它们在 3G/4G/5G 套餐的设计和定价上采取了不同的策略。当然对于用户而言，最重要的是价格实惠的同时还能享受到上乘的服务。

其次，移动应用的收费模式也在悄然变化。早期苹果 App Store 的绝大多数应用都采取付费下载模式；相反，安卓市场推出伊始便有大量的免费应用。免费应用显然更容易得到用户的青睐。当然，完全"免费"是不现实的，绝大多数免费应用都会通过植入广告和升级收费等方式获得收入。移动应用本身的吸引力、用户的使用体验、收费的多少等是影响移动应用收费策略的三大因素。关于移动应用的收费，另一种观念是只要当前吸引到足够的用户，即使当前亏本也没有关系，因为"有用户就有风投，有用户才能推出收费服务"。

3. 移动通信标准

第一代是模拟蜂窝移动通信网。1978 年，美国贝尔实验室研制成功先进移动电话系统（advantage mobile phone system，AMPS），建成了蜂窝状移动通信系统。这一阶段最重要的突破是贝尔实验室在 20 世纪 70 年代提出的蜂窝网的概念。蜂窝网即小区制，由于实现了频率复用，大大提高了系统容量。第一代移动通信系统的典型代表是 AMPS 系统和 TACS（total access communications system，全接入通信系统）等。AMPS 使用的频带是 800 MHz，在北美、南美和部分环太平洋国家广泛使用；TACS 使用的频带为 900 MHz，在欧洲、亚洲国家广泛使用。

第一代移动通信系统的主要特点是采用频分复用，语音信号为模拟调制，每隔 30/25 kHz 一个模拟用户信道。第一代系统在商业上取得了巨大的成功，但是其弊端也日渐显露出来：频谱利用率低，业务种类有限，无高速数据业务，保密性差，易被窃听和盗号，设备成本高，体积大和质量大。

为了解决模拟系统中存在的这些根本性技术缺陷，数字移动通信技术应运而生并且迅速发展，这就是以 GSM 和 IS-95 为代表的第二代移动通信系统。这里通过表 7-6 简单介绍从 2G 到 5G 的部分主要移动通信标准。

表 7-6　部分主要移动通信标准

系　统	适合的应用	技术标准	英　文　全　称	中文含义	国内营运商	特　点
2G(第2代移动通信技术)	语音	TDMA（IS-136）	time division multiple access	时分多址		用于美洲
		GSM	global system for mobile communications	移动通信全球系统	中国移动、中国联通	起源欧洲、全球广泛部署
		CDMA（IS-95）	code division multiple access	码分多址		用于美洲和亚洲
2.5G(介于2G和3G之间的移动通信技术)	语音、数据	GPRS	general packet radio service	通用分组无线电服务	中国移动、中国联通	2G 扩展，GSM 演化而来，数据在多个信道发送
		EDGE	enhanced data rate for GSM evolution	增强型数据速率 GSM 演进	中国移动、中国联通	从 GSM 演化而来，使用增强调制，数据率可达 384 kbit/s
		CDMA-2000（1x）	code division multiple access 2000（1x）	码分多址2000（第1阶段）	中国电信	从 IS-95 演化而来，数据率可达 144 kbit/s
3G(第3代移动通信技术)	语音、高速数据传输	WCDMA	wideband code division multiple access	宽带码分多址	中国联通	欧洲主导，全球广泛应用
		CDMA-2000（3x）	code division multiple access 2000（3x）	码分多址2000（第2阶段）	中国电信	美国主导
		TD-SCDMA	time division-synchronous code division multiple access	时分同步码分多址	中国移动	中国自有 3G 技术
4G(第4代移动通信技术)	高质量音频、视频、图像、高速数据传输	TD-LTE	time division long term evolution	分时长期演进	中国移动、中国联通、中国电信	由 TD-SCDMA 演变
		LTE-FDD	long term evolution - frequency division duplexing	长期演进频分双工	中国联通、中国电信	由 WCDMA 演变
		WiMax	worldwide interoperability for microwave access	全球微波互联接入		带宽优势、移动性差、无线局域网技术

系　　统	适合的应用	技术标准	英 文 全 称	中文含义	国内营运商	特　　点
5G（第 5 代移动通信技术）	智能城市、工业互联网、虚拟现实、自动驾驶、远程医疗	SA	standalone	独立组网	中国移动	高安全性、高可靠性、灵活、自主管理
		NSA	non-standalone	非独立组网	中国联通	依赖现有的 4G 基础建设、可以扩展到 SA 网络
		SA/NSA 双模	standalone/non-standalone	独立组网/非独立组网	中国电信	兼顾两种模式的优点，既可以支持大规模物联网应用，又可以快速推广

4. 移动互联网的应用

当前移动互联网的发展趋势是：通过手机等随身移动终端搜集精准的用户行为、习惯和偏好；依托云计算中心强大的计算能力和数据挖掘、人工智能及大数据等前沿技术，从互联网的海量信息中及时发掘用户需要或可能感兴趣的资讯，从而提供智能化、自动化、个性化和人性化的服务。

Siri、Google Now 和百度直达号是比较有代表性的产品。

（1）Siri

Siri 是苹果公司在其产品 iPhone 和 iPad 等上面应用的一项语音控制功能，可以使 iPhone 及 iPad 变身为一台智能化机器人。利用 Siri，用户可以通过手机阅读短信、寻找餐厅、询问天气、设置语音闹钟等。Siri 可以支持自然语言输入，并且可以调用系统自带的天气预报、日程安排、搜索资料等应用，还能够不断学习新的声音和语调，提供对话式的应答。

Siri 技术来源于美国国防部高级研究规划局所公布的 CALO（Cognitive Assistant that Learns and Organizes）计划：一个让军方简化处理一些繁复庶务，并且具有学习、组织以及认知能力的数字助理。Siri 虚拟个人助理是 CALO 衍生出来的民用版。

（2）Google Now

Google Now 是谷歌公司推出的一款个人智能语音助理。它会全面了解用户的各种习惯和正在进行的动作，并据此为用户提供相关信息。依托谷歌强大的搜索技术及资源库，Google Now 提供了非常丰富的功能。

① 语音提出任何问题，自动搜索并给出图文并茂的答案。

② 与 Google Now 共处一天后，Google Now 即可以直接告诉你去工作的路上所要花费的时间。

③ 假如你下一步的任务是前往某个议程地点，Google Now 会结合当时的交通状况告诉你多久后该出发，并且在出发时间来临之前自动发出提醒。

④ 自动搜索并显示你关注的股票波动、球队的赛况及最新的天气变化。

⑤ 根据你的搜索历史，提供相关阅读题材。

⑥ 提醒你的航班信息，如果登机入口有变化会马上告诉你。

⑦ 步行和行车里程记录功能，通过 Android 设备的传感器来统计用户每月行驶的里程，包括步行和骑自行车的路程。

还有其他你希望得到的帮助。

总之，Google Now 能预知你要做的事情，并及时提供准确的信息。

Google Now 可以与 Google 搜索功能相结合。Google Now 智能化读取关键词后，为用户提供相关的语音服务。除了处理速度快之外，Google Now 针对用户需求"主动"为用户发出提醒，而不仅仅是回答用户的提问，产品性能更为人性化。

（3）百度直达号

百度直达号是商家在百度移动平台的官方服务账号。基于移动搜索、@账号、地图、个性化推荐等多种方式，让亿万客户随时随地直达商家服务。

直达号的四大优势：广拉新、高转化、强留存、易开通。

① 广拉新。百度直达号可以通过移动搜索需求精准匹配、@商家账号直达服务、手机百度"发现"以及百度地图"附近"等方式，帮助商家大量"拉"新客户。其中，@商家账号是一种极具创新的模式，可跳过原有的搜索页面，精准直达商家服务，大幅提升商家获取新客户的能力。升级的手机百度"发现"和百度地图"附近"功能，基于地理位置以及大数据分析，可进一步提高商家的在线订单量。

② 高转化。百度直达号是"客户需求"到"服务获得"最短的路径，因此可以实现客户的高转化率。此外，直达号还具有强大的实时交互能力，可以实现与客户的 24 小时互动。百度直达号还具备了完整的闭环式服务能力，如票务类的订票、选座、支付；外卖行业的订餐、点餐、支付；医疗行业的预约、挂号等。这些强大的功能均保证了直达号的高转化率。

③ 强留存。百度直达号使每个商户都拥有自己的 CRM 后台管理系统，并借助大数据分析实现对客户群体的标签化，以针对不同的客户提供个性化的服务，增强客户黏性，提高客户满意度，促进客户的多频次消费。

④ 易开通。每个商户均可轻松开通百度直达号。对于已经有移动站的商家来说，只要通过快速直连，输入基本的信息，输入已有移动站点的网址，单击转化，就能够拥有一个具备强大功能的直达号。百度针对不同行业，也推出了多个适配于细分行业需求的行业模板。商家登录之后，只需要选择自己所处的行业，简单地编辑文字、上传图片等，就能快捷地开通直达号。

小　结

当今人们的工作、生活、学习都离不开计算机网络，如何利用好计算机网络提供的服务，使用互联网的资源，必须具备计算机网络的基本知识和技能。

计算机网络由硬件及软件组成，硬件包括通信设备、通信线路、服务器及各类终端，软件包括网络协议、操作系统及各类网络应用软件。市场上常用的 TCP/IP 网络体系结构分为四层、OSI 开放互联体系分为七层，我们深入学习计算机网络是必须要了解的。常用的网络通信协议，如 IP、TCP、UDP、HTTP、FTP 等，需要知道它们的功能。基本网络故障排查、互联网资源检索方法、网络资源下载常用工具、各种即时通信工具使用等技能是需要我们掌握的。

习 题

一、选择题

1. 以下 IP 属于 C 类地址的是（　　　）。
   A. 127.10.2.12   B. 172.20.2.0
   C. 191.168.1.1   D. 202.5.44.2
   E. 109.255.255.255   F. 255.254.128.2

2. 以下可能是 B 类网络的子网掩码的是（　　　）。
   A. 255.255.0.0   B. 255.255.128.0
   C. 255.255.255.0   D. 255.255.255.240
   E. 255.254.0.0   F. 255.224.128.0

3. 当一台主机从一个网络移到另一个网络时，以下说法正确的是（　　　）。
   A. 必须改变它的 IP 地址和 MAC 地址
   B. 必须改变它的 IP 地址但不需改动 MAC 地址
   C. 必须改变它的 MAC 地址但不需改动 IP 地址
   D. MAC 地址、IP 地址都不需改动

4. 以下网络地址中不能直接用于 Internet 通信的是（　　　）。
   A. 172.15.22.1   B. 128.168.22.1
   C. 172.16.22.1   D. 192.158.22.1
   E. 10.64.46.11   F. 193.11.12.255

5. 电子邮件服务采用的方式是（　　　）。
   A. B/S   B. C/S   C. B/C/S   D. B/C

6. 下面正确的 URL 地址有（　　　）。
   A. \\FileServer\CommFile   B. http://www.sina.com.cn
   C. H:\教案\   D. ftp://thxy.com : 2005

7. 要在网页中搜索"欧洲杯"或"法国队"的正确搜索语法是（　　　）。
   A. 欧洲杯 or 法国队   B. 欧洲杯 ， 法国队
   C. 欧洲杯 ＋ 法国队   D. 欧洲杯 ＆ 法国队

二、简答题

1. 计算机网络的发展经历了哪几个阶段？每个阶段的特点是什么？
2. 计算机网络是如何分类的？
3. 计算机网络的拓扑结构有哪些？它们各有什么特点？
4. 通过一个实例解释什么是 URL
5. 写出电子邮箱的地址格式的含义。
6. 简要说明用户接入 Internet 的三种方式。

第8章　计算机病毒及其防治

计算机病毒问题不仅仅是一个技术问题，更是一个关系到国家安全的问题。只有确保国家信息系统的安全，才能保证国家的政治、经济、文化和社会的稳定发展。这也需要每个公民都有对国家安全的深刻认识和责任心。

随着计算机技术的普及和发展，计算机系统的安全已成为计算机用户普遍关注的问题，而计算机病毒是计算机系统的巨大威胁之一。计算机病毒一旦发作，轻则破坏文件、损害系统，重则造成网络瘫痪。因此，势必要求我们了解计算机病毒，使计算机免受其恶意的攻击与破坏。

本章将介绍计算机病毒相关知识，让大家了解什么是计算机病毒，计算机病毒有哪些特征，计算机病毒发作后有什么症状，常见杀毒软件和防火墙的安装、配置，以及常见病毒的预防和处理。

 ## 8.1　计算机病毒概述

8.1.1　计算机病毒的概念

1994 年 2 月 18 日，计算机病毒（computer virus）在《中华人民共和国计算机信息系统安全保护条例》中进行了明确的定义："是指编制或者在计算机程序中插入的破坏计算机功能或者毁坏数据，影响计算机使用，并能自我复制的一组计算机指令或者程序代码。"

也就是说，计算机病毒就是一段程序，但是它具有自己的特殊性。首先，计算机病毒利用计算机资源的脆弱性，破坏计算机系统；其次，计算机病毒不断地进行自我复制，在潜伏期内，通过各种途径传播到其他系统并隐藏起来，当达到触发条件时被激活，从而导致系统被恶意破坏。

8.1.2　计算机病毒的发展

1. 计算机病毒的起源

20 世纪 60 年代初，美国贝尔实验室里，三个年轻的程序员编写了一个名为"磁芯大战"的游戏，游戏中通过复制自身来摆脱对方的控制，这就是所谓"病毒"的雏形。

20 世纪 70 年代，美国作家雷恩在其出版的《P-1 的青春》一书中构思了一种能够自我复制的计算机程序，并第一次称之为"计算机病毒"。

2. 第一个病毒

1983 年 11 月，在国际计算机安全学术研讨会上，美国计算机专家首次将病毒程序在 VAX/750 计算机上进行了实验，世界上第一个计算机病毒就这样出生在实验室中。

　　20 世纪 80 年代后期，巴基斯坦有两个以编软件为生的兄弟，他们为了打击那些盗版软件的使用者，设计出了一个名为"巴基斯坦"的病毒，该病毒只传染软盘引导区。这就是最早在世界上流行的一个真正的病毒。

3. DOS 阶段

　　1988 年至 1989 年，我国相继出现了能感染硬盘和软盘引导区的 Stoned（石头）病毒，该病毒体代码中有明显的标志 Your PC is now Stoned!、LEGALISE MARIJUANA！，也称"大麻"病毒等。该病毒感染软硬盘 0 面 0 道 1 扇区，并修改部分中断向量表，该病毒不隐藏也不加密自身代码，所以很容易被查出和解除。类似这种特性的还有小球、Azusa/Hong-Kong/2708、Michaelangelo、Bloody、Torch、Disk Killer 等病毒，实际上它们大多数是 Stoned 病毒的翻版。

　　20 世纪 90 年代初，感染文件的病毒有 Jerusalem（黑色 13 号星期五）、YankeeDoole、Liberty、1575、Traveller、1465、2062、4096 等，主要感染.com 和.exe 文件。这类病毒修改了部分中断向量表，被感染的文件明显地增加了字节数，并且病毒代码主体没有加密，也容易被查出和解除。在这些病毒中，略有对抗反病毒手段的只有 Yankee Doole 病毒，当它发现用户用 DEBUG 工具跟踪它时，它会自动从文件中逃走。

　　接着，又有一些能对自身进行简单加密的病毒相继出现，如 1366(DaLian)、1824(N64)、1741(Dong)、1100 等，它们加密的目的主要是防止跟踪或掩盖有关特征等。

　　以后又出现了引导区、文件型"双料"病毒，这类病毒既感染磁盘引导区、又感染可执行文件，常见的有 Flip/Omicron（颠倒）、XqR（New century 新世纪）、Invader/侵入者、Plastique/塑料炸弹、3072（秋天的水）、ALFA/3072-2、Ghost/One_Half/3544（幽灵）、Natas（幽灵王）、TPVO/3783 等，如果只清除了文件上的病毒，而没清除硬盘主引导区的病毒，系统引导时又将病毒调入内存，会重新感染文件。如果只清除了主引导区的病毒，而可执行文件上的病毒没清除，一执行带毒的文件时，就又将硬盘主引导区感染。

　　1992 年以来，DIR2-3、DIR2-6、NEW DIR2 病毒以一种全新的面貌出现，其感染力极强，无任何表现，不修改中断向量表，而直接修改系统关键中断的内核，修改可执行文件的首簇数，将文件名字与文件代码主体分离。在系统有此病毒的情况下，一切就像没发生一样。而在系统无病毒时，你用无病毒的文件去覆盖有病毒的文件，灾难就会发生，全盘所有被感染的可执行文件内容都是刚覆盖进去的文件内容。该病毒的出现，使病毒又多了一种新类型。

　　20 世纪内，绝大多数病毒是基于 DOS 系统的，有 80%的病毒能在 Windows 中传染。TPVO/3783 病毒是"双料性"（传染引导区、文件）、"双重性"（DOS、Windows）病毒，这就是病毒随着操作系统发展而发展起来的病毒。

4. Windows 阶段

　　在 Windows 时代，计算机病毒种类繁多，从最早的文件感染病毒、引导扇区病毒，到后来的宏病毒、蠕虫病毒等，逐渐发展出了各种攻击手段。下面将针对近年来出现的新型计算机病毒进行介绍：

　　（1）勒索软件（Ransomware）

　　勒索软件是一种特别恶意的计算机病毒，它可以将用户的文件进行加密，并强制用户支付赎金才能解密文件。近年来，勒索软件的攻击越来越频繁，攻击目标主要是企业和机构，甚至涉及医院、学校等公共服务领域。比较著名的勒索软件有 WannaCry、Petya、Locky 等，这些勒

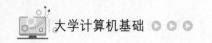

索软件的传播方式主要是通过电子邮件、网络钓鱼等方式进行。

（2）恶意软件（Malware）

恶意软件是一类广泛存在的计算机病毒，它包括病毒、木马、间谍软件、广告软件等。恶意软件的攻击目标主要是用户的计算机系统和个人信息，它可以窃取用户的个人信息、监控用户的网络行为、向用户弹出广告等。恶意软件的传播方式主要是通过下载、文件共享、网络钓鱼等方式进行。

（3）挖矿软件（Cryptojacking）

挖矿软件是一种利用用户计算机资源进行加密货币挖矿的恶意软件，它可以通过植入JavaScript 代码或者下载恶意软件的方式进行传播。挖矿软件的攻击目标主要是个人计算机、手机等，其影响范围主要体现在计算机性能下降、计算机噪声增加等方面。

（4）物联网设备病毒（IoT Botnet）

物联网设备病毒是一种攻击物联网设备的计算机病毒，它可以攻击各种智能设备，如路由器、摄像头、智能电视等。这些设备通常没有安全防护，很容易被攻击者入侵，并被用于攻击其他系统。比较典型的物联网设备病毒有 Mirai、IoTroop 等。

总体来说，随着计算机技术的不断发展，计算机病毒的攻击手段也在不断更新和改进。

5. Internet 阶段

Internet 的发展激发了病毒更加广泛的活力，病毒通过网络的快速传播和破坏，为世界带来了一次又一次的巨大灾难。

1999 年 3 月 6 日，一个名为"美丽杀"的计算机病毒席卷欧美各国的计算机网络。这种病毒利用邮件系统大量复制、传播，造成网络阻塞，甚至瘫痪。并且，这种病毒在传播过程中，还会造成泄密。在美国政府部门和一些大公司，为了避免更大的损失，紧急关闭了网络服务器，检查、清除"美丽杀"病毒。由于"美丽杀"病毒危害美国政府和大型企业的利益，美国联邦调查局（FBI）迅速行动。经过四五天的技术侦查，将病毒制造者史密斯抓获。但是"美丽杀"病毒已致使 300 多家大型公司的服务器瘫痪，这些公司的业务依赖于计算机网络，使服务器瘫痪后造成公司正常业务停顿，损失巨大。随后"美丽杀"病毒的源代码在互联网上公布，功能类似于"美丽杀"的其他病毒或蠕虫接连出台，如 PaPa、copycat 等。然而，这仅仅是计算机病毒肆虐网络的序曲。

1998 年 2 月，出现了破坏性极大的 Windows 恶性病毒 CIH-1.2 版，并定于每年的 4 月 26 日发作破坏，然后，悄悄地潜伏在网上的一些供人下载的软件中。

随着 Internet 的发展，病毒传播更加方便、更加广泛，网络蠕虫病毒已成为常见病毒，大量地通过互联网传播。

6. 现代计算机病毒的特点和趋势

（1）现代计算机病毒的特点

现代计算机病毒的特点主要包括：

多样化：现代计算机病毒形态各异，涵盖了各种类型和形式，如病毒、蠕虫、木马、间谍软件等。

隐蔽性：现代计算机病毒具有非常强的隐蔽性和逃避性，可以通过各种手段绕过防御机制，隐藏自己的存在。

　　自动化：现代计算机病毒利用自动化工具和技术，可以实现快速的传播和攻击，同时也能够自我更新和演化。

　　（2）现代计算机病毒的传播方式和攻击目标

　　现代计算机病毒的传播方式和攻击目标主要包括：

　　社交网络：现代计算机病毒通过社交网络等在线平台进行传播和攻击，利用用户的社交关系和兴趣爱好等信息实现钓鱼欺诈和恶意软件下载。

　　移动设备：随着移动设备的普及和应用的增加，现代计算机病毒也开始向移动设备领域扩展，通过应用程序漏洞和社交工程等方式实现攻击。

　　云计算：随着云计算的兴起，现代计算机病毒也开始针对云计算环境进行攻击和渗透，尤其是对于大型企业和政府机构的云计算环境。

　　（3）防御现代计算机病毒的重要性

　　防御现代计算机病毒的重要性不言而喻，对于企业和个人而言，保护计算机和数据安全是至关重要的，以下是一些常见的防御措施：

　　基础设施安全：企业和机构应该加强网络基础设施的安全性，包括网络拓扑、访问控制、入侵检测等方面。

　　数据加密：企业和机构应该采用数据加密技术，确保数据在传输和存储过程中不被窃取或篡改。

　　安全培训：企业和机构应该加强员工的安全意识和知识，提高员工防范意识和防范能力，包括安全政策和流程、密码管理、电子邮件安全、移动设备安全等方面的知识培训。同时，企业和机构也应该定期进行安全演练和测试，以检验安全防御措施的有效性和员工的应急响应能力。

　　（4）未来可能出现的新型计算机病毒和防御技术

　　未来可能出现的新型计算机病毒和防御技术包括：

　　人工智能：随着人工智能技术的发展，病毒也可能利用这一技术来实现更加智能化的攻击和逃避。

　　区块链：区块链技术可以实现去中心化和安全性，可能在未来的计算机病毒防御中发挥重要作用。

　　量子计算：量子计算技术具有超强的计算能力和破解能力，也可能在未来的计算机病毒攻击中发挥重要作用。

　　为了应对未来可能出现的新型计算机病毒和攻击方式，企业和机构应该不断更新和升级防御技术和措施，加强安全管理和监控，同时也要提高员工的安全意识和培训水平，共同构建起全面有效的计算机安全防御体系。

8.2　计算机病毒的特征及传播途径

8.2.1　计算机病毒的特征

1. 非授权可执行性

用户通常调用执行一个程序时，把系统控制权交给这个程序，并分配给它相应的系统资源

（如内存），从而使之能够运行完成用户的需求，因此程序执行的过程对用户是透明的。而计算机病毒是非法程序，正常用户不会明知是病毒程序，而故意调用执行。但由于计算机病毒具有正常程序的一切特性：可存储性、可执行性，它隐藏在合法的程序或数据中，当用户运行正常程序时，病毒伺机窃取到系统的控制权，得以抢先运行，然而此时用户还认为在执行正常程序。

2. 隐蔽性

计算机病毒是一种具有很高编程技巧、短小精悍的可执行程序。它通常附在正常程序之中或磁盘引导扇区中，或者磁盘上标为坏簇的扇区中，以及一些空闲概率较大的扇区中，这是它的非法可存储性。病毒想方设法隐藏自身，就是为了防止用户察觉。

3. 传染性

传染性是计算机病毒最重要的特征，是判断一段程序代码是否为计算机病毒的依据。病毒程序一旦侵入计算机系统就开始搜索可以传染的程序或者磁介质，然后通过自我复制迅速传播。由于目前计算机网络日益发达，计算机病毒可以在极短的时间内通过 Internet 传遍世界。

4. 潜伏性

计算机病毒具有依附于其他媒体而寄生的能力，这种媒体称为计算机病毒的宿主。依靠病毒的寄生能力，病毒传染给合法的程序和系统后，不立即发作，而是悄悄隐藏起来，在用户不察觉的情况下进行传染。病毒的潜伏性越好，它在系统中存在的时间也就越长，病毒传染的范围也越广，其危害性也越大。

5. 表现性或破坏性

无论何种病毒程序一旦侵入系统都会对操作系统的运行造成不同程度的影响。即使不直接产生破坏作用的病毒程序，也要占用系统资源（如占用内存空间，占用磁盘存储空间以及系统运行时间等）。而绝大多数病毒程序要显示一些文字或图像，影响系统的正常运行，还有一些病毒程序删除文件，加密磁盘中的数据，甚至摧毁整个系统和数据，使之无法恢复，造成无可挽回的损失。因此，病毒程序的副作用轻则降低系统工作效率，重则导致系统崩溃、数据丢失。病毒程序的表现性或破坏性体现了病毒设计者的真正意图。

6. 可触发性

计算机病毒一般都有一个或者几个触发条件。满足其触发条件或者激活病毒的传染机制，使之进行传染，或者激活病毒的表现部分或破坏部分。触发的实质是一种条件的控制，病毒程序可以依据设计者的要求，在一定条件下实施攻击。这个条件可以是敲入特定字符，使用特定文件，某个特定日期或特定时刻，或者是病毒内置的计数器达到一定次数等。

8.2.2　计算机病毒的传播途径

传染性是计算机病毒最重要的特征，计算机病毒从已被感染的计算机感染到未被感染的计算机，就必须通过某些方式来进行传播，最常见的就是以下四种方式。

1. 通过移动存储设备来进行传播

在计算机应用早期，计算机应用较简单，许多文件都是通过软盘来进行相互复制、安装，这时，软盘也就是最好的计算机病毒的传播途径。光盘容量大、存储内容多，所以大量的病毒就有可能藏匿在其中，对于只读光盘，不能进行写操作，光盘上的病毒更加不能查杀。现在广泛使用移动硬盘和 U 盘来交换数据，这些存储设备也就成了计算机病毒寄生的"温床"。

2. 通过网络来进行传播

毫无疑问，网络是现在计算机病毒传播的重要途径。人们平时浏览网页、下载文件、收发电子邮件、访问 BBS 等，都可能会使计算机病毒从一台计算机传播到网络上其他计算机上。

3. 社交工程

计算机病毒可以通过社交工程技术进行传播，如欺骗用户单击链接、打开附件等方式进行感染。

4. 操作系统漏洞

计算机病毒可以利用操作系统的漏洞进行传播，通过感染操作系统漏洞来攻击计算机系统，从而传播病毒。

 ## 8.3　计算机病毒的分类

计算机病毒的种类有很多，按照计算机病毒的特征来分类可以将计算机病毒分为许多种。

1. 按传播方式来分

按寄生方式来分，病毒可分为引导型病毒、文件型病毒和复合型病毒。

引导型病毒是指寄生在磁盘引导区或主引导区的计算机病毒。此种病毒利用系统引导时，不对主引导区的内容正确与否进行判别的缺点，在引导系统的过程中侵入系统，驻留内存，监视系统运行，待机传染和破坏。按照引导型病毒在硬盘上的寄生位置又可细分为主引导记录病毒和分区引导记录病毒。主引导记录病毒感染硬盘的主引导区，如大麻病毒、2708 病毒、火炬病毒等；分区引导记录病毒感染硬盘的活动分区引导记录，如小球病毒、Girl 病毒等。

文件型病毒是指能够寄生在文件中的计算机病毒。这类病毒程序感染可执行文件或数据文件。如 1575/1591 病毒、848 病毒感染.com 和.exe 等可执行文件，Macro/Concept、Macro/Atoms 等宏病毒感染.doc 文件。

复合型病毒是指具有引导型病毒和文件型病毒寄生方式的计算机病毒。这种病毒扩大了病毒程序的传染途径，它既感染磁盘的引导记录，又感染可执行文件。当染有此种病毒的磁盘用于引导系统或调用执行染毒文件时，病毒都会被激活。因此在检测、清除复合型病毒时，必须全面彻底地根治，如果只发现该病毒的一个特性，把它只当作引导型或文件型病毒进行清除，虽然好像是清除了，但还留有隐患，这种经过消毒后的"洁净"系统更赋有攻击性。这种类型的病毒常见的有 Flip 病毒、新世纪病毒、One-half 病毒等。

2. 按感染对象分

① 通用病毒：针对多个计算机操作系统进行感染。

② 特定病毒：仅能感染某种类型的计算机操作系统或者某种特定的软件或应用程序

③ 多重病毒：同时感染计算机系统的多个部分，如操作系统、硬件驱动程序等。

8.4 计算机病毒的破坏行为及防御

8.4.1 计算机病毒的破坏行为

计算机病毒的破坏行为体现了病毒的杀伤能力。病毒破坏行为的激烈程度取决于病毒作者的主观愿望和其所具有的技术能量。数以万计、不断发展扩张的病毒，其破坏行为千奇百怪。根据常见的病毒特征，可以把病毒的破坏目标和攻击部位归纳如下：

1. 攻击系统数据区

攻击部位包括硬盘主引导扇区、Boot扇区、FAT表、文件目录。一般来说，攻击系统数据区的病毒是恶性病毒，受损的数据不易恢复。

2. 攻击文件

病毒对文件的攻击方式很多，一般包括删除、改名、替换内容、丢失部分程序代码、内容颠倒、写入时间空白、假冒文件、丢失文件簇、丢失数据文件等。

3. 攻击内存

内存是计算机的重要资源，也是病毒经常攻击的目标。病毒额外地占用和消耗系统的内存资源，可以导致一些程序受阻，甚至无法正常运行。

病毒攻击内存的方式有占用大量内存、改变内存总量、禁止分配内存、蚕食内存。

4. 干扰系统运行

病毒会干扰系统的正常运行，以此达到自己的破坏目的。一般表现为不执行命令、干扰内部命令的执行、虚假报警、打不开文件、内部栈溢出、占用特殊数据区、时钟倒转、重启动、死机、强制游戏、扰乱串并行口等。

5. 速度下降

病毒激活时，其内部的时间延迟程序启动。在时钟中载入了时间的循环计数，迫使计算机空转，计算机速度明显下降。

6. 攻击磁盘

攻击磁盘数据、不写盘、写操作变读操作、写盘时丢字节。

7. 扰乱屏幕显示

病毒扰乱屏幕显示一般表现为字符跌落、环绕、倒置、显示前一屏、光标下跌、滚屏、抖动、乱写、吃字符等。

8. 键盘

病毒干扰键盘操作，主要表现为响铃、封锁键盘、换字、抹掉缓存区字符、重复、输入紊乱等。

9. 喇叭

许多病毒运行时，会使计算机的喇叭发出响声。有的病毒作者让病毒演奏旋律优美的世界名曲，在高雅的曲调中抹掉人们的信息财富。一般表现为演奏曲子、警笛声、炸弹噪声、鸣叫、咔咔声、嘀嗒声等。

10. 攻击 CMOS

在机器的 CMOS 中，保存着系统的重要数据，如系统时钟、磁盘类型、内存容量等，并具有校验和。有的病毒激活时，能够对 CMOS 进行写入动作，破坏系统 CMOS 中的数据。

11. 干扰打印机

假报警、间断性打印、更换字符等。

8.4.2 计算机病毒的防范

怎样有效地防御计算机病毒呢？ 建议在自己的计算机上做好以下操作：

① 在计算机上安装杀毒软件和防火墙软件，本章以 360 安全卫士为例。

② 及时升级杀毒软件或更新补丁，尤其在病毒盛行期间或者病毒突发的非常时期，这样做可以保证计算机受到持续地保护。

③ 使用流行病毒专杀工具。如一旦爆发恶性病毒，360 公司会第一时间在 360 官网上提供专杀工具下载，针对性强，速度快，防止疫情扩散。

④ 开启杀毒软件的实时监控中心功能，系统启动后立即启用计算机监控功能，防止病毒侵入计算机。

⑤ 定期全面扫描一次系统（建议个人计算机每周一次，服务器每天深夜全面扫描一次系统）。

⑥ 复制任何文件到本机时，建议使用杀毒软件进行专门查杀。

⑦ 以纯文本方式阅读信件，不要轻易打开电子邮件附件。

⑧ 从互联网下载任何文件时，请检查该网站是否具有安全认证。在通过即时通信软件（如QQ、MSN Messenger）传送文件或者从互联网下载文件时，建议使用杀毒软件嵌入式杀毒工具，接收文件后自动调用杀毒软件扫描病毒。

⑨ 请勿访问某些可能含有恶意脚本或者蠕虫病毒的网站，建议启用杀毒软件网页监控功能。

⑩ 及时获得反病毒预报警示。如在病毒爆发前，用户可通过浏览 360 安全资讯网站、浏览 360 安全卫士主界面中的信息中心或者手机短信来获得病毒爆发的预警信息。

⑪ 建议使用 Windows Update 更新操作系统，或者使用杀毒软件系统漏洞扫描工具及时下载并安装补丁程序。

⑫ 避免打开未知来源的链接或下载未知来源的文件，这些可能是钓鱼链接或恶意软件。

⑬ 使用复杂的密码，并且不要在多个网站上使用相同的密码，以免一旦密码被盗，黑客可以访问你的多个账户。

⑭ 不要将敏感信息存储在计算机中，如银行卡号码、社会保险号码等，如果需要，建议使用加密软件加密。

⑮ 注意电子邮件的发送者，如果是陌生的或看起来可疑的，请谨慎打开邮件。

⑯ 定期备份计算机数据，以防数据丢失或者被加密勒索。

⑰ 不要使用未经授权的软件或盗版软件，这些软件很可能被植入病毒或者木马程序。

8.4.3 如何降低由病毒破坏所引起的损失

① 定期备份硬盘数据。一旦发生硬盘数据损坏或丢失，可使用杀毒软件的硬盘数据备份功能恢复数据。

② 可以通过邮件、电话、传真等方式与杀毒软件的客户服务中心联系，由他们的技术中

心提供专业的服务，尽量减少由病毒破坏造成的损失。

③ 使用强密码，并经常更改密码。密码应该包括字母、数字和符号，并且不应该与个人信息相关联。

④ 在计算机上使用普通用户账户而非管理员账户。这样可以防止病毒以管理员身份运行并对系统进行破坏。

⑤ 不要在电子邮件、即时通信等方式下随意单击陌生的链接或打开未知来源的文件。

⑥ 将重要的数据存储在加密的位置，以保护其免受病毒和其他恶意软件的攻击。

⑦ 使用软件防御技术，如安全浏览器插件和广告拦截器，以减少恶意软件通过广告和漏洞攻击进入计算机的机会。

⑧ 避免使用不受信任的外围设备，如 USB 驱动器和移动硬盘，以减少病毒通过这些设备进入计算机的机会。

⑨ 定期审查计算机的系统日志，以及杀毒软件和防火墙的日志，以发现潜在的安全问题并采取适当的措施。

⑩ 参加有关计算机安全的课程和培训，学习如何保护自己的计算机和数据免受病毒和其他恶意软件的攻击。

8.4.4 计算机病毒相关法律法规

为了保护计算机信息系统的安全，促进计算机的应用和发展，保障社会主义现代化建设的顺利进行，制定了《中华人民共和国计算机信息系统安全保护条例》。

为了加强对计算机病毒的预防和治理，保护计算机信息系统安全，保障计算机的应用与发展，根据《中华人民共和国计算机信息系统安全保护条例》的规定，制定了《计算机病毒防治管理办法》。

为了加强计算机信息系统安全专用产品的管理，保证安全专用产品的安全功能，维护计算机信息系统的安全，根据《中华人民共和国计算机信息系统安全保护条例》第十六条的规定，制定了《计算机信息系统安全专用产品检测和销售许可证管理办法》。

8.5 360 安全卫士的安装与配置

1. 360 安全卫士简介

360 安全卫士在查杀病毒方面拥有五大引擎，如图 8-1 所示，分别是"360 云查杀引擎""360 启发式引擎""QEX 脚本查杀引擎""QVM 人工智能引擎""小红伞本地引擎"，能全方面地对病毒进行查杀。

360 安全卫士不仅具有查杀病毒的功能，还拥有查杀木马、清理插件、修复漏洞、电脑体检等多种功能，并独创了"木马防火墙"功能，依靠抢先侦测和云端鉴别，可全面、智能地拦截各类木马，保护用户的账户、隐私等重要信息。目前木马威胁之大已远超病毒，360 安全卫士运用云安全技术，在拦截和查杀木马的效果、速度以及专业性上表现出色，能有效防止个人数据和隐私被木马窃取，被誉为"防范木马的第一选择"。360 安全卫士自身非常轻巧，同时具备开机加速、垃圾清理等多种系统优化功能，可大大加快计算机的运行速度。

2. 360 安全卫士的安装

第一步：启动计算机，并进入 Windows 操作系统，关闭其他应用程序。

第二步：双击打开从 360 官网下载好的软件安装包，然后在图 8-2 所示的"安装"界面中，选择安装的盘符或自定义安装，勾选"已阅读并同意许可协议"复选框后单击"立即安装"按钮。

第三步：显示安装进程，安装完成后，就可以直接打开软件使用。

图 8-1　360 安全卫士具有五大引擎界面

图 8-2　"安装"界面

3. 360 安全卫士的卸载

如图 8-3 所示，依次打开"控制面板"→"程序和功能"窗口，找到 360 安全卫士，单击"卸载"按钮，弹出 "卸载窗口"对话框，单击"继续"按钮卸载。

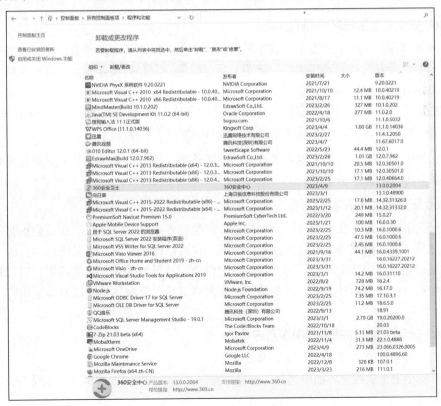

图 8-3　程序与功能

4. 启动360安全卫士主程序

可以通过以下几种方法来快速启动360安全卫士主程序，其界面如图8-4所示。

① 选择"开始"→"360安全中心"→"360安全卫士"命令。

② 双击Windows操作系统桌面上的360安全卫士快捷方式图标。

图8-4   360安全卫士主程序界面

5. 360安全卫士主程序界面的介绍

如图8-4所示，360安全卫士主程序界面是用户使用的主要操作界面，此界面为用户提供了360安全卫士所有的功能和快捷控制选项。通过简便、友好的操作界面，用户无须掌握丰富的专业知识即可轻松使用360安全卫士。

菜单栏用于进行菜单操作的窗口，包括"电脑体验"、"木马查杀"、"电脑清理"、"系统修复"、"优化加速"、"功能大全"和"软件管家"7个菜单选项。

注意： 360安全卫士已预先做好了合理的默认设置。因此，在通常情况下普通用户无须改动任何设置即可进行简单病毒查杀。

6. 360安全卫士电脑体检功能

360安全卫士电脑体检功能可以全面检查计算机的各项状况。体检完成后会提交一份优化计算机的意见，可以根据需要对计算机进行优化。也可以便捷地选择一键优化。

体检可以让用户快速全面地了解计算机的"健康"情况，并且可以提醒用户对计算机做一些必要的维护。比如，木马查杀、垃圾清理、漏洞修复等。定期体检可以有效地保持计算机的"健康"。

7. 360安全卫士查杀病毒的操作方法

按照上面介绍的方法启动360安全卫士。

在360安全卫士主程序界面中选择"木马杀毒"页面，如图8-5所示。"木马查杀"进程如图8-6所示。

图 8-5　"木马查杀"选项

图 8-6　"木马查杀"进程

选择"快速扫描"、"全盘扫描"和"自定义扫描"来检查计算机中是否存在木马程序。扫描结束后若出现疑似木马，可以选择删除或加入信任区。

快速扫描所消耗的时间比全盘扫描所消耗的时间短。快速扫描主要针对顽固木马、易感染区、系统设置、系统启动项、浏览器组件、系统登录服务、文件和系统内存、常用软件、系统综合和系统修复项进行扫描。快速扫描进程如图 8-7 所示。

全盘扫描可以对计算机进行全方位无死角的扫描，因全盘文件数量大，所以扫描时间比快速扫描长。全盘扫描进程如图 8-8 所示。

图 8-7　快速扫描进程

图 8-8　全盘扫描进程

注意：常见的病毒图标及其含义见表 8-1。

表 8-1　常见病毒图标及其含义

图标	含　义	图标	含　义	图标	含　义
	未知病毒		引导区病毒		未知宏
	DOS 下的 com 病毒		Windows 下的 le 病毒		未知脚本
	DOS 下的 exe 病毒		普通型病毒		未知邮件
	Windows 下的 pe 病毒		UNIX 下的 ELF 文件		未知 Windows
	Windows 下的 ne 病毒		邮件病毒		未知 DOS
	内存病毒		软盘引导区		未知引导区
	宏病毒		硬盘主引导记录		
	脚本病毒		硬盘系统引导区		

当遇到外来陌生文件时，想单独查杀某个文件或文件夹，右击查杀目标，在弹出的快捷菜单中选择"使用 360 进行木马云查杀"命令，即可启动 360 安全卫士对此文件进行查杀毒操作。

8. 360 安全卫士恢复误杀文件

有时候可能会遇到这种情况，某个文件不是病毒却被 360 安全卫士误杀了，想把被误杀文件恢复可以按照以下方法：

① 在 360 安全卫士主程序界面中选择"木马杀毒"页面，进入页面下方的恢复区。

② 选择需要恢复的文件，选中后单击"恢复"按钮。

③ 设定文件的恢复位置，可以将其恢复到原先的位置，也可以进行自定义。也可以设定文件不再查杀。设置完成后，单击"恢复"按钮即可。

9. 360 安全卫士将文件或文件目录添加到信任列表

有时候可能会遇到这种情况，一个安全程序或文件每次运行都会误报。处理这个问题其实很简单，只需要将这个程序或文件添加到信任列表中即可。

① 在 360 安全卫士主程序界面中选择"木马杀毒"页面，进入页面下方的信任区。

② 选择需要添加的文件或目录，选中后单击"打开"按钮即可。

10. 360 安全卫士系统修复功能的使用

系统修复可以检查计算机中多个关键位置是否处于正常状态。当遇到浏览器主页、"开始"菜单、桌面图标、文件夹、系统设置等出现异常时，使用系统修复功能，可以帮助找出问题出现的原因并修复问题。

如图 8-9 所示，在 360 安全卫士主程序界面中选择"系统修复"页面，可以选择全面修复，也可以选择单项修复，单项修复又分为常规修复、漏洞修复、软件修复、驱动修复和系统升级。扫描完成后可以根据实际情况勾选需要修复的选项，单击"一键修复"按钮即可开始系统修复。扫描结果如图 8-10 所示。

图 8-9　系统修复

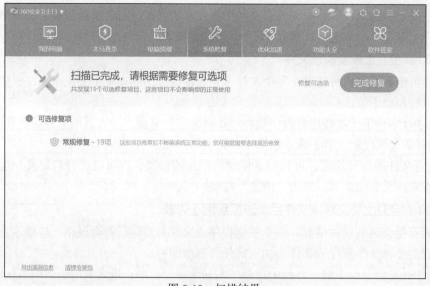

图 8-10　扫描结果

 8.6　部署企业版杀毒软件

8.6.1　企业版杀毒软件概述

防病毒是网络安全中的重中之重。网络中个别客户端感染病毒后，在极短的时间内就可能感染整个网络，造成网络服务中断或瘫痪，所以局域网的防病毒工作非常重要。最常用的方法就是在网络中部署企业版杀毒软件，如 Symantec AntiVirus、趋势科技与瑞星的网络版杀毒软件等。本节重点讲解 Symantec 公司推出的新一代企业版网络安全防护产品——SEP（Symantec Endpoint Protection，端点保护）。它将 Symantec AntiVirus 与高级威胁防御功能相结合，可以为笔记本式计算机、台式计算机和服务器提供安全防护能力。它在一个代理和管理控制台中无缝集成了基本安全技术，不仅提高了防护能力，而且有助于降低总拥有成本。

1. 主要功能

① 高级威胁防御：SEP 具有高级的防病毒、反间谍软件、恶意软件和网络攻击功能，使网络和设备免受各种已知或未知的安全威胁。

② 防火墙保护：SEP 防火墙可以阻止未经授权的访问，并允许管理员通过策略控制访问权限。

③ 安全管理中心：SEP 提供了一个集中化的安全管理中心，管理员可以通过该中心轻松地管理所有终端设备和网络安全策略。

④ 终端保护：SEP 可以安装在任何终端设备上，包括台式计算机、笔记本式计算机、服务器和移动设备。它还可以保护运行不同操作系统的设备，如 Windows、Mac 和 Linux。

⑤ 数据保护：SEP 提供数据加密功能，可以保护敏感数据免受未经授权的访问。

2. 主要优势

① 高效性：SEP 使用先进的技术来检测和防御各种威胁，可以在不降低终端性能的情况下提供最大的保护。

② 易于管理：SEP 的安全管理中心提供了一个集中化的管理界面，管理员可以轻松地监控和管理所有设备和安全策略。

③ 可扩展性：SEP 是一种高度可扩展的解决方案，可以根据企业的需求进行自定义配置，并支持多个操作系统和移动设备。

④ 自动化：SEP 使用自动化技术来减少管理员的工作负担，包括自动更新病毒定义文件、自动隔离已感染的设备和自动通知管理员等功能。

⑤ 综合性：SEP 是一种综合性的安全软件解决方案，可以提供各种安全保护功能，包括防病毒、反间谍软件、恶意软件和网络攻击功能。

8.6.2　安装 Symantec Endpoint Protection Manager

Symantec Endpoint Protection Manager（SEPM）是一种企业级安全解决方案，由 Symantec 公司提供。它是一种集中式安全管理平台，可帮助管理员监控、管理和保护企业内的所有计算机和设备。

SEPM 提供了一个集成的管理控制台，可以帮助管理员轻松地管理所有终端设备的安全性。管理员可以通过 SEPM 远程部署和管理终端设备上的 Symantec Endpoint Protection（SEP）客户端，以确保所有设备都受到最新的安全保护。

① 插入安装光盘，双击光盘根目录下的 Setup.exe 文件，启动安装程序，显示图 8-11 所示的 "Symantec Endpoint Protection 安装程序" 对话框。

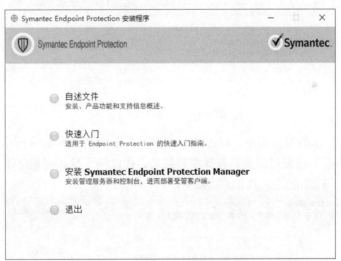

图 8-11　"Symantec Endpoint Protection 安装程序" 对话框

② 在图 8-11 所示对话框中，单击 "安装 Symantec Endpoint Protection Manager" 按钮，启动 Symantec Endpoint Protection Manager 安装向导，显示图 8-12 所示的 Symantec Endpoint Protection Manager 对话框。

③ 在图 8-12 所示的对话框中，单击 "下一步" 按钮，显示图 8-13 所示的 "授权许可协议" 对话框，选择 "我接受该授权许可证协议中的条款" 单选按钮。

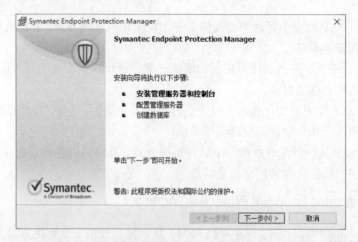

图 8-12　Symantec Endpoint Protection Manager 对话框

图 8-13　授权许可协议

④ 在图 8-13 所示的对话框中，单击"下一步"按钮，显示图 8-14 所示的"目标文件夹"对话框，单击"更改"按钮可以重新选择安装目录，建议接受默认安装路径。

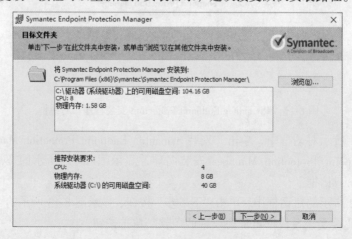

图 8-14　目标文件夹

⑤ 在图 8-14 所示的对话框中，单击"下一步"按钮，显示图 8-15 所示的"准备安装程序"对话框，提示安装向导已经准备就绪。

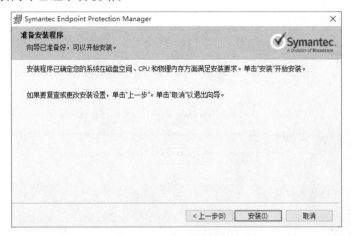

图 8-15　准备安装程序

⑥ 在图 8-15 所示的对话框中，单击"安装"按钮，即开始安装，需要等待几分钟时间，完成后会显示图 8-16 所示的"管理服务器和控制台安装摘要"对话框。

图 8-16　安装管理服务器和控制台已完成

⑦ 在图 8-16 所示的对话框中，已经完成 Symantec Endpoint Protection Manager 的安装部分，单击"下一步"按钮将进入 Symantec Endpoint Protection Manager 的"配置管理服务器"部分。

8.6.3　配置 Symantec Endpoint Protection Manager

配置 Symantec Endpoint Protection Manager 的内容包括创建服务器组、设置站点名称、管理员密码、客户端安装方式、以及制作客户端安装包等。其具体操作步骤如下：

① 在图 8-16 所示的对话框中，完成 Symantec Endpoint Protection Manager 的安装部分后，单击"下一步"按钮进入 Symantec Endpoint Protection Manager 的"管理服务器配置向导"部分。默认显示图 8-17 所示的"管理服务器配置向导"对话框。本次配置因为企业规划不大，因此选择"适用于新安装的默认配置"单选按钮。

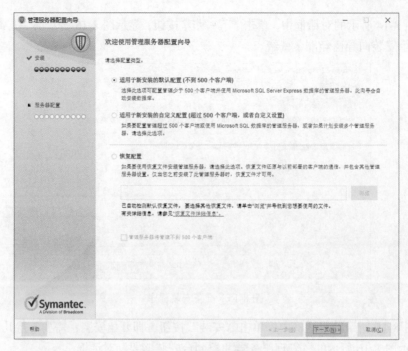

图 8-17　管理服务器配置向导

② 在图 8-17 所示的对话框中，单击"下一步"按钮，显示图 8-18 所示的"创建系统管理员账户"对话框，配置登录 Symantec Endpoint Protection Manager 的用户名与密码和管理员电子邮件地址。

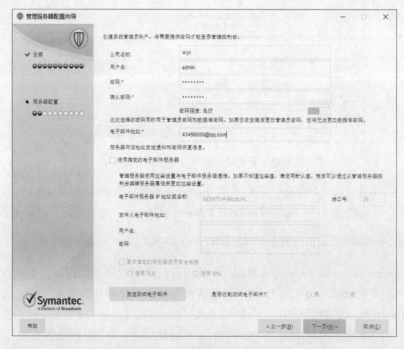

图 8-18　创建用户名与密码

③ 在图 8-18 所示的对话框中，可以勾选"使用指定的电子邮件服务器"，显示图 8-19 所示的"显示配置相关信息"对话框，设置自己企业的电子邮件 SMTP 服务器。

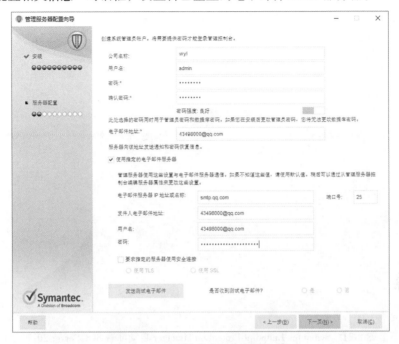

图 8-19 配置企业电子邮件服务器

④ 在图 8-19 所示的对话框中，单击"下一步"按钮，显示图 8-20 所示的"合作伙伴信息（可选）"对话框，如果许可证由合作伙伴管理，可填入对应的联系人信息。

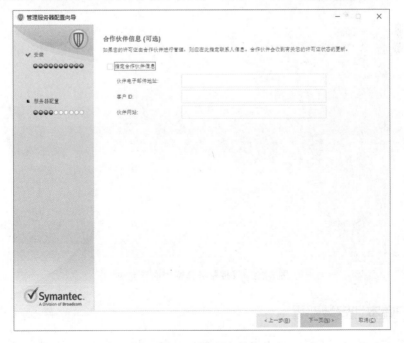

图 8-20 显示配置相关信息

⑤ 在图 8-20 所示的对话框中，单击"下一步"按钮，等待系统自动安装 SQL Server 2017（见图 8-21）并自动完成数据库创建。完成数据库部署之后，显示图 8-22 所示的"已完成配置"对话框，完成 Symantec Endpoint Protection Manager 的配置。

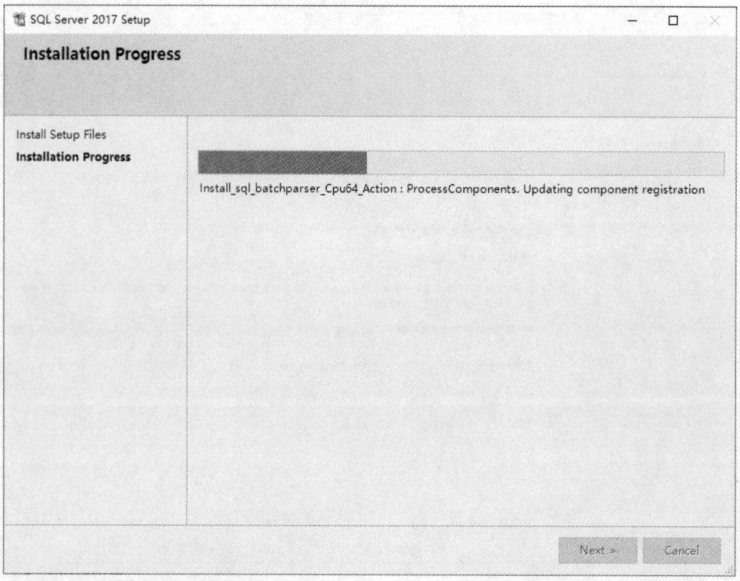

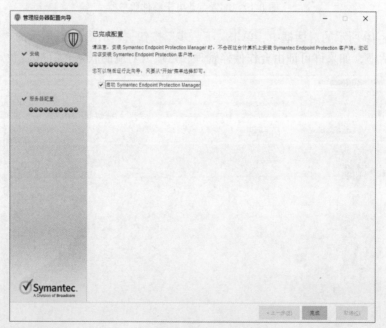

图 8-21　Symantec Endpoint Protection Manager 自动部署 SQL Server 2017

图 8-22　管理服务器配置向导完成

8.6.4　客户端本地安装部署

可以打开"Symantec Endpoint Protection 管理平台"开始部署，也可以在"浏览器"打开

Symantec Endpoint Protection Web 窗口，如图 8-23 所示。

图 8-23　欢迎使用迁移和部署向导

① 在图 8-23 所示的对话框中，单击"客户端"按钮，显示图 8-24 所示的"客户端部署向导"对话框，本任务选择"新软件包部署"单选按钮。

图 8-24　安装客户端操作

② 在图 8-24 所示的对话框中，单击"下一步"按钮，显示图 8-25 所示的"选择组并安装功能集"对话框，可根据需要选择客户端得系统版本（支持 Windows、Mac OS、Linux 客户端，

通常情况下保持默认即可）。确认选项无误后单击"下一步"按钮。

图 8-25 指定软件包安装方式

③ 在图 8-25 所示的对话框中，可根据需要选择软件包的安装方式，支持直接生成安装包、通过远程部署准备 Windows 客户端。通过远程安装时，需要启用并启动远程注册表服务，禁用注册表项 LocalAccountTokenFilterPolicy，禁用或删除 Windows Defender 并禁用 UAC 远程限制（通常情况下保持默认使用"保存软件包"即可，如图 8-26 所示）。单击"下一步"按钮，显示图 8-27 所示的"指定软件包的类型"对话框，通常情况下保持默认即可。

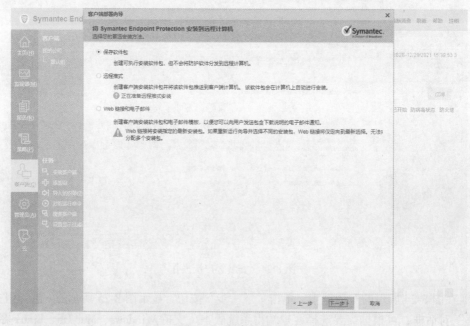

图 8-26 保存软件包

图 8-27　选择软件包类型

④ 在图 8-27 所示的对话框中，单击"下一步"按钮，显示图 8-28 所示的"准备保存软件包"对话框，确认将在目标计算机安装列表中得客户端功能。

图 8-28　准备保存软件包

⑤ 在图 8-28 所示的对话框中，单击"下一步"按钮，显示"正在创建安装文件"对话框，等待几分钟时间后，会显示"成功"对话框。

⑥ 默认情况下将自动下载根据前面设定产生的"Symantec Endpoint Protection Manager 客户端"，并显示图 8-29 所示的"客户端部署向导完成"对话框。

图 8-29　Symantec Endpoint Protection Manager 客户端

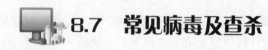

8.7　常见病毒及查杀

8.7.1　BlackMoon 僵尸病毒

1. BlackMoon 僵尸病毒简介

2022 年 3 月 1 日，国家互联网应急中心监测发现，BlackMoon 僵尸网络在互联网上进行大规模传播，通过跟踪监测发现其 1 月控制规模（以 IP 数计算）已超过 100 万，日上线"肉鸡"（"肉鸡"指被黑客控制的远程主机）数最高达 21 万，给网络空间带来较大威胁。

BlackMoon 僵尸网络的设计和构建极其复杂，它使用了先进的技术和加密手段，使得它难以被发现和消除。BlackMoon 僵尸网络使用了自己的通信协议，可以通过多个命令和控制服务器进行控制和管理，因此很难追踪攻击者的真实身份。该网络还可以自我保护，即使黑客攻击了其控制服务器，也不会影响受感染计算机的运行。

BlackMoon 僵尸网络的攻击手段主要有以下几种：

① 利用漏洞感染计算机：BlackMoon 僵尸网络通过利用一些已知或未知的计算机漏洞感染计算机，将其加入僵尸网络。

② 社会工程学攻击：BlackMoon 僵尸网络也会利用社会工程学手段，如钓鱼邮件、恶意链接等，欺骗用户单击链接或下载附件，从而感染计算机。

③ 分布式拒绝服务攻击（DDoS 攻击）：黑客可以利用 BlackMoon 僵尸网络进行大规模的 DDoS 攻击，通过同时向一个目标服务器发起大量请求，从而让服务器瘫痪，导致其无法正常工作。

④ 窃取用户敏感信息：BlackMoon 僵尸网络也可以通过窃取用户敏感信息，如个人身份信息、银行账号密码等，来实现黑客的利益。

BlackMoon 僵尸网络是一种恶意软件，也称 BlackMoon Downloader 或 BlackMoon FTP。它于

2004 年首次被发现，是一种僵尸网络，主要用于进行分布式拒绝服务攻击（DDoS）和进行垃圾邮件发送。BlackMoon 僵尸网络通过感染用户计算机上的后门程序或利用漏洞来传播。一旦感染，黑客就可以远程控制被感染的计算机，使其成为网络攻击的一部分。此外，BlackMoon 僵尸网络还可以将受感染计算机的计算资源用于挖掘加密货币等非法用途。

2. BlackMoon 僵尸病毒的查杀

① 下载 BlackMoon 僵尸网络恶意程序的专杀工具。

下载深信服深信服 blackmoon 专杀工具

② 下载完成之后解压文件，打开文件目录 MRH_blackmoon，找到 MRH64.exe 程序，双击打开，按【Enter】键开始自动扫描杀毒，等待 20 min 左右，查杀过程如图 8-30 和图 8-31 所示。

图 8-30　MRH64.exe 所在位置

图 8-31　查杀过程

③ 等待运行完毕后，打开日志文件 MRHlog.log，查看如果存在 Successful 提示，如图 8-32 所示，说明杀毒完成。

图 8-32　查杀成功

8.7.2 WannaCry 勒索病毒

1. "WannaCry 勒索病毒"简介

WannaCry 勒索病毒是一种利用美国国家安全局的"永恒之蓝"（EternalBlue）漏洞，通过互联网对全球运行 Microsoft Windows 操作系统的计算机进行攻击的加密型勒索病毒，它是蠕虫病毒。该病毒利用 AES-128（高级加密标准）和 RSA 算法（非对称加密演算法）恶意加密用户文件以勒索加密货币，其加密流程如图 8-33 所示。

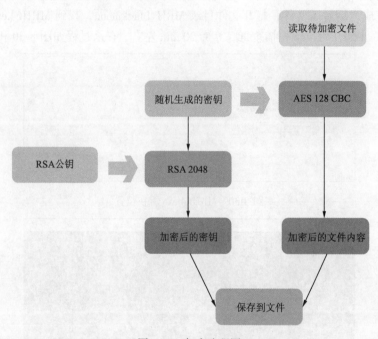

图 8-33　加密流程图

WannaCry 勒索病毒曾于 2017 年 5 月 12 日全球大爆发，可以被归类为既有木马特征又有蠕虫特征的恶意软件，利用 Windows 操作系统的漏洞，通过加密用户文件并勒索加密货币的方式传播，导致至少 150 个国家、30 万名用户中毒，造成损失高达 80 亿美元。此次攻击对金融、能源、医疗等多个行业造成了严重影响，对危机管理提出了挑战。

尽管已经过去了几年，但勒索病毒仍然是一种常见的威胁。安全专家和公司已经采取了措施来修补漏洞和提高安全性，但仍然存在许多安全漏洞和恶意软件，使得计算机系统仍然面临着威胁。因此，保持系统更新、备份数据、使用安全软件、加强网络安全意识等措施仍然是至关重要的。

微软在 2017 年 3 月 14 日发布了安全更新，修复了系统漏洞。未安装更新的 Windows 主机可能会被感染。运行已淘汰的 Windows XP 主机非常危险，因为微软不再提供安全更新。微软后来发布了淘汰系统的漏洞修复补丁，用户可从微软网站下载。腾讯电脑管家用户因补丁屏蔽未接收到安全更新，可能导致蓝屏和系统异常。遭到 WannaCry 勒索病毒感染的屏幕界面如图 8-34 所示。

图 8-34 遭受感染后桌面背景被替换

被 WannaCry 勒索病毒入侵后，用户主机系统内几乎所有类型的文件都将被加密，加密文件的扩展名被统一重命名为.wncry（见图 8-35），并会在桌面弹出勒索对话框（见图 8-36），要求受害者支付 300～600 美元等值的比特币，且赎金金额还会随着时间的推移而增加。如果单击对话框下方的 Decrypt 按钮，就会弹出图 8-37 所示的 Decrypt 界面，可以恢复部分已加密的文档。

名称	修改日期	类型	大小
msg	2018/4/24 11:21	文件夹	
@Please_Read_Me@	2018/4/24 11:20	文本文档	1 KB
@WanaDecryptor@	2017/5/12 2:22	应用程序	240 KB
00000000.eky	2018/4/24 11:20	EKY 文件	0 KB
00000000.pky	2018/4/24 11:20	PKY 文件	1 KB
00000000.res	2018/4/24 11:24	RES 文件	1 KB
156361524540038.bat.WNCRY	2018/4/24 11:20	WNCRY 文件	1 KB
b.wnry	2017/5/11 20:13	WNRY 文件	1,407 KB
c.wnry	2018/4/24 11:22	WNRY 文件	1 KB
f.wnry	2018/4/24 11:21	WNRY 文件	1 KB
r.wnry	2017/5/11 15:59	WNRY 文件	1 KB
s.wnry	2017/5/9 16:58	WNRY 文件	2,968 KB
t.wnry	2017/5/12 2:22	WNRY 文件	65 KB
taskdl	2017/5/12 2:22	应用程序	20 KB
taskse	2017/5/12 2:22	应用程序	20 KB
u.wnry	2017/5/12 2:22	WNRY 文件	240 KB
wcry	2017/5/13 2:21	应用程序	3,432 KB

图 8-35 WannaCry 勒索病毒触发后产生的文件

图 8-36 WannaCry 勒索病毒界面

图 8-37 Decrypt 界面

2. "WannaCry 勒索病毒"的防范

① 更新操作系统：确保所有系统和安全补丁都已安装，包括针对微软漏洞 MS17-010 的更新。

② 禁用 SMBv1：WannaCry 病毒利用 SMBv1 漏洞进行传播，禁用此协议可以有效减少感染风险。在 Windows 系统中，可以通过控制面板中的"程序和功能"→"启用或关闭 Windows 功能"→"SMB 1.0/CIFS 文件共享支持"来禁用。

③ 安装安全软件：安装杀毒软件、防火墙和入侵检测系统等安全软件，并确保其定期更新并开启实时监测。

④ 备份重要数据：定期备份重要数据，以防数据丢失或遭受勒索攻击时能够恢复。

⑤ 不打开未知来源的电子邮件和附件：避免打开来自未知来源的电子邮件和附件，以防恶意软件的感染。

⑥ 不下载和安装未知软件：下载和安装软件时，只从官方网站或可信来源下载。

⑦ 使用安全密码：使用强密码，并不要使用相同的密码用于多个账户。

⑧ 定期更新备份：定期检查和更新备份，确保备份的数据是最新的。

若想有效防御此蠕虫病毒的攻击，首先应立即部署 Microsoft 安全公告 MS17-010 中所涉及的所有安全更新。Windows XP、Windows Server 2003、Windows 8 以及 Windows 10 应根据微软的用户指导安装更新。

当不具备条件安装安全更新，且没有与 Windows XP（同期或更早期 Windows）主机共享的需求时，应当根据 Microsoft 安全公告 MS17-010 中的变通办法，禁用 SMBv1 协议，以免遭受攻击。虽然利用 Windows 防火墙阻止 TCP 445 端口也具备一定程度的防护效果，但这会导致 Windows 共享停止工作，并且可能会影响其他应用程序运行，应当按照微软公司提供的变通办法来应对威胁。

然而需要注意的是，在部分网络环境下，如一些局域网、内部网，或是需要通过代理服务器才能访问互联网的网络，此域名仍可能无法正常连接。另外，现已有报道称该病毒出现了新的变种，一些变种在加密与勒索时并不检查这一域名。

3. 使用 360 安全卫士查杀"WannaCry 勒索病毒"

在"360 安全卫士"界面中选择"木马杀毒"页面，选择"全盘扫描"开始扫描。在扫描的过程中会提示有问题的危险项，如图 8-38 所示。

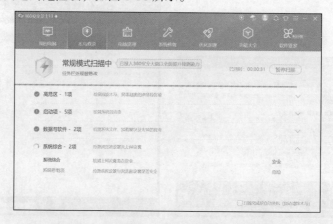

图 8-38　360 安全卫士查杀 WannaCry 勒索病毒

病毒扫描结果如图 8-39 所示，发现一个危险项"Worm.Win32.WannaCrypt.B"，单击"一键处理"或"立即处理"按钮即可清除病毒，也可以单击病毒查看病毒详情，如图 8-40 所示。

图 8-39　360 安全卫士扫描病毒结果

图 8-40　病毒扫描结果

4. 被"WannaCry 勒索病毒"感染后的文件恢复

该病毒会读取源文件并生成加密档，直接把源文件作删除操作。2017 年 5 月 19 日，安全研究人员 Adrien Guinet 发现病毒用来加密的 Windows API 存在的缺陷，在非新版操作系统（Windows 10）中，所用私钥会暂时留在内存中而不会被立即清除。他开发并开源了一个名为 wannakey 的工具，并称这适用于为感染该病毒且运行 Windows XP 的计算机找回文件，前提是该计算机在感染病毒后并未重启，且私钥所在内存还未被覆盖。后有开发者基于此原理开发了名为 wanakiwi 的软件，使恢复过程更加自动化，并确认该方法适用于运行 Windows XP 至 Windows 7 时期间的多款 Windows 操作系统。一些安全厂商也基于此原理进行软件开发并提供了图形化工具。

5. 使用 360 安全卫士恢复被"WannaCry 勒索病毒"感染后的文件

360 安全卫士为应对 WannaCry 病毒风波提供了一个工具，在图 8-41 所示的 360 安全卫士的"功能大全"中选择左侧"数据"界面中的"WnCry 恢复"工具能够恢复被 WannaCry 勒索病毒加密的文件。

大学计算机基础

图 8-41　360 安全卫士的功能大全

单击"WnCry 恢复"图标，弹出"WannaCry 勒索病毒文件恢复 V2"对话框，如图 8-42 所示。单击"扫描"按钮后扫描全盘被 WannaCry 勒索病毒加密的文件，等待扫描结果，如图 8-43 所示。

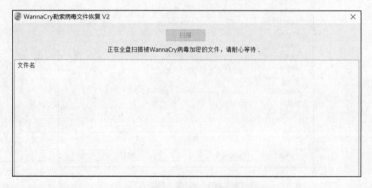

图 8-42　"WannaCry 勒索病毒文件恢复 V2"对话框

图 8-43　扫描结果

扫描完成后选择目录，单击"确定"按钮，如图 8-44 所示，即可将恢复的文件存储在该文件目录，如图 8-45 所示。

图 8-44 选择恢复目录　　　　　　　图 8-45 已恢复的文件

8.8 移动通信病毒查杀

当今社会，随着移动通信技术的普及，智能手机和平板电脑等移动通信设备的使用已经成为人们日常生活中不可或缺的一部分。然而，与此同时，移动通信病毒的威胁也越来越明显。移动通信病毒是一种专门针对移动通信设备的恶意软件，它可以通过多种途径感染移动通信设备，从而导致设备运行变慢、隐私泄露、信息丢失等问题。

移动通信病毒是当今社会面临的一个严重的安全威胁，它对社会产生的影响也是不可忽视的。

① 移动通信病毒会对个人和企业的信息安全造成威胁。移动通信病毒通过感染用户的移动设备，可以窃取个人隐私信息，包括账号密码、银行卡信息等。同时，企业的商业机密、客户信息等也面临着被窃取的风险，这可能会给个人和企业带来巨大的经济损失和信誉风险。

② 移动通信病毒可能对社会网络安全造成影响。随着移动设备的广泛应用，很多人在移动设备上进行了一系列的行为，如购物、在线支付、社交等，这些行为可能会受到移动通信病毒的攻击。如果移动通信病毒大规模感染，可能会对社会网络安全带来很大的威胁。

③ 移动通信病毒可能会对社会运行造成影响。如果一些重要的公共机构、企业等遭到移动通信病毒攻击，可能会导致重要信息泄露、运行中断等情况发生，影响社会的正常运行。

因此，移动通信病毒对当今社会的影响是非常严重的，需要重视并采取一系列措施来防范和应对。

8.8.1 移动通信病毒的概念

移动通信病毒是一种可以感染移动设备并对其进行破坏或者窃取用户隐私信息的恶意软件。与传统计算机病毒不同，移动通信病毒主要感染智能手机、平板电脑等移动设备，并且具有更加灵活的传播方式。

移动通信病毒可以通过多种途径感染到用户的移动设备，如通过 Wi-Fi 网络、蓝牙、短信、应用程序等。一旦用户的移动设备感染了移动通信病毒，病毒就可以对其进行操控，如窃取用户的隐私信息、盗取银行账户信息、发送恶意短信或邮件、拨打高额电话费用等。移动通信病毒的危害不仅局限于用户本人，它也可能感染到用户的联系人并进一步传播，形成连锁感染，

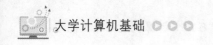

造成更加严重的后果。

随着智能手机和移动设备的普及，移动通信病毒已经成为一种极具威胁的安全威胁。因此，保护移动设备的安全，防范移动通信病毒的感染，已经成为一个十分紧迫的问题。

8.8.2 移动通信病毒特点

移动通信病毒相较于传统计算机病毒有着一些特殊的特点：

① 传播速度快：移动设备的普及程度越来越高，人们在使用移动设备的时间和频率也越来越多，这使得移动通信病毒的传播速度非常快，感染用户的数量也随之增长。

② 隐蔽性强：移动通信病毒往往是通过仿冒合法应用程序或者网站的方式欺骗用户，或者利用漏洞进行攻击，难以被用户察觉。而且，由于移动设备上的应用程序比较分散，很难统一管理和监测，这也增加了病毒隐蔽性的难度。

③ 传播范围广：由于移动设备具有便携性和联网功能，移动通信病毒可以随时随地通过无线网络连接和短信、彩信等方式进行传播，使得病毒感染范围更广。

④ 损害程度大：移动通信病毒可以对用户的个人信息、隐私等造成严重损害，如通过窃取用户的账号密码、短信、通话记录等个人信息，甚至可以远程操控用户的设备，导致更加严重的后果。

⑤ 防护难度大：由于移动通信病毒的隐蔽性和传播途径的多样性，使得防护移动通信病毒的难度大大增加，特别是对于不懂得安全知识的普通用户，更容易受到病毒的攻击和侵害。

8.8.3 移动通信病毒传播途径

① 应用程序下载：通过下载恶意应用程序，用户的移动设备容易受到病毒的感染。病毒开发者往往会通过仿冒合法应用程序的方式来欺骗用户下载恶意应用程序，如通过在应用商店发布恶意应用程序、通过链接进行诈骗等。

② 恶意网站访问：通过恶意网站访问，用户的移动设备容易受到病毒的感染。恶意网站往往会通过伪装成合法网站的方式欺骗用户访问，如通过伪装成银行网站、社交媒体等，诱导用户输入敏感信息或者下载恶意应用程序。

③ 无线网络连接：通过无线网络连接，用户的移动设备容易受到病毒的感染。例如，通过蓝牙和 Wi-Fi 等无线网络连接，病毒可以传播到其他设备，或者通过 Wi-Fi 等网络连接，进行恶意攻击。

④ SMS 和 MMS 消息：通过发送恶意短信或者彩信，用户的移动设备容易受到病毒的感染。例如，通过发送包含恶意链接或者附件的短信或彩信，欺骗用户单击打开。

⑤ 社交媒体：通过社交媒体，用户的移动设备容易受到病毒的感染。例如，通过诱导用户单击恶意链接或者下载恶意应用程序的方式，感染用户的移动设备。

8.8.4 常见移动通信病毒介绍

1. FluBot 病毒

FluBot 病毒是一种恶意软件，它最初通过 SMS 消息进行传播，并利用一些社会工程手段来骗取受害者的安装。一旦安装，该病毒会获取受害者的联系人列表，并发送 SMS 消息，以便进一步传播。同时，它还可以窃取受害者的敏感信息，如登录凭证、银行卡信息等。

与 FluBot 病毒相关的动态 DNS 服务是 duckdns.org。据报道，该病毒使用了 duckdns.org 作为其 C&C 服务器的域名，以接收远程指令并向攻击者发送受害者的数据。这不是 FluBot 病毒使用动态 DNS 服务作为其传播和 C&C 机制的唯一例子。在过去，许多其他恶意软件和病毒也曾使用各种动态 DNS 服务作为它们的 C&C 服务器域名，包括 no-ip.com、dyn.com 等。

使用动态 DNS 服务作为病毒的 C&C 服务器域名是一种常见的方法，因为它可以使恶意软件和病毒更难被检测和封锁。这是因为它们使用的是一个免费的、经常被合法用户使用的域名，而不是一个容易被列入黑名单的可疑域名。此外，恶意软件和病毒可以定期更换 C&C 服务器的域名，以避免被黑名单识别和封锁。

（1）FluBot 病毒感染过程

FluBot 病毒是通过一种名为 Smishing 的技术进行传播的。Smishing 是一种社交工程攻击方法，即利用 SMS 短信发送带有恶意链接的欺诈信息来诱导受害者单击链接并安装病毒。

具体来说，当受害者接收到一条欺诈短信时，短信中会包含一个链接，通常会模仿一些知名的服务或品牌，如银行、快递公司、社交媒体等。一旦受害者单击链接，他们将被重定向到一个恶意网站，该网站会自动下载并安装 FluBot 病毒到受害者的设备上。

在安装期间，FluBot 病毒会请求受害者授予其一些权限，如读取和发送 SMS 消息、访问联系人列表、控制设备等。这些权限将使病毒能够轻松地传播到受害者的联系人，并窃取受害者的敏感信息。

因此，为了防止感染 FluBot 病毒，用户应该保持警惕，不要随意单击来自来源不明或可疑的短信或链接。此外，安装并使用最新的杀毒软件和安全工具、尽可能避免使用公共 Wi-Fi 网络、及时更新操作系统和软件程序也是防止病毒和恶意软件攻击的有效方法。

（2）技术实现细节

FluBot 病毒是一种针对 Android 手机的恶意软件，通过伪装成常见服务的短信链接来欺骗用户。当用户单击链接后，恶意软件将被下载到手机中，并开始搜集用户的个人信息。以下是 FluBot 病毒的一些技术实现的细节：

① 短信欺诈技术。FluBot 病毒使用短信欺诈技术，将恶意链接伪装成来自银行、快递或其他服务的短信，以欺骗用户。这种技术可以通过 SMS spoofing 来实现，这是一种欺骗短信网关的技术，使其伪装成另一个发送者发送短信。攻击者还可以使用伪造的短信号码和短信内容来诱骗用户单击链接。

② 恶意软件下载技术。一旦用户单击链接，恶意软件就会被下载到手机中。这种技术利用了 Android 操作系统的漏洞或安装不安全应用程序的方式。攻击者可以使用一些技术手段，如社交工程学、欺骗用户授权或使用伪装的应用程序等方式，来欺骗用户安装恶意软件。

③ 数据收集和发送。FluBot 病毒会收集用户的个人信息，包括联系人、电子邮件地址、银行账户、信用卡信息和其他敏感数据。这些数据会被加密并发送到远程控制服务器，攻击者可以利用这些信息进行钓鱼攻击、身份盗窃和其他恶意行为。攻击者还可以利用这些数据向用户的联系人发送欺诈短信，以传播病毒。

④ 远程控制。一旦 FluBot 病毒被安装在用户的手机上，攻击者就可以通过远程服务器远程控制用户的手机。攻击者可以使用这种技术来执行各种操作，如安装其他恶意软件、监视用户的网络活动、操纵用户的通讯录和发送欺诈短信等。

2. "XX 神器"病毒

"XX 神器"是一种危险的手机病毒，可通过读取用户的手机联系人，调用发短信权限，并将包含"（手机联系人姓名）看这个+****/XXshenqi.apk"内容的短信发送至用户通讯录内的联系人，导致该病毒感染的手机用户数量呈几何级增长。除此之外，该病毒还可能导致手机用户的个人信息如手机联系人、身份证、姓名等隐私泄露，令人们产生恐慌和不安感。专攻安卓系统的该病毒主要针对手机网银信息进行窃取，"XX 神器"可以读取用户手机通讯录信息，冒充用户身份，通过短信欺骗通讯录内联系人打开含有恶意程序的链接，并将用户通讯录内联系人的姓名作为前缀，从而获得更高的可信度。此外，该病毒还能够监控被感染用户手机的短信收发功能，控制他人手机发送短信，伪造其他用户的手机号码向用户发送短信，危及用户的隐私和安全。网络技术人员逆向分析发现，除了向联系人群发短信外，该病毒还能识别淘宝、网银等敏感信息，通过短信、邮箱等形式将这些信息回传给制作者。在所谓的注册环节，用户一旦填写个人信息，也会被回传至制作者手中。为了保障用户的隐私和安全，建议谨慎使用未知来源的应用程序，并及时升级手机操作系统和杀毒软件。

"XX 神器"的查杀方法如下：

① 使用安全软件：可以使用手机安全软件进行扫描和查杀病毒。目前市场上有很多知名的手机安全软件，如 360 手机卫士、腾讯手机管家、瑞星手机安全等，都具备查杀病毒的能力。

② 手动删除：手动卸载"XX 神器"和 com.android.Trogoogle 两个安卓程序，如图 8-46 所示，或通过手机管家等安全软件进行卸载，如果使用安全软件查杀无果，具体方法是进入手机的安全模式，找到病毒文件并手动删除。不过这种方法需要用户具备一定的操作技巧和经验，否则可能会导致手机系统出现问题。

图 8-46　卸载"XX 神器"

"XX 神器"的防范措施如下：

① 不信任陌生短信：避免单击陌生短信中的链接，尤其是来源不明的短信。如果短信内容看起来可疑，应该直接删除。

② 避免下载未知应用：只在正规的应用商店下载应用，不要下载来路不明的应用。此外，下载应用时应该查看应用权限，尽量不授权敏感权限。

③ 安装安全软件：安装安全软件并及时更新病毒库，可以提高手机的安全性，防范各类病毒攻击。

④ 不要下载并安装任何来历不明的软件，如需下载请到正规软件平台进行。

⑤ 使用 SD 卡、T-Flash 等内存卡交换数据时注意防止病毒感染。

⑥ 隐藏或关闭手机的蓝牙功能，以防手机自动接收病毒，更不要安装通过蓝牙接收的可疑文件。

⑦ 平时对于手机内的通讯录及其他重要信息要经常性备份，以防感染病毒后丢失。

⑧ 保护个人信息：避免在不可信的网站或应用上泄露个人信息，不要在无法确定安全性的地方进行支付或转账等操作。

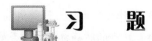

小　结

通过本章的学习，读者将深入了解计算机病毒的定义、特征以及它们对信息系统造成的严重威胁。计算机病毒是一种恶意软件，可以在未经授权的情况下侵入计算机系统并在其中传播和繁殖。它们可能会损坏数据、硬件，窃取机密信息，或者干扰计算机的正常操作，给用户带来严重的经济和安全风险。

本章还介绍了计算机病毒相关的法律法规，以帮助读者了解在使用计算机和互联网时应该遵守的规定和限制。同时，还详细介绍了如何使用 360 杀毒软件和 SEP 企业杀毒软件等工具来检测和清除计算机病毒。

在深入了解计算机病毒的基础上，本章还介绍了一些常见的病毒类型和它们可能带来的症状。这些病毒类型包括蠕虫病毒、木马病毒、移动通信病毒等。介绍了如何识别这些病毒的症状，并学会如何有效地防范和查杀它们。

总之，通过本章的学习，读者可以深入了解计算机病毒的危害和防范方法，以更好地保护自己的计算机和信息安全。

习　题

一、填空题

1. Office 中的 Word、Excel、PowerPoint、Viso 等很容易感染_____病毒。

2. _____是指编制或者在计算机程序中插入的破坏计算机功能或者破坏数据，影响计算机使用并且能够自我复制的一组计算机指令或者程序代码。

二、选择题

1. 计算机病毒是（　　）。

　　A. 编制有错误的计算机程序

　　B. 设计不完善的计算机程序

　　C. 已被破坏的计算机程序

　　D. 以危害系统为目的的特殊的计算机程序

2. 以下关于计算机病毒的特征说法正确的是（　　　）。

    A. 计算机病毒只具有破坏性，没有其他特征

    B. 计算机病毒具有破坏性，不具有传染性

    C. 破坏性和传染性是计算机病毒的两大主要特征

    D. 计算机病毒只具有传染性，不具有破坏性

3. 计算机病毒是一段可运行的程序，它一般（　　　）保存在磁盘中。

    A. 作为一个文件   B. 作为一段数据

    C. 不作为单独文件   D. 作为一段资料

4. 下列措施中，（　　　）不是减少病毒的传染和造成的损失的好办法。

    A. 重要的文件要及时、定期备份，使备份能反映出系统的最新状态

    B. 外来的文件要经过病毒检测才能使用，不要使用盗版软件

    C. 不与外界进行任何交流，所有软件都自行开发

    D. 定期用抗病毒软件对系统进行查毒、杀毒

5. 下列关于计算机病毒的说法中，正确的有计算机病毒（　　　）。

    A. 是磁盘发霉后产生的一种会破坏计算机的微生物

    B. 是患有传染病的操作者传染给计算机，影响计算机正常运行

    C. 有故障的计算机自己产生的、可以影响计算机正常运行的程序

    D. 人为制造出来的、干扰计算机正常工作的程序

6. 计算机病毒会通过各种渠道从已被感染的计算机扩散到未被感染的计算机。此特征为计算机病毒的(　　　)。

    A. 潜伏性   B. 传染性   C. 欺骗性   D. 持久性

7. 计算机病毒的主要危害有（　　　）。

    A. 损坏计算机的外观   B. 干扰计算机的正常运行

    C. 影响操作者的健康   D. 使计算机腐烂

三、简答题

1. 计算机病毒的起源和发展历史是什么？为什么计算机病毒会成为一种重要的安全威胁？

2. 如何保护计算机免受病毒感染？现有的防病毒技术是否足以防止最新的计算机病毒攻击？

3. 病毒的种类很多，从传统的病毒、蠕虫、木马到最近的勒索软件和恶意软件等。这些病毒如何运作？它们是如何感染计算机的？在感染后，用户可以采取哪些措施来修复受损的系统？